스마트폰 전용 영상편집 애플리케이션

키네마스터
KineMaster

스마트폰 전용 영상편집 애플리케이션

키네마스터
KineMaster

초판 1쇄 발행 2021년 11월 1일

지 은 이 김효중
발 행 인 권선복
편   집 오동희
디 자 인 김소영
전 자 책 오지영
발 행 처 도서출판 행복에너지
출판등록 제315-2011-000035호
주   소 (07679) 서울특별시 강서구 화곡로 232
전   화 0505-666-5555
팩   스 0303-0799-1560
홈페이지 www.happybook.or.kr
이 메 일 ksbdata@daum.net

값 38,000원
ISBN 979-11-5602-923-6 (13500)

도서출판 행복에너지는 독자 여러분의 아이디어와 원고 투고를 기다립니다. 책으로 만들기를
원하는 콘텐츠가 있으신 분은 이메일이나 홈페이지를 통해 간단한 기획서와 기획의도, 연락
처 등을 보내주십시오. 행복에너지의 문은 언제나 활짝 열려 있습니다.

영상편집 전문가의 명강의를 한 권의 책으로!
예제만 따라 해봐도 나만의 멋진 콘텐츠 제작이 가능한 **영상편집 길라잡이**

스마트폰 전용 영상편집 애플리케이션

키네마스터
KineMaster

| **김효중** 지음 |

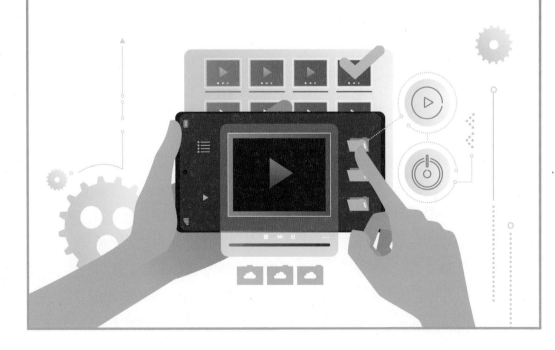

도서
출판 **행복에너지**

SNS는 소통 수단 또는 수익을 창조할 수 있는 모델입니다.

당신은 지금 무엇을 하고 계신가요?

지금은 1인 미디어 시대, 누구든지 마음만 먹으면 자신의 전문지식과 아이디어를 가지고 멋진 콘텐츠를 제작하여 YouTube, Facebook, Instagram, TikTok 등에 공유하면서 소통을 할 수 있는 시대입니다.

SNS가 새로운 커뮤니케이션 도구로 진화하고 발전하면서 YouTube, Facebook, Instagram, TikTok 등은 단순한 소통의 수단을 넘어 SNS 마케팅 수단으로 활용되고 있습니다.

SNS가 초기에는 플랫폼으로 진화하였지만, 오늘날에는 다양한 방식의 소통에 초점을 맞춘 애플리케이션들이 출시되어 우리의 눈을 현혹시키고 있습니다.

이러한 SNS 시대에 살고 계신 당신은 지금 무엇을 하고 계신가요?

영상 편집 프로그램 때문에 고민하시는 분

스마트폰 전용 영상 편집 앱을 사용하시면 됩니다.

스마트폰만 있으면 됩니다.

당신이 멋진 크리에이터를 꿈꾸고 있는데, 값비싼 영상 편집 프로그램 때문에 고민하고 계신가요? 고민하지 마십시오. 여러분이 항상 손으로 만지작거리고 있는 스마트폰이 그런 고민을 한 방에 해결해 드릴 수 있습니다. 소지하고 있는 스마트폰 기종이 구형이라면, 이번 기회에 최신 기종의 스마트폰으로 교체하시면 동영상 편집을 조금 더 수월하게 하실 수 있습니다. 그러나 이것은 단지 선택사항일 뿐입니다.

스마트폰은 최신 기종이 아니어도 괜찮습니다. KineMaster 앱이 여러분의 영상 편집을 수월하게 하실 수 있도록 기능적으로 잘 지원하고 있기 때문입니다. 충분한 저장공간만 확보해 주시면 됩니다.

스마트폰용 동영상 편집 앱은 어떤 것들이 있나요?
많은 종류가 있습니다만, 무료로 제공해주는 것은 흔하지 않습니다.

필자는 그동안 영상 편집 강의를 진행해 오면서 스마트폰용 영상 편집 앱 중에서 VivaVideo, VLLO, PowerDirector, InShot, V Recorder, VideoShow를 모두 사용해 보았습니다. 물론 이 외에도 계속 새로운 제품들이 출시되고 있습니다.

VivaVideo는 3일 무료 체험해 보기가 끝나면 연간 VIP로 업그레이드하는 것과 영구적 VIP로 사용하는 방법이 있습니다. VLLO는 월간, 연간, 평생 사용료가 있고, 3일간 무료, 3일 후 유료로 자동 결제됩니다. PowerDirector는 7일간 무료 평가판이 있으며, 그 이후에는 월간, 연간 사용료를 내도록 하고 있습니다. InShot은 7일간 무료 이용, 이후 연간, 월간, 영구성 구매가 있습니다. V Recorder는 7일 무료 체험, 이후 연간 사용료가 있습니다. VideoShow는 3일 무료 체험, 이후 월간 사용료가 있습니다.

결론적으로 스마트폰용 앱들은 모두 무료 체험을 하게 한 후 곧바로 월간, 연간 혹은 영구적 사용에 대한 이용료를 일정액 받고 있습니다. 즉, 무료로 제공해주는 앱이 흔하지 않다는 것입니다.

필자가 KineMaster 앱을 사용한 것이 벌써 3년이 넘었습니다. 이 앱을 위해 많은 사람들이 책을 집필했다는 것 자체가 이 앱의 가치를 말해주고 있는 것입니다. 이 앱을 무료로 설치하시고, 이 책을 통해 차근차근 하나씩 따라해 보시기만 하면 여러분은 최고 수준의 영상 편집 전문가가 될 수 있습니다.

KineMaster 앱을 필자가 강력히 추천하는 이유를 몇 가지로 구분하여 설명해 드리겠습니다.

첫째, 모바일 데이터 및 분석 플랫폼인 앱애니가 2021년 레벨업 상위 퍼블리셔 어워드 순위를 공개하였는데, 키네마스터가 2020년 전 세계 다운로드 기준으로 국내 퍼블리셔 중 5위에 랭크되었습니다. 2020년 한 해 동안 전 세계에서 다섯 번째로 많이 다운로드 받은 국내 퍼블리셔가 됐습니다.

전 세계적으로 1억 회 이상 다운로드 되었으며, 전 세계 영상 편집 툴 시장에서 약 6% 정도의 점유율을 차지하고 있는 것으로 추정되고 있는 명성 있는 앱이기 때문입니다.

둘째, KineMaster社는 앱을 별도의 조건 없이 무료로 제공하고 있습니다. 다른 유사 제품들과 확실하게 차별화되는 점입니다. 정기 구독자가 될 경우에도 가격 면에서 볼 때 매우 저렴한 편입니다.

셋째, PC용 영상 편집 전문 프로그램이 갖추고 있는 대부분의 고급 기능을 가지고 있으며, 앱 프로그램 자체가 직관적이고, 에셋이 자주 업데이트되고 있기 때문에 항상 최고 수준의 영상 편집이 가능합니다.

결론적으로 영상 편집을 위한 앱은 KineMaster가 답이라는 것을 자신 있게 말씀드릴 수 있습니다.

누구나 도전하면 영상 편집을 쉽게 할 수 있습니다
이 책은 스마트폰으로 영상 편집을 하고자 하시는 분들의 것입니다.

여러분의 꿈과 희망을 실현하기 위해서 패기 있게, 용기를 내어 지금 당장 영상 편집에 도전하십시오. 필자가 지난 15년 동안 국내의 대학교 및 대학원 강단과 공공기관, 기업체 등에서 다양한 종류의 강의를 진행하면서 배우고 익힌 강의 기법을 총동원하여 백과사전식으로 심혈을 기울여 집필한 책입니다.

이 책을 통해 여러분의 꿈이 실현되기를 바라고, 영상 편집 기술을 익힘으로 인해 여러분의 삶이 더욱 더 윤택해지고, 행복한 미래가 활짝 펼쳐지기를 기원합니다.

- 2021년 가을 서초동연구실에서

김효중(James J. Kim)

CONTENTS

KineMaster 앱과의 첫 만남

PART 01

타임라인 패널(Timeline Panel)

영상 편집 기술 : 초급편

영상 편집 기술 : 중급편

PART 05 영상 편집 기술 : 고급편

PART 06 편집한 프로젝트 저장 및 공유하기와 불러오기

KineMaster
앱과의
첫 만남

CHAPTER 01

반갑다!
KineMaster
Application

KineMaster 앱 소개

KineMaster 앱에 대하여 살펴보도록 하겠습니다. 관련 내용은 KineMaster 홈페이지와 유튜브 키네마스터 앱 소개, 그리고 위키 백과 등에서 주요 내용을 발췌하였습니다.

1. 기업 정보 및 개요

KineMaster 홈페이지: https://kinemastercorp.com/

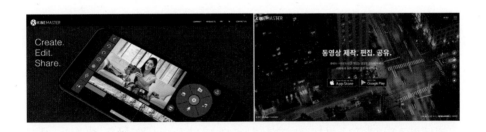

KineMaster社는 2011년 12월 코스닥에 상장되었으며, 서울 본사(양재동 위치)와 미국 법인, 스페인 법인, 중국 법인을 두고 있습니다. 국내에서 개발이 되어서 전 세계에서 사용이 되고 있는 모바일 동영상 편집 앱 키네마스터(KineMaster)는 키네마스터 주식회사(KineMaster Corporation)의 대표적인 제품 중 하나입니다.

2. 소프트웨어 정보

키네마스터 앱은 2013년 12월 26일 출시되었으며, 개발자는 KineMaster Corporation입니다. 현재 버전은 5.1.14. 22765.GP (SDK 3.1.49)입니다.

모바일 데이터 및 분석 플랫폼인 앱애니가 '2021년 레벨업 상위 퍼블리셔 어워드(Level Up TPA 2021: Level Up Top Publisher Awards 2021)'를 순위를 공개하였는데, 모바일 동영상 편집 앱 키네마스터는 2020년 전 세계 다운로드 기준으로 국내 퍼블리셔 중 5위에 랭크되었습니다. 이로써 키네마스터는 네이버, 삼성, Mobirix, 넷마블의 뒤를 이어 2020년 한 해 동안 전 세계에서 다섯 번째로 많이 다운로드 받은 국내 퍼블리셔가 됐습니다.[1]

전 세계적으로 1억 회 이상[2] 다운로드되었으며, 전 세계 영상 편집 툴 시장에서 약 6% 정도의 점유율을 차지하고 있는 것으로 추정되고 있습니다. 동사의 주요 제품은 크게 모바일 동영상 편집 앱(KineMaster)과 모바일 동영상 플레이어(SDK)로 구분됩니다.

전문가용 고급 기능을 제공하고 있으며, 누구든지 큰 부담 없이 간편하게 사용할 수 있습니다.

구글 Play의 에디터 추천 앱으로 선정되었으며, 전 세계의 많은 YouTube, TikTok, Instagram 크리에이터(Creator)들과 저널리스트, 교사, 마케터(Marketer)들이 키네마스터 앱을 이용하고 있습니다.

키네마스터 앱은 스마트폰, 태블릿 PC로 멋진 동영상을 만들 수 있는 직관적이고 강력한 동영상 편집 툴을 제공하고 있습니다.

「저장 및 공유」를 위해 4K(2160p), QHD(1440p), FHD(1080p) 등의 고해상도와 프레임 레이트를 30, 25(PAL), 24(Cinema)로 설정할 수 있으며, 비트레이트를 해상도와 화질에 따라 낮은 것부터 높은 것까지 자유롭게 설정할 수 있습니다.

---

1. 파이낸셜 뉴스, 2021. 2.4 기사
2. 구글 Play 스토어 공식기록 기준 수치임

그리고 멀티트랙의 타임라인 패널과 동영상 레이어에 속도 조정을 적용할 수 있고, 다양한 효과, 스티커, 손글씨 기능 등으로 완성도 높은 영상 편집이 가능하며, GIF파일(움짤)의 애니메이션 동작을 지원하고 GIF 파일로 동영상을 저장할 수 있으며, 영상 속의 오디오를 추출할 수 있는 기능 등 PC용 영상 편집 제품들에서 가능한 고급 기능들을 스마트폰에서 간편한 조작으로 가능하도록 개발되어 있습니다.

자막, 배속, 필터 등 다양한 기능 제공과 유튜브, 틱톡, IGTV 영상의 편집, 저작권 문제가 없는 음악과 효과음 사용, 각종 폰트, 효과, 스티커 등 에셋이 자주 업데이트되는 것도 사용자에게는 매우 편리하고도 유익한 점이라고 봅니다.

프리미엄 이용자들은 지불 기한이 종료되기 최소 24시간 전에 계정 설정에서 자동 갱신 기능을 해제하지 않을 경우 키네마스터 프리미엄에 대한 구독이 자동으로 갱신된다는 점을 유념하셔야 하겠습니다.

주의 사항
KineMaster 앱을 삭제하거나 앱 데이터를 삭제하면, KineMaster 5.0 이상에서 만든 모든 프로젝트도 삭제됩니다. 프로젝트를 보존하면서 앱을 초기화하려면 KineMaster 「설정」에 있는 〈KineMaster 초기화〉를 사용하세요.

3. 프리미엄 사용자와 무료 사용자의 차이점

KineMaster 앱은 프리미엄 버전과 무료 버전의 2가지 종류가 있습니다. 디바이스 기반의 앱이기 때문에 프리미엄 사용자가 사용하는 앱이나 무료 사용자가 사용하는 앱이나 디바이스의 상태는 동일합니다.

그렇다면 프리미엄 사용자와 무료 사용자의 차이점은 무엇일까요?

프리미엄 사용자가 되면 워터마크와 광고가 없는 동영상을 제작할 수 있습니다. 현재는 무료 사용자일지라도 광고를 시청하지 않고 프리미엄 에셋 다운로드가 가능하도록 하고 있으며, 에셋을 이용하여 편집한 프로젝트를 「저장 및 공유」를 통해 저장도 할 수 있고, 공유도 할 수 있도록 지원하고 있습니다.[3]

그러나 무료 사용자의 경우는 제작한 동영상에 워터마크(영문 KINEMASTER 로고)가 삽입되고, 광고가 나타납니다.

에셋은 프리미엄 사용자나 무료 사용자나 현재는 사용 조건이 동일합니다. 즉, 기본 에셋만 설치되어 있기 때문에 프리미엄 사용자나 무료 사용자나 동일하게 각종 에셋을 일일이 다운로드를 받아야 합니다.

그리고 스마트폰에 한 번 설치한 에셋은 삭제하지 않는 한 그대로 유지가 되지만, 만약 기기를 교체할 경우는 처음 앱을 설치했을 때처럼 에셋이 기본만 설치되어 있기 때문에 새로 다운로드받아야 합니다.

자, 정리해 보겠습니다. 안드로이드 운영체제를 가진 스마트폰 사용자는 구글의 「Play 스토어」에 들어가서 앱을 검색 후 다운로드하여 설치한 후 기본 에셋만 설치된 KineMaster 앱에 에셋을 일일이 다운로드받으시면 됩니다.

iOS 운영체제를 가진 iPhone, iPad 등은 App Store에 들어가서 앱을 검색 후 다운로드하여 설치한 후 기본 에셋만 설치된 KineMaster 앱에 에셋을 일일이 다운로드 받으면 됩니다.

프리미엄 사용자나 무료 사용자나 위 과정과 같이 동일한 절차를 수행해야만 KineMaster 앱을 사용할 수 있습니다.

결론적으로 프리미엄 사용자와 무료 사용자의 차이점은 제작한 동영상에 워터마크 삽입 여부와 광고가 나타난다는 것뿐입니다. 필요 없는 에셋은 에셋 스토어의 우측 상단에 있는 "마이 에셋(My)"에서 삭제할 수 있습니다. 그러나 한 번 설치한 에셋은 가급적 그대로 두고 사용하는 것을 권장합니다.

---

3. 키네마스터社의 정책에 따라 광고 시청 후 에셋 다운로드가 가능하도록 변경될 수도 있습니다.

4. KineMaster Community 활용

1) Community 홈페이지 메뉴 소개

KineMaster社는 Community 홈 페이지(https://community.kinemaster.com/)를 별도로 운영하고 있습니다. Community 구성은 아래와 같습니다. 필요시 활용하시면 됩니다.

① HOME : 홈 화면　　② LEARN : 학습자료　　③ SUPPORT : 고객 지원사항

④ DOWNLOAD : Apple社의 「App Store」 또는 Google社의 「Play 스토어」에서 앱을
　　　　　　　다운로드 받을 수 있도록 지원

⑤ PREMIUM : No watermark(워터마크 없음)! An interruption-free experience! (광고 없음)

⑥ CONTACT : ⓐ Name(성명), ⓑ Email(이메일)
　　　　　　 ⓒ Subject(제목), ⓓ Your Message(질문 내용)

2) 학습자료(LEARN) 내용 화면의 일부를 보여드립니다.

① **시작하기**(Getting Started)

This is where you can see all your projects and create new projects. You can also subscribe to Premium, change your settings, or contact the KineMaster Support Teams if you run into problems.

② 프로처럼 컷 편집하기(Cut Like a Pro)

Tap on a video clip in your Timeline to select it. Selected videos have a yellow box around them. When something is selected, the Media Wheel is replaced by the Options Panel. More about the Options Panel later.

③ 에셋 추가하기(Add Asset Magic)

KineMaster comes with a few transitions, effects, and stickers built in. You can download more from the KineMaster Asset Store!

④ 사운드(How's That Sound?)

You can add songs saved to your device or downloaded from the KineMaster Asset Store to any project. Just tap the Audio button on the right side of the Media Wheel. Look for the folder where your song is located, then tap the song name to preview it. If that's the song you want, tap the plus button to add it to your Timeline.

⑤ 공유하기(Share Your Work)

When you save a project from KineMaster, it automatically saves the new video you've made to your Photos (iOS) or Gallery (Android) app. Tap the Save button to begin!

5. 안드로이드용 KineMaster 앱 정보

KineMaster 앱 정보를 요약해서 설명드리겠습니다.

1) 프로젝트 받기 메뉴에서 프로젝트를 다운로드 받고, 재편집할 수 있습니다.

2) 동영상, 이미지, 스티커, 효과, 텍스트를 추가하여 편집할 수 있습니다.

3) 프로젝트 파일을 가져오기 및 내보내기할 수 있습니다.

4) 분할, 트림, 크롭 기능을 통해 동영상을 컷 편집할 수 있습니다.

5) 음악, 음성 변조, 보이스 오버, 그리고 효과음을 추가하여 편집할 수 있습니다.

6) 2,500개가 넘는 효과, 장면 전환, 스티커, 폰트, 애니메이션 등 다양한 에셋을 이용할 수 있습니다.

7) 리버스, 속도 조정, 혼합 모드 기능을 이용하여 다양한 효과를 만들 수 있습니다.

8) 색상 필터, 색상 조정 기능을 이용하여 동영상을 보정할 수 있습니다.

9) EQ 프리셋, 덕킹, 자동 볼륨 조정 기능을 이용하여 실감나는 오디오 편집을 할 수 있습니다.

10) 키 프레임 기능을 이용하여 레이어에 모션을 추가할 수 있습니다.

11) 최대 30 fps의 4k 2160p 화질로 내보내기할 수 있습니다.

12) 유튜브, 틱톡, 페이스북 피드 및 스토리, 인스타그램 피드, 릴스, 스토리 등 다양한 SNS 채널에 동영상을 공유할 수 있습니다.

13) 키네마스터는 모든 기능을 무료로 제공하고 있습니다. 프리미엄 버전

구독을 통해 워터마크 없는 동영상을 편집할 수 있습니다.

14) 구글 Play에서 구독 취소를 하지 않는 경우 KineMaster 프리미엄 구독이 자동적으로 갱신됩니다.

15) 홈 화면에 있는 「자주하는 질문」 메뉴를 통해 더 많은 정보를 제공하고 있습니다.

16) 제품에 대한 질문 및 기능에 대한 개선 요구 사항이 있다면 이메일 지원을 통하여 문의 메일을 보내면 됩니다. 「자주하는 질문」 게시글 하단에 위치한 〈이메일 문의〉를 통해 질문을 보낼 수 있습니다.

유튜브가 고객지원을 위한 전화응대서비스를 제공하지 않고 있는 것과 마찬가지로 (주) KineMaster도 전화 응대서비스는 지원하지 않고 있습니다. 이메일 문의가 소통창구라고 보시면 되겠습니다.

KineMaster 앱 다운로드와 설치하기

KineMaster 앱은 프리미엄 사용자와 무료 사용자로 구분됩니다. 우선은 무료로 사용하시는 것을 추천드립니다. KineMaster라는 워터 마크가 동영상에 삽입되는 것 이외에는 프리미엄 사용자나 무료사용자나 차이점이 없습니다. 영상 편집을 어느 정도 해보시고, 정말 유익하다고 판단하시면 프리미엄 사용자로 구독 신청을 하시는 것이 현명한 방법이라고 생각합니다.

1. KineMaster 앱 다운로드 받기

안드로이드 폰을 사용하시는 분은 구글 〈Play 스토어〉에 들어가서 상단에 있는 검색창에 '키네마스터'라고 입력하고, 돋보기 모양(Q)을 클릭하면 「키네마스터 동영상 편집기」앱이 검색됩니다. 녹색의 '설치' 버튼을 클릭합니다. 다운로드가 완료되면 녹색의 '열기' 버튼이 나타납니다.

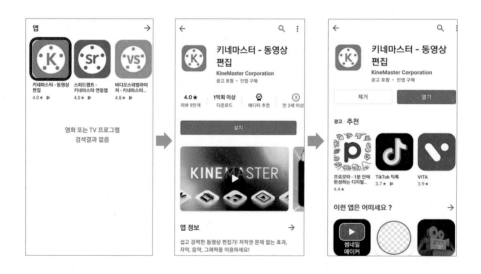

스마트폰 운영체제는 안드로이드와 iOS가 있습니다. 안드로이드 운영체제는 구글에서 만든 것으로, 대표적으로 삼성의 Galaxy 스마트폰 시리즈, Galaxy Note, Galaxy Tab 등과 LG의 프리미엄, Q시리즈, X시리즈 등 LG스마트폰에 탑재되어 있습니다. 해당 시스템에서 KineMaster 앱을 다운로드받기 위해서는 구글 「Play 스토어」를 이용합니다.

iOS 운영체제는 Apple사의 아이폰이나 아이패드에 적용되고 있으며, 해당 시스템에서 앱을 다운로드 받기 위해서는 「App Store」를 이용합니다.

2. KineMaster 앱 설치하기

01 다운로드가 완료되면 「열기」라고 하는 녹색 버튼이 나타나는데, 이것을 클릭하면 「KineMaster 동영상 편집기」 앱 설치가 시작됩니다. 설치가 진행되면서 아래 화면과 같은 「이용 안내」 문구가 나타납니다. 빨간색의 「확인」 버튼을 클릭합니다.

02 KineMaster가 제대로 기능을 다하기 위해서는 단말기 내 저장 공간에 대한 접근 권한이 필수입니다. 「허용」 버튼을 클릭합니다.

03 기기 사진, 미디어, 파일 액세스를 허용해 달라는 문구가 나타납니다. 「허용」 버튼을 클릭합니다.

04 '환영합니다'라는 문구가 나타납니다. 화면 맨 아래 부분을 보시면 동그란 점 4개가 나타나 있습니다. 4개의 화면이 이어져 있다는 표시입니다. 손가락 끝을 화면에 대고 왼쪽으로 밀면 다음 화면이 나타납니다. 오른쪽이 아니고 왼쪽으로 밀어 보시기 바랍니다. 강의를 하다 보면 안 된다고 질문하시는 분이 계신데, 오른쪽으로 밀고 있어서 네 번째 화면「시작하기」버튼을 찾을 수가 없기 때문입니다.

05 손가락 끝을 화면에 대고 왼쪽으로 밀면 아래와 같은 두 번째 화면이 나타납니다.

06 손가락 끝을 화면에 대고 왼쪽으로 밀면 아래와 같은 세 번째 화면이 나타납니다.

07 손가락 끝을 화면에 대고 왼쪽으로 밀면 아래와 같은 네 번째 마지막 화면이 나타납니다. 이것으로 KineMaster 동영상 편집기 앱 설치가 완료되었습니다.

08 빨간색의 「시작하기」 버튼을 클릭하면 KineMaster 프리미엄 구독을 안내하는 팝업창이 나타납니다.

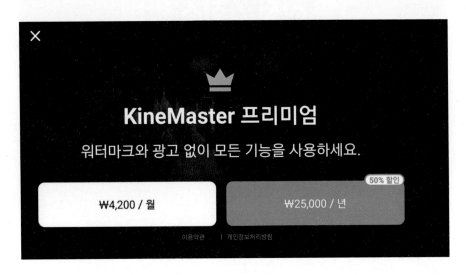

09 좌측 상단의 ⊗ 표시를 클릭하면 이제부터 무료 사용자가 되는 것입니다.

03 프리미엄 사용자로
구독 신청 / 취소 방법

KineMaster 앱은 프리미엄 사용자와 무료 사용자의 2종류로 구분됩니다. 여기서는 우선 월간 4,200원 결제로 월 단위로 정기구독하는 방법을 자세하게 설명드리겠습니다. 월간 결제 시 결제 당일에 취소하더라도 일단은 1개월이 경과된 후 취소가 되고 월간 이용료 4,200원은 신청과 동시에 구글에서 3.71달러($)를 공제하며, 1개월 동안은 프리미엄 버전을 사용하도록 하고 있습니다. 그러니까 신청했다 취소하더라도 1개월 후에 취소 처리가 되면서 1개월 동안은 프리미엄 버전 요금을 받는 것입니다.

1. 프리미엄 사용자로 구독 신청하는 방법

01 「₩4,200 / 월」버튼을 클릭합니다.

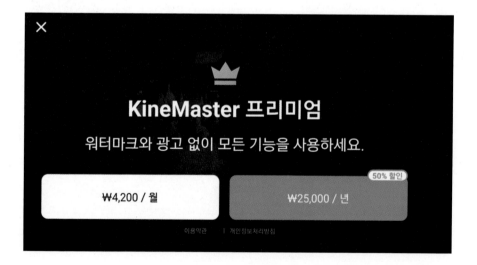

02 결제 수단이 변경되었습니다. 종전에는 Google Payments 한 가지로 결제가 이루어졌으나, 이번에 결제 수단이 여러 가지로 다변화되었습니다. 편리한 방법을 선택하셔서 구매하시면 됩니다.

『Google Play

결제 수단을 추가하여 시작하기

yunichul229@gmail.com (구독자의 Google 메일 주소가 나타납니다)

Google 계정에 결제 수단을 추가하여 구매를 완료하세요.

결제 정보는 Google 외부로 전송되지 않습니다.』

이와 같은 문구와 함께 아래 화면과 같은 결제 수단을 선택하는 메뉴가 나타납니다.

03 결제 수단별 구매 절차

① KT 결제 추가

KT 결제를 사용 설정할까요?

구매 금액을 KT청구서에 바로 추가할 수 있습니다.

계속 진행하면 Google Payments 개인정보처리방침 - 개인정보 수집 및 공유와 서비스 약관은 물론 KT 서비스 약관과 개인정보 보호 서비스 약관에 동의하는 것으로 간주됩니다.

재개

→ 종전에 월간 구독을 한 경우, 재개 버튼을 클릭하면 정기구독이 재개되도록 되어 있습니다.

KT 청구서를 통해 구매 금액 결제

요즘 인기 있는 결제 방식을 활용해 보세요. 1분 만에 설정하여 간편하게 사용할 수 있습니다.

자세히 알아보기

지금 설정

② 신용카드 또는 체크카드 추가

고객 정보 입력

카드 발급 은행의 요청에 따라 Google은 귀하의 본인 확인을 해야 합니다. 계속 진행하면 Google이 은행 및 인증기관에 귀하의 정보를 공유할 수 있도록 Google 개인정보처리방침에 동의하는 것으로 간주됩니다.

○ 국가: 대한민국

○ 이름:

○ 우편번호:

○ 주민등록번호(앞 7자리 한정)

○ 이동통신사: SK Telecom, KT, LGU+, SK텔레콤(알뜰폰), KT(알뜰폰), LGU+(알뜰폰)

○ 전화번호:

○ 코드 입력: 인증번호 요청

계속 진행하면 Google이 귀하의 결제 프로필 정보를 이 계정에 연결하고 Google 제품 전체에서 동일한 정보를 공유하고 사용할 수 있도록 Google Payments 개인정보처리방침에 동의하는 것으로 간주됩니다. 이 정보는 언제든지 Google 계정에서 삭제할 수 있습니다.

계속

③ PAYCO 추가

사용자 계정 확인을 위해 PAYCO 사이트로 이동합니다.

계속 진행하면 다음에 동의하는 것으로 간주됩니다.

· Google Payments 서비스 약관

· PAYCO 서비스 약관

Google Payments 개인정보처리방침 · 개인정보 수집 및 공유에 Google Payments와 관련하여 데이터가 처리되는 방식이 설명되어 있습니다.

계속

「계속」 버튼을 클릭하면

PAYCO

PAYCO 아이디로 Google 서비스를 이용합니다.

PC 자판 이미지 보기

페이코 아이디(이메일 또는 휴대폰)
페이코 비밀번호 :

로그인

④ 코드 사용

기프트 카드 또는 프로모션 코드 사용

yunichul229@gmail.com (구독자의 Google 메일 주소가 나타납니다)

코드 입력 _____

기프트 카드 스캔

'코드 사용' 버튼을 탭하면 기프트 카드 및 프로모션 코드 이용 약관에 동
의하는 것으로 간주됩니다.

(해당하는 경우)

코드 사용

04 Premium 사용자가 되신 것을 환영합니다. 「확인」을 클릭합니다.

05 KineMaster 초기화면에 아래와 같이 「프리미엄 사용자」라고 나타
납니다.

06 상세한 내용은 홈 화면 왼쪽에 있는「설정」메뉴를 클릭하면,「정보」폴더 내에「내 정보」가 있는데 클릭을 하면 사용자 유형: Kine Master 프리미엄 사용자 - 월간 구독자 또는 연간 구독자」라고 나타납니다. 바로 아래에 있는「구독 정보」를 클릭하면 옆 사진과 같은 내용의「정기 결제 관리」내역이 나타납니다.

2. 프리미엄 구독 취소 방법

01 이번에는 구독 취소 방법에 대하여 설명드리겠습니다.「정기결제 관리」하단부에 있는「구독취소」를 클릭합니다. 그러면 다음과 같은 화면이 나타납니다.「일시 중지」또는「아니요」를 선택합니다.

그러면 취소 이유가 무엇인가요? 라고 묻는데, 적당히 응답하면 됩니다. 설명을 위해 임의로「응답 거부」를 체크하고「계속」을 클릭합니다.

02 구독을 취소하시겠습니까?라고 다시 한번 확인을 합니다. 「구독 취소」를 클릭합니다.

03 구독 취소가 완료되었고, 「정기 결제 관리」화면이 나타나는데, 요금제에 보면 녹색 글씨로 '정기 결제 재개'라는 문구가 보입니다. 언제든 다시 정기 결제를 하라고 하는 문구입니다.

[요금 결제 통보]

아래와 같이 결제된 사항이 문자 메시지로 전송됩니다.

「Web 발신」삼성 3800 해외승인 전*희, USD 3.71 03/29 14:23
GOOGLE*KINEMASTER

설정 메뉴 이해하기
(정보, 편집, 정렬, 고급)

KineMaster 앱에는 「설정」 메뉴가 두 군데 있습니다. 하나는 홈 화면 왼쪽 아래에 「설정」 메뉴가 있고, 또 하나는 편집 작업 영역 왼쪽에 툴(Tool) 패널이 있는데 거기에 「프로젝트 설정」 메뉴가 있습니다.

1. 홈 화면에 있는 「설정」 메뉴

여기에 있는 설정 메뉴는 KineMaster 앱 전반에 걸쳐서 적용되는 설정으로 ① 정보, ② 편집, ③ 정렬, ④ 고급 등 4가지 카테고리로 구성되어 있습니다. 하나씩 자세하게 살펴보겠습니다.

01 **정보**: 정보는 크게 「내 정보」, 「KineMaster 정보」, 「기기 성능 정보」, 「KineMaster 초기화」 등 4가지 카테고리로 구성되어 있습니다.

✕   설정
정보
내 정보
KineMaster 정보
기기 성능 정보
KineMaster 초기화
앱이 처음 설치한 상태로 돌아갑니다. (프로젝트와 에셋은 제거되지 않습니다.)

ⓐ 내 정보

· 사용자 유형과 구독 정보, KineMaster 계정을 확인할 수 있습니다.

사용자 유형은 〈KineMaster 프리미엄 사용자(월간 구독, 연간 구독)〉와 〈Kine
Master 무료 사용자〉 이렇게 2가지 유형입니다.

〈KineMaster 무료 사용자〉의 경우 'KineMaster를 사용해 주셔서 감사합니
다. 프리미엄을 구독하면 워터마크와 광고를 제거할 수 있습니다'라는 문구
가 나타납니다.

〈KineMaster 프리미엄 사용자(월간 구독, 연간 구독)〉의 경우는 'KineMaster를
사용해 주셔서 감사합니다. 다음 구독 결제일은 2021.11.3.입니다.'(구독자별로
결제일이 나타남) 라는 문구가 나타납니다.

아래 두 화면은 무료 사용자와 프리미엄 사용자의 「내 정보」 내용을 비교
하여 보여 드리는 것입니다.

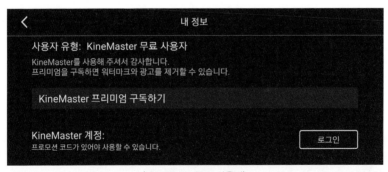

〈KineMaster 무료 사용자〉

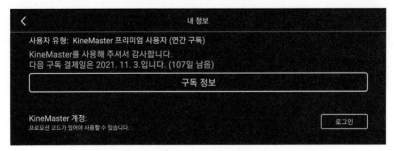

〈KineMaster 프리미엄 사용자(연간 구독)〉

· 구독 정보를 클릭하면 현재 본인의 「정기 결제 관리」 내용이 나타나는데, 다음번에 결제할 일자와 결제 금액을 보여 주고 있습니다.

옆의 화면은 필자의 정기 결제 관리 내역입니다.

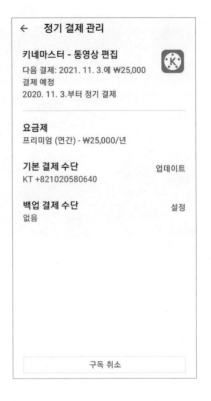

· KineMaster 계정은 프로모션 코드가 있어야 사용할 수 있습니다.

· 프로모션 코드가 있으면 무료 사용자도 일정 기간 동안 프리미엄 버전처럼 워터마크가 없는 동영상 콘텐츠를 제작할 수 있습니다.

자, 그러면 프로모션 코드를 사용할 수 있는 방법을 설명 드리겠습니다.

- 프로모션 코드 구입: KineMaster사 관계사인 「넥스터시스템즈㈜」에서 판매하고 있습니다.

  ☞ 기업체, 공공기관, 학교 등에서 지출 증빙 수단으로 단체 구매하여 지급하는 것이 일반적

- 종류: 라이선스 구독권(연간 구독권 : 1년)

- 판매 조건: 가격은 프로모션 코드 1개당 24,200원이며, 최소 10개 이상만 판매하고, 세금계산서를 발급해 주는데, 코드 등록은 구입 후 6개월 이내에 반드시 해야 합니다. 그러므로 프로모션 코드의 유예기간은 6개월이 되는 것입니다.

- 회원가입: https://www.kinemaster.com/promo/ 사이트에 들어가서 회원가입하면 됩니다.

프로모션 코드를 등록하기 위해서 키네마스터 계정을 만드세요.

- ● 이메일
- ● 이　름
- ● 비밀번호
- ● 비밀번호 재입력

회원가입을 하면 키네마스터의 이용약관 및 개인정보처리방침에 동의하게 됩니다.

회원가입

이미 회원이신가요? 로그인

- 가입 후 프로모션 코드를 입력하고, 「프로모션 코드 적용」 버튼을 클릭

- 「나의 대시보드」: 이름, 이메일, 라이선스 종류, 남은 기간

- KineMaster 앱 홈 화면의 「설정」 메뉴에서 「내 정보」를 클릭하면, KineMaster 계정에
「로그인」은 프로모션 코드가 있어야 사용할 수 있다고 표기되어 있습니다. 바로 이
부분을 통해 KineMaster 앱을 무료로 이용하는 사람들도 워터마크 없는 동영상 콘
텐츠를 제작할 수 있는 권한을 부여받게 되는 것입니다. 이것은 기업체나 공공기관,
학교에서 KineMaster 단체 교육을 할 때, 해당 기관에서 프로모션 코드를 10개 이상

구입해서 사용하는 방법입니다.

결국, 개인은 월간 또는 연간 프리미엄 사용자가 되는 방법이 가능한 것이고, 프로모션 코드는 단체로 기관에서 구입 후 1인당 코드 1개를 분배해 줘서 사용하는 것입니다.

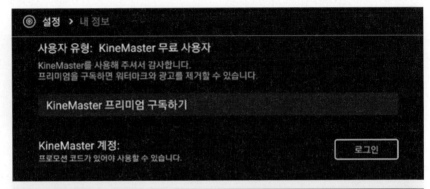

- 가입할 때 사용한 이메일로 로그인하고 사용할 수 있습니다.

- 동영상에 워터마크가 없고, 프리미엄 버전 사용자와 동일한 혜택을 부여받게 됩니다.

ⓑ 「KineMaster」정보

현재 버전은 5.1.14. 22765.GP ^(SDK 3.1.49)입니다. 계속해서 기능 개선이 이루어지고 있으며, 버전이 업그레이드되더라도 이 책 내용은 큰 변동이 없습니다.

일반적으로 PC용 고급 영상편집 프로그램들은 몇 년에 한 번꼴로 버전이 업그레이드되는 데 비해서 KineMaster 앱은 매우 빠르게 기능 개선이 계속 이루어지고 있습니다. 따라서 홈 화면의 「새로운 소식」을 자주 확인해 보는 것도 좋을 방법이라고 생각합니다.

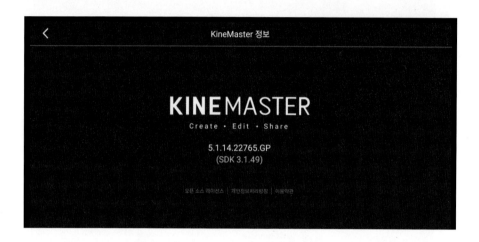

ⓒ 기기 성능 정보

본인의 스마트폰 OS와 최대 코덱 성능, 편집&공유, 동영상 레이어 개수 예 제 등이 나타나 있습니다.

ⓓ KineMaster 초기화

앱이 처음 설치한 상태로 돌아갑니다.

KineMaster 5.0 이상 버전에서는 앱을 삭제하거나 앱 데이터를 삭제하면, 지금까지 편집한 프로젝트도 모두 삭제됩니다. 비정상 종료(크래시)나 멈추는 문제를 해결하기 위해서라면 「설정」에 있는 「KineMaster 초기화」 기능을 이용하면 됩니다.

만약, 초기화를 해도 여전히 문제가 해결되지 않을 경우에는 KineMaster 지원팀으로 연락하여 조치받으시면 됩니다.

02 편집: 편집은 크게 ① 「미디어 브라우저의 전체 화면 모드」, ② 「오디오 브라우저 전체 화면 모드」의 2가지 카테고리로 구성되어 있습니다.

ⓐ 「미디어 브라우저의 전체 화면 모드」

「미디어 브라우저의 전체 화면 모드」는 「꺼짐」으로 설정하면 미디어 브라우저가 타임라인 위로 나타납니다.

「켜짐」으로 설정하면 설정 화면 우측에 원형의 적색 버튼이 활성화되고 미디어 브라우저가 전체화면으로 보입니다.

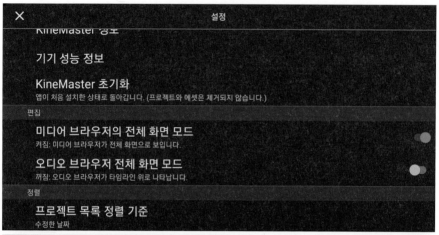

편집은 홈 화면의 「설정」 메뉴와 편집 작업 영역 화면의 「프로젝트 설정」 메뉴 이렇게 두 군데에 있습니다.

홈 화면의 「설정」 메뉴에는 「미디어 브라우저의 전체 화면 모드」, 「오디오 브라우저 전체 화면 모드」를 설정하는 메뉴가 있습니다.

「프로젝트 설정」에 있는 편집 메뉴에는 「사진 길이(0~15초)」, 「사진 배치」(화면 맞추기, 화면 채우기, 자동), 장면전환 길이(0~5초)가 있습니다.

ⓑ「오디오 브라우저 전체 화면 모드」

「오디오 브라우저의 전체 화면 모드」는 「꺼짐」으로 설정하면 오디오 브라우저가 타임라인 위로 나타납니다.

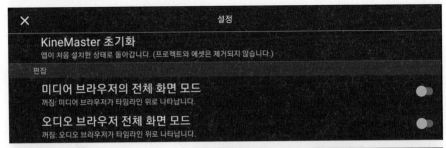

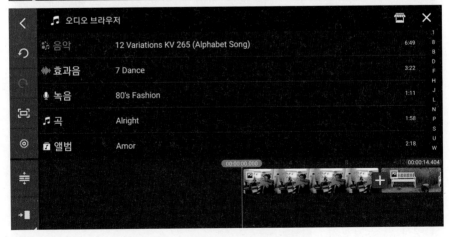

「켜짐」으로 설정하면 설정 화면 우측에 원형의 적색 버튼이 활성화되고 오디오 브라우저가 전체 화면으로 보여집니다.

03 **정렬:** 정렬은 「프로젝트 목록 정렬 기준」을 설정하는 것인데, ① 수정한 날짜, ② 생성한 날짜, ③ 이름 순으로 정렬할 수가 있습니다. 실제로 영상 편집 작업을 하다 보면 한 번에 프로젝트를 완성하는 경우도 있

지만, 때로는 몇 번에
걸쳐 수정작업을 하
게 되는 경우도 있기
때문에 수정한 날짜
로 설정하면 항상 최
신 영상 편집 자료가
먼저 보이기 때문에

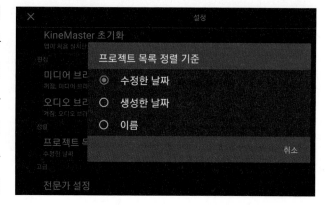

편리합니다.

KineMaster 앱을 실행하면 홈 화면에서 「내 프로젝트」 메뉴 바로 아래에 「수정한 날짜」순으로 프로젝트가 정렬된 것을 확인할 수 있습니다.

KineMaster 앱은 홈 화면의 바탕 배경을 움직이는 애니메이션으로 하여 계속 바뀌도록 설계되었습니다. 나타나는 형상이 바뀌고 색상도 바뀝니다.

모바일 보안 업데이트를 최신 상태로 유지하기 위하여 KineMaster 앱은 5.1 버전부터 범위 지정 저장기능을 지원합니다.

안드로이드 11버전의 보안 향상 기능에는 모든 애플리케이션에 대한 범위 지정 저장 공간이 필요합니다. KineMaster가 외부 폴더에 저장된 경우 해당 프로젝트 파일의 위치가 변경된다는 팝업 메시지가 표시됩니다.

04 고급 : 고급은 「전문가 설정」을 다루는 곳입니다. 설정할 수 있는 내용은 아래와 같으며, 이 앱을 처음 사용하시는 분은 이 부분을 건드리지 않는 것을 추천드립니다.

① 동영상 레코딩 시 오디오 레벨 표시 허용

· OFF : 동영상 레코딩 시 오디오 레벨을 표시하지 않습니다.^(초기 설정)

② 최대 60 FPS로 저장하기

· 꺼짐 : 최대 30 FPS 까지 저장할 수 있습니다. ^(기본 설정)

③ 최대 240 FPS 동영상 추가하기

· 꺼짐 : 최대 60 FPS 동영상까지 추가할 수 있습니다. ^(기본 설정)

④ 무제한 동영상 레이어 모드

· 꺼짐 : 일반모드

⑤ 디버깅을 위한 프로젝트 정보 저장하기

· 꺼짐 : 일반모드

⑥ 이전 버전으로 제작된 프로젝트 이동하기

· 이전 버전으로 제작된 프로젝트를 기기에 새로운 저장 위치로 이동합니다.

2. 편집 작업 영역의 왼쪽 툴(Tool) 패널에 있는 「프로젝트 설정」 메뉴

또 하나의 「설정」 메뉴는 메인 작업 영역 왼쪽에 있는 툴(Tool) 패널에 있습니다. 여기에는 「프로젝트 설정」 메뉴가 위치하고 있습니다.

「프로젝트 설정」 메뉴에는 ① 오디오, ② 비디오, ③ 편집 메뉴가 있습니다.

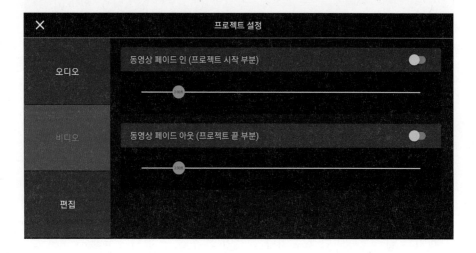

01 오디오 : 「오디오」 설정을 통해 「마스터 볼륨 자동 조절」을 선택하거나 해제할 수 있습니다. 마스터 볼륨을 자동 조절로 설정하면 우측 원이 적색으로 활성화되고, 프로젝트의 마스터 볼륨을 KineMaster앱이 자동적으로 조절하는 것입니다.

그러나 「마스터 볼륨 자동 조절」을 선택하지 않으면(우측 원이 흰색으로 표시됨) 「프로젝트 마스터 볼륨」 선이 적색으로 표시되는데, 볼륨은 0%에서부터 100%까지 자유롭게 설정할 수 있습니다.

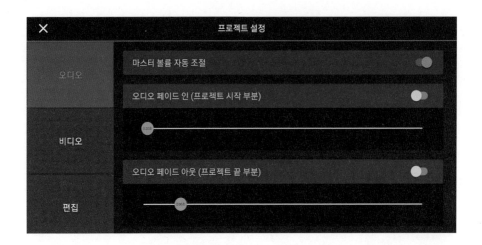

　페이드 인(Fade in)이란 영상이나 음향이 전혀 볼 수 없거나 들을 수 없는 상태를 각각 보고 들을 수 있도록 레벨을 조정하는 것을 말합니다. 그러니까 「오디오 페이드 인」이라는 것은 오디오 볼륨이 아주 작은 상태에서 서서히 커지도록 조정하는 것을 말합니다. 「오디오 페이드 인」(프로젝트 시작 부분)은 0초부터 15초까지 설정할 수 있습니다.

　페이드 아웃(Fade out)이란 페이드 인(Fade in)의 반대로 조정하는 것을 말합니다. 그러니까 「오디오 페이드 아웃」이라는 것은 오디오 볼륨이 서서히 작아지는 것을 말합니다. 「오디오 페이드 아웃」(프로젝트 끝 부분)도 마찬가지로 0초부터 15초까지 설정할 수 있습니다.

02 비디오 : 「비디오」 설정을 통해 「동영상 페이드 인(프로젝트 시작 부분)」과 「동영상 페이드 아웃(프로젝트 끝 부분)」을 설정할 수 있습니다.

　「동영상 페이드 인」(프로젝트 시작 부분)은 0초부터 15초까지 설정할 수 있습니다. 「동영상 페이드 아웃」(프로젝트 끝 부분)도 0초부터 15초까지 설정할 수 있습니다.

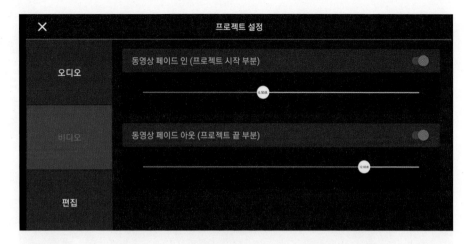

03 편집 : 편집은 ① 「사진 길이」, ② 「사진 배치」, ③ 「장면 전환 길이」
를 설정할 수 있습니다.

ⓐ 사진 길이

사진 길이는 사진 한 장(보통 한 클립이라고 호칭)이 동영상에서 구현되는 시간
을 말하며, Default는 4.5초로 설정되어 있으며 0초부터 15초까지 설정할 수
있습니다.

만약 사용자가 초기 설정값을 변경하려면 0.1초, 0.2초, 0.3초, 0.4초, 0.5
초, 0.6초, 0.7초, 0.8초, 0.9초, 1초 …… 15초까지 0.1초 단위로 설정할 수 있
습니다.

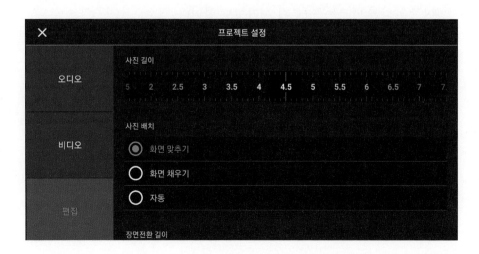

ⓑ 사진 배치

사진 배치는 종전에는 「사진 클립의 팬/줌 초기 설정」이라는 용어를 사용했었는데, 버전 업 되면서 「사진 배치」라는 용어로 변경되었습니다.

사진 배치는 「화면 맞추기」, 「화면 채우기」, 「자동」 중에서 한 가지를 설정할 수 있습니다.

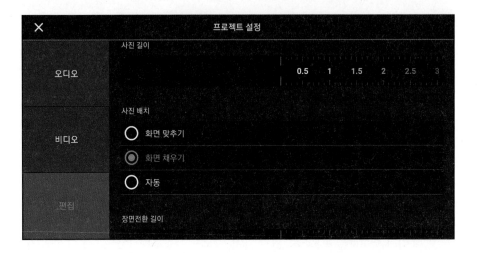

「화면 채우기」를 선택하면 이미지가 화면에 가득하게 채워집니다.

「화면 채우기」 또는 「화면 맞추기」로 설정하고, 팬&줌 초기 설정이 된 상태하에서 미디어 브라우저 메뉴에서 사진을 불러들인 후 수동으로 사진 클립의 크기를 조절하여 영상 편집을 하는 것입니다.

팬&줌은 다른 말로는 「크로핑」이라고도 합니다.

팬&줌(크로핑)

팬&줌 기능은 크로핑 기능이라고도 불리며, 쉽게 말하면 확대 및 축소 기능을 말합니다.

사진 혹은 동영상의 한 클립을 기준으로 설명을 드리면, 시작 부분의 영상 크기와 끝 부분 영상 크기를 조절하는 기능입니다. 클립의 맨 앞부분인 처음 부분과 클립의 끝 부분 이미지 크기를 다르게 설정하여 요망하는 강조기능을 만들 수 있는 것을 말합니다.

사진 혹은 동영상에 움직임을 줄 수 있는 기능으로, 예를 들면 화면을 작게 했다가 크게 하거나 혹은 화면을 크게 했다가 작게 하는 등 강조를 위해 사용하는 기법 중 하나입니다.

「미리보기 화면」에서 두 손가락으로 화면을 줌 인 또는 줌 아웃하면(크게 벌리거나 좁힌다) 우측 편집메뉴에 있는 「팬&줌」 메뉴에 「시작 위치」, 「끝 위치」, 「=」의 세 가지 선택 메뉴를 사용할 수 있는데, 우측 메뉴에 있는 「시작 위치」, 「끝 위치」 메뉴에 있는 적색 박스 내에 흰색으로 조절한 크기가 표시되며, 만약 화면을 고정하고 싶을 경우에는 = 표시를 클릭하여 선택해 주면 됩니다. 이렇게 되면 조절한 처음 부분과 끝 부분의 화면 크기가 동일하게 됩니다.

팬&줌 메뉴에서 「시작 위치」, 「끝 위치」를 조절해 본 화면 모습입니다.

「시작 위치」를 조절한 후 우측 상단의 ⓥ 표시를 클릭하고, 「끝 위치」를 조절한 후 ⓥ 표시를 클릭하면 됩니다. 이제 재생버튼을 클릭하면 화면의 처음은 줌 아웃된 모습으로 나오다가 끝부분으로 가면서 줌 인이 되어 석양의 둥근 해 모습이 크게 나오는 화면으로 변한 것을 확인할 수 있습니다.

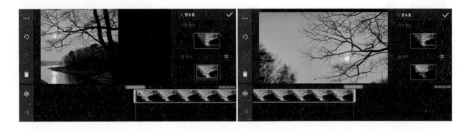

팬&줌 메뉴에서 「=」를 써서 「시작 위치」와 「끝 위치」를 일치시켜 본 화면 모습입니다. 이 경우에는 시작 위치의 적색 박스와 끝 위치의 적색 박스가 등호로 연결되면서 등호 버튼도 적색으로 바뀌게 됩니다. 이 경우에는 시작과 끝 부분의 화면 크기가 동일하게 나타나게 되는 것입니다.

자, 이번에는 사진 클립의 팬&줌 초기 설정을 「화면 맞추기」로 설정하고, 「화면 맞추기」와 「화면 채우기」의 차이점에 대하여 알아보도록 하겠습니다.

미디어 브라우저에서 먼저 단색 배경 중 흰색 배경을 한 장 먼저 불러오고, KineMaster 편집 작업 영역의 「프로젝트 설정」 메뉴에서 사진 배치를 「화면 맞추기」로 설정합니다.

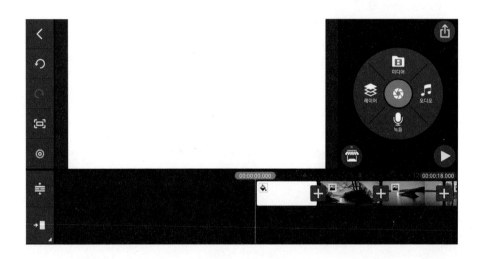

편집 작업 영역의 타임라인 패널에 앞의 예에서 사용한 것과 같은 사진 3장을 불러오겠습니다. 비교를 해 보여드리기 위해서 동일한 사진을 가져온 것입니다.

아래 화면의 「미리보기 화면」을 보시면 사진 왼쪽과 오른쪽에 이전에 보여드린 화면에서 보이지 않았던 검정색 Bar 같은 것이 생긴 것을 확인할 수 있습니다.

즉, 사진의 크기가 작아진 것을 알 수 있습니다. 그러니까 처음 사진은 「화면 채우기」로 불러온 것이므로 화면을 가득 채운 상태로 불러왔습니다. 그리고 이번 사진은 지금 만들고 있는 프로젝트의 화면 비율(16:9)에 맞추어 불러온 것입니다.

← 사진 양쪽에 검정색 Bar가 나타났음 →

이처럼 「화면 맞추기」와 「화면 채우기」는 차이가 있다는 것을 알 수 있습니다. 사진 배치에서 「자동」으로 설정하면, KineMaster 앱이 자동적으로 사진 배치를 하는 것입니다.

ⓒ 장면 전환 길이

「장면 전환 길이」는 사진 클립이나 동영상 클립이 연결되는 부분에 장면 전환 효과를 적용할 때 장면 전환이 지속되는 길이 시간을 설정하는 것이며, 0초~5초까지 설정할 수 있습니다.

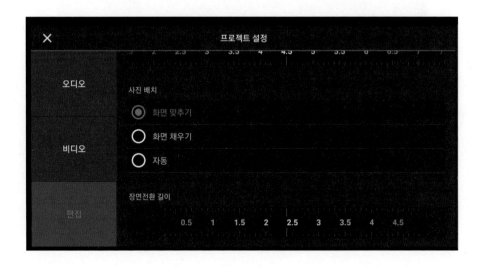

05 홈 화면 구성 요소와 영상 편집 영역 살펴보기

KineMaster 앱은 5.0 버전을 기점으로 화면 구성요소가 새롭게 업그레이드되었습니다. 홈 화면의 배경이 몇 개의 흐르는 영상으로 설정되어 있어 배경 화면이 일정하지는 않습니다.

[홈 화면 구성 요소] 살펴보기

1. 설정

홈 화면은 아래와 같은 모습으로 업그레이드되었습니다. 「설정」은 Part 01. KineMaster 앱과의 첫 만남 Chapter 01. 반갑다! KineMaster Application 04. 「설정 메뉴 이해하기」를 참조하시기 바랍니다.

2. 새로 만들기

「⊕새로 만들기」를 클릭하면 새 프로젝트를 만들기 위한 ①「프로젝트 이름」, ②「화면 비율」, ③「사진 배치」, ④「사진 길이」, ⑤「장면전환 길이」, ⑥「프로젝트 불러오기(.kine파일)」를 설정할 수 있으며, 특히「프로젝트 불러오기(.kine 파일)」를 통해 기기에 저장된 KineMaster 파일을 불러와서 이어서 편집할 수 있습니다.

1) 프로젝트 이름

프로젝트 이름을 직접 입력할 수 있습니다. 이름 입력란(직사각형 박스)에 커서를 위치시키고 탭(꾸욱 누름)을 하면 입력 자판이 나타납니다. 이름을 입력하고, 화면 비율, 사진 배치, 사진 길이, 장면 전환 길이를 설정하고 오른쪽 상단에 있는 「다음」을 클릭하면 미디어 브라우저가 나타납니다. 사진 클립이나 동영상 클립을 타임라인에 삽입한 후 편집 작업을 진행하면 됩니다. 그리고 KineMaster 홈 화면에 가보면 「내 프로젝트」 맨 앞에 조금 전에 입력한 제목의 프로젝트가 나타나 있는 것을 확인할 수 있습니다.

이름 변경은 홈 화면의 「내 프로젝트」를 손가락으로 꾸욱 눌러서 나오는 메뉴 중 「이름 변경」 메뉴를 통해 변경할 수 있습니다.

2) 화면 비율

화면 비율 : 16:9, 9:16, 1:1, 4:3, 3:4, 4:5, 2.35:1

3) 사진 배치

사진 배치 : 화면 맞추기, 화면 채우기, 자동

4) 사진 길이

사진 한 클립이 재생되는 시간을 설정하는 것입니다.

사진 길이(s) : 0, 0.5, 1, 1.5, 2, 2.5, 3, 3.5, 4, 4.5, 5, 5.5, ⋯ 15s

※ 0.1초 단위로 설정 가능 (Bar에 표시된 수치는 0.5초 단위)

Bar를 움직이면 맨 오른쪽 상단에 세부적인 숫자가 나타납니다.

5) 장면전환 길이

「레이어」 메뉴의 「전환」 메뉴를 이용하여 사진 클립이나 동영상 클립이 연결되는 부분에 장면전환 효과를 적용할 때 해당 장면전환이 진행되는 시간을 설정하는 것입니다. 「장면전환 길이」를 설정하면 장면전환 앞, 뒤로 설정된 길이만큼 음영부분 박스가 나타납니다.

장면전환 길이(s) : 0, 0.5, 1, 1.5, 2, 2.5, 3, 3.5, 4, 4.5, 5s

※ 0.1초 단위로 설정 가능 (Bar에 표시된 수치는 0.5초 단위)

Bar를 움직이면 맨 오른쪽 상단에 세부적인 숫자가 나타납니다.

6) 프로젝트 불러오기(.kine 파일)

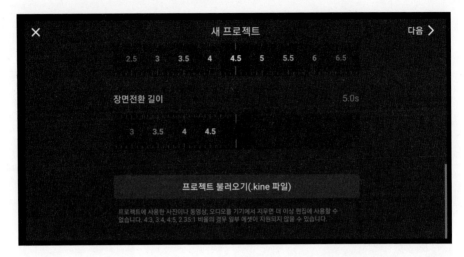

프로젝트에 사용된 사진이나 동영상, 오디오를 기기에서 지우면 더 이상 편집에 사용할 수 없습니다. 화면 비율이 4:3, 3:4, 4:5, 2.35:1 비율일 경우 일부 에셋이 지원되지 않을 수 있습니다.

3. 프로젝트 받기

홈 화면에서 「프로젝트 받기」를 클릭하면 아래와 같은 프로젝트 받기 화면이 나타납니다. 이것은 전문가들의 프로젝트를 받아서 나만의 버전으로 편집할 수 있는 기능을 제공하는 것입니다. 키네마스터 영상 에디터와 디자이너들이 제작한 키네마스터 프로젝트를 다운로드할 수 있습니다.

키네마스터의 프로젝트가 어떻게 만들어졌는지 배워볼 수 있고, 나만의 버전으로 커스터마이징(customizing)[1] 할 수 있습니다.

다운로드한 키네마스터 프로젝트의 동영상 및 이미지를 내가 원하는 미디어로 교체할 수 있습니다. KineMaster에 원하는 스타일의 프로젝트가 없다

---

1. 커스터마이징(customizing)이란 상업이나 산업에서 역사적으로 생산업체나 수공업자들이 고객의 요구에 맞게 제품을 만들어주는 일종의 맞춤 제작 서비스를 말하며, 키네마스터가 이러한 맞춤제작 서비스를 제공하는 것입니다.

면 community@kinemaster.com으로 요청을 보내주면 적극 반영하여 새로운 프로젝트를 업데이트한다고 하니 필요하신 분은 KineMaster社로 요청하시면 되겠습니다.

전체적으로 한 눈에 볼 수 있는 화면이 있고, ① 텍스트, ② 레트로, ③ 심플, ④ 뮤직 비디오, ⑤ 인트로, ⑥ 비트, ⑦ 브이로그[2], ⑧ 예능 등 총 8개의 카테고리가 있습니다.

4. 내 프로젝트

「내 프로젝트」는 여러분이 제작한 프로젝트가 나타나는 곳입니다. 최초에 아무런 편집 작업을 하지 않은 앱을 작동시켰을 때는 아무것도 나타나지 않습니다.

---

2. 브이로그는 비디오(video)와 블로그(blog)를 합성한 '비디오 블로그'를 뜻합니다.
   블로그에 일기를 쓰듯 일반인이 소소한 생활상을 동영상으로 제작해 유튜브와 같은 동영상 사이트에 올려 타인과 공유하고 소통하는 채널을 일컫는 용어입니다.

01 이미 작업을 하던 프로젝트가 있을 경우에는 아래 화면처럼 편집 중인 프로젝트들이 나타납니다. 프로젝트 이름이 없을 경우에는 20210719-3, 20210719-2, 20210719-1, 20210719와 같이 프로젝트 이름이 '연월일-일련번호' 형식으로 자동적으로 생성됩니다.

「내 프로젝트」 썸네일 부분을 왼쪽으로 스크롤하면 오른쪽에 안보이던 프로젝트들이 모두 보입니다. 그러니까 프로젝트가 많은 경우에는 왼쪽, 오른쪽으로 스크롤 방식으로 밀어주면 모든 프로젝트들을 볼 수가 있습니다.

「내 프로젝트」 메뉴 오른쪽 상단에 있는 「모두 보기」를 클릭하면 모든 프로젝트를 한눈에 볼 수 있습니다.

02 바로 편집 작업을 시작하려면 내 프로젝트에 있는 프로젝트 제목을 한 번 클릭하면, 아래와 같이 편집 작업 영역으로 이동합니다.

03 「내 프로젝트」에서 편집 중인 프로젝트를 꾸욱 눌러주면 아래와 같이 작업을 할 수 있는 화면이 나타납니다. 설명을 위해 〈연습1〉 프

로젝트 화면을 꾹욱 눌러주면 아래 화면과 같이 〈연습1〉이라는 프로젝트 제목과 함께 ① 프로젝트 내보내기(.kine 파일), ② 이름 변경, ③ 프로젝트 복사, ④ 삭제 등의 메뉴를 볼 수 있습니다.

① 프로젝트 내보내기(.kine 파일)

「프로젝트 내보내기(.kine 파일)」를 클릭하면 아래 화면처럼 스마트폰의 〈내장 메모리〉 안에 있는 「KineMaster」 폴더 안의 「Projects」 폴더가 바로 열립니다.

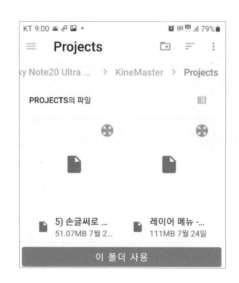

② 이름 변경

프로젝트 이름을 변경할 수 있습니다. 「이름 변경」을 클릭하면 글자를 입력할 수 있는 자판이 나타납니다. 설명을 위해 변경할 이름을 〈연습1 이름 변경〉이라고 입력 후 「확인」 버튼을 클릭하면 프로젝트 이름이 〈연습1 이름 변경〉으로 변경됩니다.

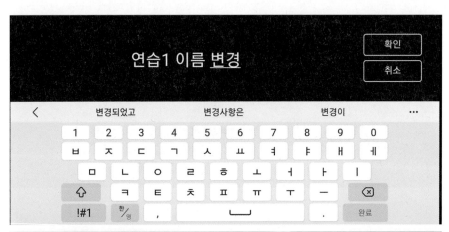

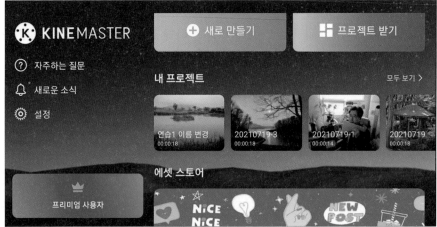

③ 프로젝트 복사

복사할 프로젝트 〈연습1〉을 꾸욱 눌러서 〈연습1〉의 작업 화면으로 들어갑니다. 작업 화면에서 「프로젝트 복사」를 클릭하면 다음과 같이 프로젝트 복사 화면이 나타납니다.

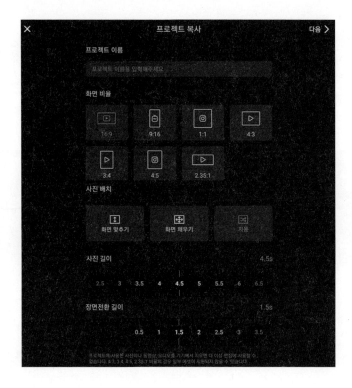

화면 비율을 선택하고(예를 들면, 유튜브에 업로드할 동영상이라면 16:9를 선택)하고, 사진 배치, 사진 길이, 장면전환 길이를 선택하고, 우측 상단에 있는「다음」을 클릭합니다.

그러면 아래 화면과 같이 〈연습1 복사〉라고 하는 프로젝트가 한 개 복사된 것을 확인할 수 있습니다.

④ 삭제

설명을 위해 〈연습1 복사〉 프로젝트를 삭제하도록 하겠습니다. 홈 화면에서 〈연습1 복사〉 프로젝트를 꾸욱 눌러주면 아래와 같이 작업 화면이 나타납니다.

「삭제」를 클릭하면 다음과 같은 '프로젝트를 삭제하시겠습니까?'라는 확인 문구가 나타납니다. 「삭제」를 클릭합니다.

다음 화면처럼 〈연습1 복사〉 프로젝트가 삭제되어 홈 화면에서 사라진 것을 확인할 수 있습니다.

5. 에셋 스토어

「에셋 스토어(Asset Store)」는 누구에게나 프리미엄 에셋을 제공합니다. 정기 구독을 하지 않는 무료 사용자도 광고 시청 없이 프리미엄 에셋을 다운로드 할 수 있고, 프리미엄 에셋이 포함된 프로젝트를 제작한 동영상도 광고를 시청하지 않고도 「저장 및 공유」를 할 수 있습니다.

이제 KineMaster 프리미엄 버전과 무료 버전의 차이는 '워터 마크의 유무' 즉, KineMaster 로고가 동영상에 삽입되느냐 안 되느냐밖에 없습니다.

무료 사용자는 KineMaster 앱을 설치하신 후, 에셋 스토어에 들어가서서 별도로 시간을 내어 에셋을 다운로드 받으시면, 그때부터는 프리미엄 사용자와 동일하게 KineMaster 앱을 사용하실 수 있습니다. 한 번 다운로드 받으시면 삭제하지 않는 한 그대로 유지가 됩니다. 최초 사용자가 에셋 스토어 홈에 들어가면 「KineMaster 에셋 스토어」 화면이 나타납니다. 오른쪽에 있는 「my」 폴더를 클릭하면 아래와 같은 「마이 에셋」 화면이 나타나고 '다운받은 에셋이 없습니다.'라고 나옵니다.

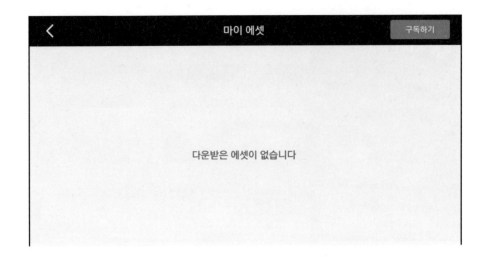

아래 화면은 「KineMaster 에셋 스토어」홈 화면입니다. 여기에서 필요한 에셋을 다운로드 받으시면 됩니다.

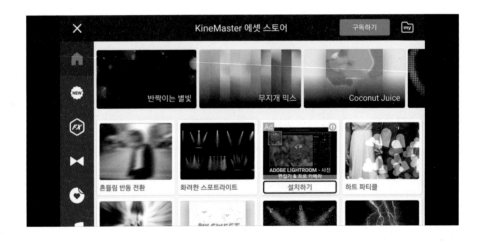

그리고 「에셋 스토어」화면 오른쪽 상단에 있는 「my」폴더를 통해 에셋 스토어를 관리할 수 있습니다. 즉, 다운로드 받은 에셋이 모두 보관되며, 불필요한 에셋은 이곳에서 삭제할 수 있습니다.

아래 사진은 필자의 「마이 에셋」관리 모습입니다. 맨 왼쪽에 보면 위쪽에서 아래쪽으로 FX(효과) 에셋부터 동영상 에셋 폴더가 나타나 있고, 해당 폴더에 저장된 내용이 오른쪽 화면에 모두 나타나 있는 것을 확인할 수 있습니다.

6. 팔로우

팔로우(Follow)란 본인이 누군가를 따르고 있다는 의미인데, 이와 같은 용어는 SNS에서 주로 사용되고 있습니다. KineMaster에서 홈 화면에 팔로우를 배치시킨 이유는 아마도 동영상을 제작한 후 업로드할 수 있는 여러 가지 종류의 SNS 중 대표적인 YouTube, Instagram, TikTok을 포함시켜서 편의성을 제공하려고 하는 것으로 판단됩니다.

7. 추천 앱

추천 앱으로 BeatSync, SpeedRamp, VideoStabilizer를 배치해 놓았습니다.

1) 비트씽크 앱 소개 및 활용방법

비트싱크(BeatSync)는 KineMaster社에서 개발한 동영상 편집 앱으로 키네마스터와 연동하여 더욱 다양한 편집이 가능한 프로그램입니다. 홈 화면에서 BeatSync를 클릭하고, 지시하는 대로 앱을 설치하고 활용하면 됩니다.

스마트폰에 저장된 사진이나 비디오로 멋진 동영상을 제작할 수 있는 프로그램입니다.

앱 화면에서 ① 하단부에 있는 +표시를 누르고 ② 전체 사진이나 비디오 중에서 동영상으로 제작할 때 사용할 사진이나 비디오들을 여러 장 선택한 후 (사진을 선택하면 적색원이 생기면서 일련번호가 나타나며, 한 번 더 누르면 선택이 해제됩니다. 미리보기 화면 하단에는 반시계 방향 화살표가 있는데, 이것은 전체 선택사진을 한 번에 취소하는 버튼입니다) ③「다음」을 클릭하면 여러 가지를 선택할 수 있는 작업 화면이 나타납니다.

ⓐ 타임 라인에는 동영상의 전체 길이가 초 단위로 표시됩니다.

ⓑ 미리보기 화면에는 본인이 선택한 사진들의 애니메이션 기능을 보여주는 것인데, 다음과 같이 총 26종의 패턴이 타임 라인 하단에 나타나 있습니다.

(a) Halloween Party (b) Your Color (c) Thunder (d) Modern (e) Shutterbug (f) Stars (g) Special Days (h) Racing (i) Bombs Away (j) Movement (k) Squares (l) Sweet Lies (m) Sixteen (n) Call Me DJ (o) Pixel Transition (p) Thomp (q) Rotation (r) Love Again (s) Groovy (t) Urban Looks (u) Chemical Universe (v) Feeling Down (w) Fire Me (x) Plop (y) Max Drive (z) Old Funk

ⓒ「미리보기 화면」 중간부분 맨 우측에는 (a) My Music (b) TikTok, Instagram, YouTube 토글 버튼(왔다 갔다 하는 버튼), (c) KineMaster 연동 버튼 등 3개의 버튼이 있습니다.

My Music은 본인의 스마트폰에 저장된 음악들이 나타나는데 여기서 동영상에 사용할 음원을 선택하고「다음」을 누르면 '음악을 분석하고 있습니다.'라는 메시지가 나타나면서 분석작업이 진행되고, 문제가 없으면 바로 미리보기 화면에 보이는 영상과 함께 선택한 음원이 삽입된 것을 청취할 수 있습니다.

TikTok, Instagram, YouTube 토글 버튼은 이러한 3개의 SNS에 업로드할

동영상의 「화면비율」을 선택하는 버튼입니다. 홈 화면의 팔로우에 이 3가지 SNS가 표시된 것은 이들 SNS와 비트씽크로 편집한 동영상을 연동시키기 위한 것입니다.

YouTube를 선택하면 미리보기 화면이 가로형으로 바뀌고 스마트폰을 가로로 위치시키면 유튜브 화면 비율 16:9로 동영상이 나타납니다.

Instagram이나 TikTok을 선택하면 미리보기 화면이 세로형으로 바뀌고, 동영상을 세로형으로 편집하게 되는 것입니다.

만약에 KineMaster 앱과 연동시켜서 비트씽크에서 제작한 동영상을 더욱 멋있게 편집 작업을 진행하여 동영상 편집을 완성하고자 할 경우에는 KineMaster 연동 버튼을 활용하면 됩니다.

KineMaster 연동 버튼을 누르면, '키네마스터 앱으로 이동합니다. 작업 중인 키네마스터 프로젝트는 닫아 주시기 바랍니다.'라는 문구가 나옵니다. 「확인」을 누르면 KineMaster 앱이 잠시 나타난 후에 '다운로드가 필요한 에셋이 프로젝트에 포함되어 있습니다. 다운로드를 하기 위해서는 구독을 하거나 광고를 시청해야 합니다. 모두 다운로드한 후에 편집을 시작할 수 있습니다.'라는 문구가 뜨는데 「확인」을 클릭합니다.

필자는 프리미엄 버전 사용자이며, 비트씽크를 무료로 다운로드 받아 설치하였고, 이 앱을 통해 사진으로 동영상을 제작하려고 하니까 필자가 제작하는 동영상에 Special Days(BeatSync)를 설치하라고 문구가 나오고 있습니다.

상단 중앙 부분에 「다운로드가 필요한 에셋(0/1)」이라고 나타나고, 우측 상단에 「모두 다운로드」 버튼이 있는데 이것을 클릭하면 바로 〈완료〉가 되면서 제가 만들고 있는 동영상이 타임 라인에 바로 삽입됩니다. 바로 추가적인 작업을 하여 동영상 편집을 마무리하고 「저장 및 공유」를 클릭하면 동영상 편집이 마무리되겠습니다.

비트씽크로 제작한 동영상은 내 스마트폰의 동영상 폴더에 자동적으로 생성된 BeatSync 폴더 안에 저장이 됩니다.

2) SpeedRamp 앱 소개 및 활용방법

스피드램프(SpeedRamp)는 KineMaster社에서 개발한 동영상 편집 앱으로 키네마스터와 연동하여 더욱 다양한 편집이 가능한 프로그램입니다. 동영상에 스피드 효과 및 슬로우 모션을 지원하여 멋진 동영상을 제작할 수 있는, 한 마디로 동영상의 속도를 조절해 주는 앱이라고 이해하시면 되겠습니다. 홈 화면에서 SpeedRamp를 클릭하고, 다음과 같은 절차에 따라 설치하고 활용하면 됩니다.

홈 화면에서 SpeedRamp를 클릭하고, 지시대로 앱을 설치합니다.

앱 화면에서 ① 하단부에 있는 +표시를 누르고 ② 스마트폰에 저장된 모든 동영상 중에서 동영상을 1개 선택(현재는 1개만 선택 가능)합니다. (동영상을 선택하면 보라색 원에 체크 표시가 됨) 미리보기 화면에서는 방금 선택된 동영상이 재생되고 있는 것을 확인할 수 있습니다. ③「다음」을 클릭하면「트림」과「속도 조절」을 할 수 있는 작업 화면이 나타납니다.

ⓐ「트림」은 동영상의 길이를 늘리거나 줄이는 기능을 수행하는 것입니다. 미리보기 창 아래 타임라인 패널 하단부에 있는「트림」을 클릭하면 동영상 클립에 흰색 박스로 트림이 가능한 상태가 됩니다. 맨 왼쪽은 고정한 상태에서 손가락으로 우측으로 늘리거나, 늘린 상태에서 왼쪽 방향으로 줄이면 됩니다. 시간은 0초부터 30초 이내까지 조절이 가능합니다.

ⓑ「속도 조절」을 하는 법을 알아보겠습니다. 미리보기 화면 아래 타임라인 패널 하단부에 있는「속도」를 클릭하면 타임라인 패널 바로 아래에 흰색 점이 4개~5개가 나타납니다(사전에 설정된 7개의 형상에 따라 어떤 것은 조절점이 4개이고, 어떤 것은 조절점이 5개입니다).

기준점이 되는 첫 번째 흰 점은 고정이며, 두 번째, 세 번째, 네 번째 조절점을 움직여가면서 동영상에서 4개 부분의 속도 조절을 할 수 있습니다. 5개의 점 중 하나를 선택하면 수직으로 된 흰색의 직선 바$^{(Bar)}$가 나타나는데, 특정 지점을 누르면 수평선과 수직선이 만나는 접점에서의 속도$^{(Speed)}$가 배속으로 타임라인 패널 상단에 표시됩니다.

타임라인 패널에는 수평선이 나타나 있으면서 흰색 점이 4개~5개 나타나 있고, 하단부에 총 7개의 사전에 설정된 속도 조절 형상이 나타나는데 이 중에서 한 개를 선택하면 그 형상대로 속도가 조절되는 것입니다. 8배속 또는 1/8 배속까지 속도를 증감하여 조절할 수 있습니다.

우측 상단에 ⊕, ⊖ 표시가 있는데, ⊕ 표시를 누르면 속도가 증가하고, ⊖ 표시를 누르면 속도가 감소됩니다.

ⓒ 트림과 속도 조절을 마치고 우측 상단의 「내보내기」를 클릭하면, 비디오 품질을 낮음, 중간, 높음 중 하나를 선택할 수 있고 그에 따라 예상 파일 크기가 ○○ MB라고 나타납니다. 카카오톡 등 SNS에 업로드 용량 제한이 있는 경우 동영상의 용량을 사전에 확인할 필요가 있으므로 이를 활용하면 되겠습니다.

ⓓ 하단부에 있는 「키네마스터 연동」 버튼이나 「다운로드」 버튼을 클릭하면 됩니다.

「키네마스터 연동」 버튼을 클릭하면 KineMaster 앱의 편집 작업 영역의 타임라인에 동영상이 바로 삽입되는 것을 확인할 수 있습니다. 여기에서 추가적인 동영상 편집을 하여 마무리하면 되겠습니다.

「다운로드」 버튼을 클릭하면, 내 스마트폰의 동영상 폴더에 SpeedRamp 폴더가 자동적으로 생성되고 그 안에 저장이 됩니다.

3) VideoStabilizer 앱 소개 및 활용방법

비디오스태빌라이저는 KineMaster社에서 개발한 동영상 편집 앱으로 키네마스터와 연동하여 동영상 손떨림을 보정하는 프로그램입니다. 홈 화면에서 VideoStabilizer를 클릭하고, 다음과 같은 절차에 따라 설치하고 활용하면 됩니다.

앱 화면에서 ① 하단부에 있는 +표시를 누르고 ② 스마트폰에 저장된 모든 동영상 중에서 흔들림이 매우 심한 동영상 1개를 선택(현재는 1개만 선택 가능)합니다.(동영상을 선택하면 적색원에 체크 표시가 됨) 미리보기 화면에서는 방금 선택된 동영상이 정지된 상태로 보이는 것을 확인할 수 있습니다. ③「다음」을 클릭하면 '분석중입니다.'라는 문구가 나타나면서 동영상의 손떨림 현상을 분석합니다.

④ 분석을 마치면 미리보기 화면에 〈Original〉과 〈Stabilized〉라는 두 개의 영상이 좌우로 나란하게 재생되면서 손떨림 현상이 개선된 것을 바로 보실 수 있습니다.

⑤ 우측 상단에 있는「내보내기」버튼을 누르면 비디오 품질을 낮음, 중간, 높음 중 하나를 선택하는 화면이 나타납니다. 3가지 중 하나를 선택합니다. 예상 파일 크기가 '00'MB라고 나타납니다.

⑥ 하단부에 있는「키네마스터 연동」버튼이나「다운로드」버튼을 클릭하면 됩니다.

「키네마스터 연동」버튼을 클릭하면 KineMaster 앱의 편집 작업 영역의 타임라인에 동영상이 바로 삽입되는 것을 확인할 수 있습니다. 여기에서 추가적인 동영상 편집을 하여 마무리하면 되겠습니다.

「다운로드」버튼을 클릭하면, '워터마크를 제거하기 위해서 광고를 재생합니다.'라는 문구가 나타납니다. 그리고 취소(워터마크 포함 선택), 확인(광고 재생 버튼이 보임)은 이용자가 알아서 선택하라는 것입니다.

프리미엄 사용자라는 문구가 분명하게 보이는데도 불구하고 광고를 재생해야 하는 것은 손떨림 방지 효과를 보기 위해서 감수해야 할 사항이라고 생각됩니다.

광고를 시청 후 우측 상단의 ⓧ 표시를 누르면, 분석이 되고 난 후의 비디오 품질을 낮음, 중간, 높음 중 하나를 선택할 수 있고 이에 따라 예상 파일 크기가 '00'MB라고 나타납니다.

⑦ 내 스마트폰의 동영상 폴더에 Stabilizer 폴더가 자동적으로 생성되고, 그 안에 손떨림 현상이 개선된 영상이 저장됩니다.

8. 자주 하는 질문

「자주 하는 질문」에는 다음과 같은 주제하에서 지금까지 수집된 질문과 답변을 저장해 놓은 곳입니다.

1) 일반적인 기능들   2) 구독과 결제

3) 충돌과 에러   4) 내보내기와 공유

5) 호환성 및 지원 성능   6) 라이센스와 저작권

원하는 답변을 찾지 못하셨나요? 이메일 문의로 알려주세요.

이메일 문의

☞ 이메일 박스를 누르면, 아래와 같이 support@kinemaster.com으로 연결되어 이메일 문의를 할 수 있습니다. 자동적으로 생성되는 문장은 건드리지 말고 문의를 하셔야 합니다.

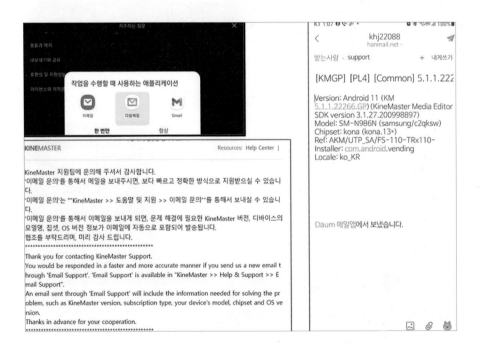

9. 새로운 소식

새로운 소식은 공지, 에셋, 기능, 추천 앱(예:비트씽크 앱), 신규 기능 등의 소식을 올려놓는 곳으로 시간 있을 때마다 한 번쯤 들려보면 좋은 정보를 얻을 수 있습니다.

[영상 편집 영역] 살펴보기

영상 편집 영역은 크게 네 구역으로 구성되어 있습니다. ① 편집 메뉴, ② 미리보기 화면, ③ 툴(Tool) 패널, ④ 타임라인(Timeline) 패널 구역입니다.

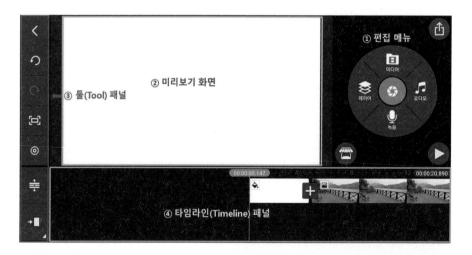

그리고 각 구역별로 세부 메뉴들이 배치되어 있는데, 아래 화면에 각각의 아이콘 등에 대한 기능을 설명해 놓았습니다.

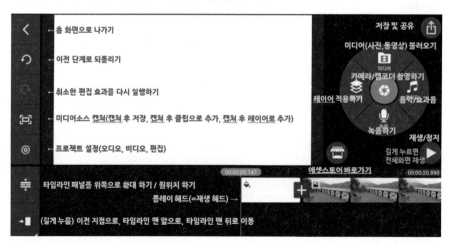

06 편집 메뉴 보이기 방식
(한글 메뉴 방식, 아이콘 메뉴 방식)

편집 메뉴 보이기 방식은 2가지입니다. 하나는 한글 메뉴 방식이며, 다른 하나는 아이콘 메뉴 방식입니다. 강의를 하다 보면 편집 메뉴를 잘못 건드려서 메뉴가 이상해졌다고 질문하는 경우가 종종 있는데, 여러분들은 이 책을 보셨으므로 그런 일을 겪지 않으실 것입니다.

1. 편집 메뉴 보이기 방식

편집 메뉴 보이기 방식은 크게 두 가지입니다. 하나는 「한글 메뉴 방식」이고, 다른 하나는 「아이콘 메뉴 방식」입니다.

편집 메뉴가 있는 영역의 맨 아래에 보면 적색의 작은 점 9개가 모여서 있는 아이콘과 가로로 3개의 적색 막대기 표시가 있는 아이콘이 있습니다.

이러한 편집 메뉴는 타임라인에 사진 클립이나 동영상 클립을 삽입하고, 해당 클립을 꾸욱 누르면 「미리보기 화면」 우측에 「한글 메뉴 방식」 또는 「아이콘 메뉴 방식」 중 한 가지 방식으로 나타나게 됩니다.

1) 한글 메뉴 방식

편집 메뉴가 있는 영역의 맨 아래 두 개의 아이콘 중 우측에 있는 가로로 3개의 적색 막대기 표시가 있는 아이콘을 누르면 한글 메뉴가 나타납니다.

한글로 메뉴가 설명이 되어 있으므로 사용하기에 편리합니다. 이 방식으로 사용하시는 것을 추천 드립니다.

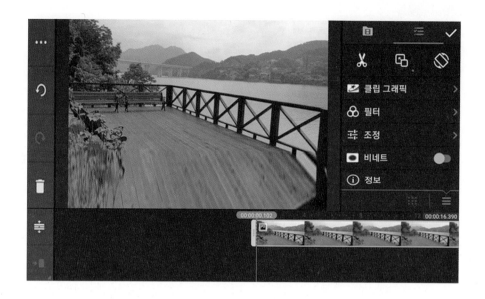

2) 아이콘 메뉴 방식

편집 메뉴가 있는 영역의 맨 아래 두 개의 아이콘 중 왼쪽에 있는 적색의 작은 점 9개가 모여 있는 아이콘을 누르면 편집 메뉴가 아이콘 메뉴 방식으로 나타납니다. 한글 메뉴 방식과 동일한 내용인데 글자 대신 아이콘으로 표기해 놓았습니다.

CHAPTER 02

KineMaster 앱에서
사진 / 동영상 촬영 및
타임라인 삽입

KineMaster 앱 카메라로
사진 촬영 및 타임라인 삽입

KineMaster 앱에는 영상 편집 영역의 우측 주요 메뉴 공간 중앙에 빨간색으로 표시된 부분에 사진을 촬영할 수 있는 카메라와 동영상을 촬영할 수 있는 캠코더가 있습니다. 먼저 KineMaster 앱 카메라로 사진을 촬영하고, 타임라인에 삽입하는 방법을 설명드리겠습니다.

01 스마트폰 화면에서 KineMaster 앱을 클릭합니다.

02 KineMaster 앱을 실행하게 되면, 무료사용자의 경우에는 광고가 나타나는데, 우측 상단에 '앱으로 이동 키네마스터'라는 바로가기 버튼을 클릭합니다.

KineMaster 프리미엄 사용자의 경우에는 바로 홈 화면이 아래와 같이 나타납니다.

03 메인 화면에서 「⊕ 새로 만들기」를 클릭하면 「새 프로젝트」 화면이 나타나는데, 여기서 프로젝트 이름을 입력합니다. 다음에는 새 프로젝트의 화면 비율을 선택할 수 있는 메뉴들이 나타납니다. 본인이 업로드를 원하는 SNS 종류에 맞게 화면 비율을 선택하면 됩니다. 여기서는 유튜브에 업로드한다고 가정하고 「화면 비율」을 16:9로 선택하겠습니다.

화면 비율(aspect ratio)이란 출력되는 영상물에 따라 규정된 비율을 의미하며,「가로세로비」또는「화면비」라고도 말하며, 가로의 길이를 세로의 길이로 나눈 값으로 표시합니다.

영상 편집 시 프로젝트의 화면 비율을 결정하기 위한 참고사항을 설명드리겠습니다.

일반적으로 디지털 방송이 시작된 이후 TV나 모니터 기본 화면 비율, 그리고 유튜브 동영상은 가로형(Landscape)인 16:9 화면 비율을 적용하고 있습니다.

그리고 Instagram에서도 16:9 화면 비율로 편집한 영상을 업로드할 수 있습니다.

16:9 화면 비율은 5120×2880, 1920×1080, 1024×576, 640×360 비율로 표시할 수 있습니다.

9:16 화면 비율은 세로로 사진이나 동영상을 촬영했을 경우 선택합니다. Instagram IGTV 동영상은 세로 모드 동영상에 최적화되어 있으므로 처음부터 스마트폰을 사용하여 세로로 촬영해야 화면에 꽉 차게 영상이 재생될 수 있습니다. 스마트폰으로 세로형 사진을 찍었을 경우 비율은 9:16입니다.

1:1 화면 비율은 가로, 세로 길이가 동일한 정사각형(Square) 비율인데, Facebook이나 Instagram 게시물로 업로드할 영상을 편집할 때 사용하면 됩니다. Instagram에서 가장 많이 볼 수 있는 화면 비율입니다.

4:3 화면 비율은 과거 아날로그 방송 때 사용한 비율이며, Power Point 프로그램도 과거에는 4:3 화면 비율을 사용하였습니다. 3:4 화면 비율도 아날로그 시대에 세로 영상에 적용했던 것입니다.

4:5 화면 비율은 Instagram에서 세로형(Portrait)사진으로 인물사진에 특화된 비율입니다. 한 화면을 사진으로 꽉 채워줍니다.

2.35:1 화면 비율은 '시네마스코프(Cinema Scope)'라고도 합니다. 영상 편집도 이 비율을 적용하면 영화와 같은 느낌이 딱 풍기게 되는 것입니다. 좌우로 화면을 넓게 써서 Story를 진행시키거나, 멋진 풍경을 담거나 해당 장소의

느낌을 많이 담고 싶을 때 사용하면 좋습니다. 장면에서 인물이 차지하는 비중이 적습니다. 그래서 영상을 보는 관객은 인물의 감정에 몰입한다기보다 배경 혹은 장소의 분위기 등을 더 잘 기억합니다.[1]

화면 비율은 KineMaster에서 영상 편집에 사용하고 있는 7가지 종류 외에도 많은 종류가 있습니다.[2]

04 다음으로 「사진 배치」 메뉴에서 「화면 맞추기」, 「화면 채우기」, 「자동」 중 한 가지를 선택합니다. 이것은 화면을 어떤 기준으로 채울 것인가를 결정하는 것입니다. 「화면 채우기」는 사진을 화면에 가득 채운 상태로 불러오는 것이고, 「화면 맞추기」는 프로젝트의 화면 비율을 선택한 것에 따라 사진을 맞춘 상태로 불러오는 것입니다. 「자동」은 KineMaster 앱이 자동적으로 사진 배치를 해 주는 것입니다. 다음으로 「사진 길이」는 15초까지 설정할 수 있는데, 이것은 사진 한 클립이 재생되는 길이 시간을 의미하는 것이며, 여기서는 설명을 위해 4.5초로 설정하겠습니다.

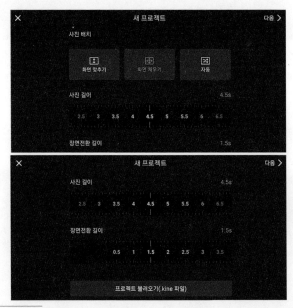

1. https://boiledtrip.tistory.com/35, Davinci Resolve, '삶은 여행'
2. 위키백과, "가로세로비(영상)"

05 「새 프로젝트」메뉴 화면 오른쪽 상단에 있는 「다음」버튼을 클릭하면 아래와 같은 「미디어 브라우저」가 나타납니다. 미디어 브라우저(Media Browser)를 들여다보면 내 스마트폰에 여러 경로를 통해 저장된 사진과 동영상 폴더들이 보입니다. 구체적인 설명은 Part 02. Chapter 02 「미디어 브라우저의 이해」를 참조해 주시기 바랍니다.

　　미디어 브라우저 화면의 우측 상단에 있는 체크 표시(∨)를 누르시기 바랍니다.

06 아래와 같은 화면이 나타나는데, 이 화면은 앞으로 영상 편집을 위해 사용할 「편집 작업 영역」이라고 부르도록 하겠습니다. KineMaster 앱의 주요 메뉴를 모아놓은 작업 공간이라고 보시면 됩니다.

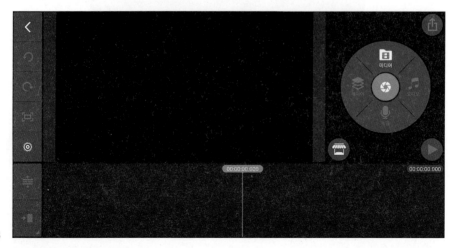

07 위 「편집 작업 영역」에서 원형으로 된 메뉴판의 가운데 빨간색 원 부분에 KineMaster 앱이 제공하고 있는 카메라와 캠코더가 숨겨져 있습니다. KineMaster 앱 관련 서적들에서 이 부분을 간과한 경우가 많이 있습니다.

빨간 원형 부분을 클릭하면 카메라와 캠코더를 사용할 수 있는 메뉴가 활성화됩니다.

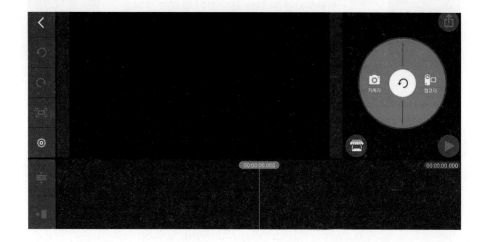

07-1 스마트폰에 기기 자체의 카메라만 있는 경우는 '사진 촬영을 위하여 KineMaster의 카메라 접근 권한이 필요합니다.'라는 문구와 함께 「취소」 또는 「허용」 버튼이 나타나는데, 여기서 「허용」 버튼을 클릭합니다.

그러면 다음과 같은 팝업 메뉴가 나타납니다. 'KineMaster의 다음 작업을
허용하시겠습니까? 사진 찍기 및 동영상 녹화'라는 문구와 함께 「거부」또는
「허용」버튼이 나타나는데, 여기서 「허용」버튼을 클릭합니다.

07-2 그러나 스마트폰에 기기 자체의 카메라 외에 여러 가지 카
메라 앱을 설치한 경우에는 「카메라」를 클릭하면 '이미지
캡처에 사용할 앱'을 선택하라는 대화상자가 나오는데, 본인의 스마트폰에
기본적으로 탑재된 카메라 외에도 Play 스토어나 App Store에서 추가적으로
다운로드 받아 설치한 카메라가 모두 나타납니다. 이미지 캡처에 사용할 카
메라 앱을 선택합니다.

08 선택한 카메라 앱 모양을 클릭하고, 「한 번만」 또는 「항상」 중에서 하나를 선택하여 누르면 됩니다. 여기서는 편의상 「항상」을 클릭하면, 아래와 같이 이미지를 촬영할 수 있는 카메라가 나타납니다.

09 원하는 장면을 카메라 버튼을 눌러서 촬영하면 아래와 같이 촬영한 사진이 타임라인에 삽입된 것을 확인할 수 있습니다.

02 KineMaster 앱 캠코더로 동영상 촬영 및 타임라인 삽입

이번에는 KineMaster 앱 캠코더로 동영상을 촬영하고, 타임라인에 삽입하는 방법을 설명드리겠습니다.

만약 최초부터 동영상만 촬영하려고 할 경우에는 01. KineMaster 앱 카메라로 사진 촬영 및 타임라인 삽입의 설명 1~6항 절차대로 따르신 후, 다음 절차를 따르시면 됩니다.

01 아래 사진과 같이 '동영상 촬영을 위하여 KineMaster의 카메라 및 마이크 접근 권한이 필요합니다.'라는 문구와 함께 「취소」 또는 「허용」 버튼이 나타나는데, 여기서 「허용」 버튼을 클릭합니다.

02 그러면 다음과 같은 팝업 메뉴가 나타납니다. 'KineMaster의 다음 작업을 허용하시겠습니까? 오디오 녹음'이라는 문구와 함께 「거부」 또는 「허용」 버튼이 나타나는데, 여기서 「허용」 버튼을 클릭합니다.

이것은 동영상을 촬영할 경우 KineMaster의 카메라 접근 권한을 허용해 달라는 것과 더불어 오디오가 함께 녹음되기 때문에 마이크 접근 권한을 허용해 달라고 하는 것입니다.

요약하면 KineMaster의 카메라를 사용할 경우 '카메라 접근 권한'을 허용해 주어야 하고, '사진 찍기 및 동영상 녹화'를 허용해 주어야 하는 것입니다.

또한 KineMaster의 캠코더를 사용하여 동영상을 촬영하기 위해서는 '카메라 접근 권한'과 '마이크 접근 권한'을 허용해 주어야 하고, '오디오 녹음' 작업을 허용해 주어야 하는 것입니다.

03 그러면 아래 화면과 같이 동영상을 촬영할 수 있는 화면이 나타납니다. 필자의 스마트폰에는 〈오픈 카메라〉, 〈좋은 카메라〉 앱이 추가로 설치되어 있는데, 이중에서 하나를 선택하면 됩니다.

04 원하는 장면을 촬영하면 청색 캠코더가 적색 캠코더로 바뀌면서 화면 하단 중앙에 녹화 시간이 나타납니다.

정지 버튼을 클릭하면, 〈다시 시도〉와 〈확인〉이 나타나는데, 〈확인〉을 클릭하면 동영상 촬영이 중지되고 타임라인에 동영상이 바로 삽입됩니다.

〈다시 시도〉는 사진이나 동영상을 다시 촬영하고자 할 때 누르면 되는 버튼입니다.

05 원하는 시간만큼 촬영하고 녹화를 중지하면 아래와 같이 촬영한 동영상이 타임라인의 플레이 헤드(Play Head) 앞쪽 부분에 삽입된 것을 확인할 수 있습니다.

사진은 타임라인에 삽입된 사진 클립의 왼쪽 상단에 그림 모양의 심볼이 나타나 있고, 동영상은 타임라인에 삽입된 동영상 클립의 왼쪽 상단에 영화 필름 모양의 심볼이 나타나 있습니다. 만약에 영상에서 소리(사운드)를 추출(제거)하면 영화 필름 모양의 심볼 아래에 소리가 제거되었다고 하는 심볼이 나타나게 됩니다.

컷 편집을 할 경우에 사진과 동영상이 혼재되어 있을 경우 동영상에서 소리(사운드)를 추출(제거)했는지 여부를 반드시 확인하고 영상 편집을 하는 것이 나중에 이중 작업 소요를 없앨 수 있습니다.

동영상에서 원래 녹음되어 있는 소리(사운드)를 제거하지 않은 상태에서 새로운 음악이나 효과음, 또는 자체 녹음내용을 삽입할 경우 원래 소리(사운드)와 합쳐진 소리가 형성되므로 깨끗한 음질의 동영상 편집이 어렵게 되기 때문입니다.

06 편집 작업 영역(편집 화면)에서 재생 버튼을 길게 누르면 전체 화면 Preview(미리보기)가 됩니다. 즉, 사진 클립은 사진 한 장이 전체 화면으로 보여지는 것이며, 동영상 클립은 동영상이 전체 화면으로 재생이 됩니다. 아래 화면은 재생 버튼을 길게 눌러 본 모습으로 동영상이 전체 화면으로 재생되고 있으며, 정지 버튼을 누르면 정지가 됩니다. 편집 시 활용하면 좋습니다.

PART 02

타임라인 패널
Timeline Panel

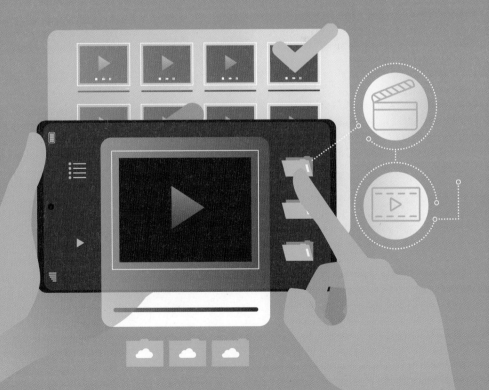

CHAPTER 01

타임라인 패널
이해하기

레이어(Layer) 개념

레이어(Layer)의 개념은 우리말로는 '표면에 쌓인 것의 층', '겹겹의 층', '계층', '막'과 같이 번역하고 있습니다. 예술에서의 레이어, 디자인에서의 레이어, 애니메이션과 영화에서의 레이어가 각각 어떻게 활용되고 있는지, 디지털 미디어 생산과 소비 과정에서 레이어가 어떻게 의미 생성에 영향을 미치는지를 분석한 논문도 있습니다.[1]

01 레이어는 이미지나 영상을 구성하는 각각의 요소(Elements)를 가지고 있는 층이라는 뜻으로 수직적인 구조를 가지고 형성되는데 마치 건물의 기초 작업 위에 벽돌을 하나씩 쌓아 놓은 것이라고 생각해 보시면 이해하기 쉽습니다. 그리고 각각의 레이어는 앞과 뒤의 순서를 가지고 존재합니다.

02 디지털 영상에서는 아래 그림에서 보는 것처럼 레이어라는 개념을 자주 이용합니다. 표현하고자 하는 디지털 영상에 〈그림1〉의 (b)처럼 레이어라는 계층을 이용하여 반복되는 디지털 영상이 서로 다른 것처럼 일부에 변형을 주고자 하는 기법들이 자주 사용되기 때문입니다. 2D 그래픽에서는 배경 이미지에 또 하나의 그림을 겹치게 하는 것이고, 3D 그래픽에서는 물체나 지형 혹은 텍스쳐(3D 그래픽에 사용되는 이미지를 지칭)의 표면을 한 개에서 여러 개를 겹겹이 쌓는 것을 말합니다.[2]

---

1. 김영도, "미디어에서 레이어의 매체 미학적 이해", 한국엔터테인먼트산업학회몬문지 5(4), 2011.12 pp.16–20.
2. 최학현, 김정희, 이명학, "3D 영상 효과를 위한 레이어 채널 이미지의 처리 기법", 한국콘텐츠학회논문지, 8(1), 2008.1. p.274.

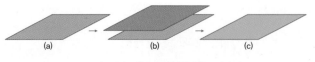

〈그림1〉 레이어 채널을 만든 이미지

03 KineMaster 앱의 홈 화면에서 「설정」으로 들어가서 「기기 성능 정보」를 보면 '동영상 레이어 개수 예제'라고 하는 것이 나타나 있는데, 이것은 소지하고 있는 스마트폰으로는 해상도 2160p로는 2개, 1080p로는 7개, 720p로는 8개 등이 적절하다는 의미입니다. 간단히 말씀드리자면 고해상도로 동영상을 제작할 경우에는 동영상으로 된 레이어 개수를 가급적 줄이는 것이 좋다는 것입니다.

04 KineMaster 앱에서는 편집 메뉴의 중앙 상단에 있는 「미디어」 메뉴를 클릭하여 미디어 브라우저를 열고, 원하는 미디어 소스(사진, 동영상)를 타임라인에 삽입하여 기본 골격을 만듭니다(건축물로 예로 들면, 기초 작업을 하여 건물을 올릴 기반을 마련하는 것). 그리고 나서 이 기본 골격에 각종 레이어들을 층층이 쌓는 것입니다. 레이어는 일정한 순서를 가지고 있지만, 어떤 레이어가 몇 번째로 반드시 적용되는 것은 아니고, 앱 자체의 알고리즘에 의해 순서를 가지고 층이 쌓이는 것입니다. 설명을 위해 사진으로 만든 영상에 몇 개의 레이어들을 적용시켜 본 결과물의 화면을 보시겠습니다.

다음의 화면을 보시면, ① 자막, ② 효과(색상 분리), ③ 스티커(외계인과 UFO), ④ 사진(PIP), ⑤ 효과(거울 Mirrorh), ⑥ 스티커(감성적 우주), ⑦ 손글씨, ⑧ 효과음(가구 끌기), ⑨ 음악(Amor) 등으로 순서를 가지고 레이어가 형성되어 있는 것을 확인할 수 있습니다.

중요한 것은 만약 소지하고 있는 스마트폰의 저장 용량이나 성능이 좀 떨어지는 경우 동영상 편집 시 너무 많은 레이어를 생성하면 편집 완료 후 「저

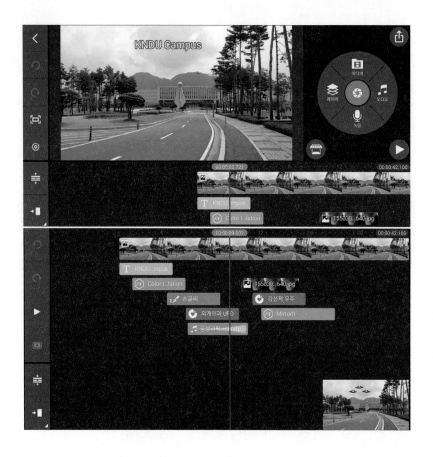

장 및 공유」를 할 때 스마트폰이 「저장 및 공유」를 중지하는 경우가 발생할 수 있습니다.

실제로 동영상 편집에서 과도한 레이어 사용은 동영상의 품질(Quality)을 저하시킬 수도 있다는 것을 참고하시기 바랍니다.

05 KineMaster 앱에서 적용하고 있는 레이어 개념은 편집 메뉴의 네 군데에서 적용이 가능합니다.

첫째, 영상 편집 영역의 편집 메뉴 중 동그라미 원형의 왼쪽에 있는 「레이어」를 클릭하면 하위 메뉴들이 5가지 종류가 있는데, 그것들을 이용하여 레이어를 만들 수 있습니다.

둘째, 타임라인 패널에 불러들인 사진이나 동영상을 탭하면(살짝 누르면) 편집 메뉴가 나타나는데, 여기서 「클립 그래픽」을 선택한 후 클립 그래픽에 있는 다양한 에셋을 이용하여 레이어를 만들 수 있습니다.

셋째, 영상 편집 영역의 편집 메뉴 중 동그라미 원형의 오른쪽에 있는 「오디오」 메뉴를 이용하여 음악, 효과음, 그리고 본인의 스마트폰에 저장된 각종 음원을 이용하여 레이어를 만들 수 있습니다.

마지막으로 영상 편집 영역의 편집 메뉴 중 동그라미 원형의 아래쪽에 있는 「녹음」 메뉴를 이용하여 직접 자신의 목소리나 자연음, 현장음 등을 녹음하거나 녹음된 음성을 변조하여 레이어를 만들 수 있습니다.

요약컨대 영상 편집 영역의 편집 메뉴 중 동그라미 원형의 맨 위에 있는 「미디어」 메뉴를 이용하여 타임라인 패널에 기본 영상 소스를 삽입해 놓은 상태에서 위와 같이 네 군데에 흩어져 있는 메뉴들을 이용하여 레이어를 만들 수 있다고 이해하시면 됩니다.

1. 편집 메뉴 중 「레이어」 메뉴를 이용하는 방법

영상 편집 영역의 편집 메뉴 중 동그라미 원형의 왼쪽에 있는 「레이어」 메뉴를 클릭하면, 레이어를 만들 수 있는 하위 메뉴들로 ① 미디어, ② 효과 (FX), ③ 스티커, ④ 텍스트(T), ⑤ 손글씨 등 5가지 종류가 나타납니다.

① 미디어

PIP(Picture-in-picture) 개념으로 사진이나 동영상이 레이어 개념으로 적용됩니다. 즉, 편집 메뉴에 있는 「미디어」로 불러들이는 사진이나 동영상은 제작하는 동영상의 밑바탕을 형성해 주는 것이고, 「레이어」 메뉴 안에 있는 「미디어」는 레이어로 이용될 사진이나 동영상을 불러들이는 것입니다.

「레이어」 메뉴를 클릭하고, 「미디어」를 클릭하면 「미디어 브라우저」가 열리는데, 여기서 「이미지 에셋」을 클릭하고, 이미지를 한 장 선택하여 삽입하면 아래 두 번째 화면에서 보시는 바와 같이 사진 클립 위에 이미지 에셋이 레이어로 삽입됩니다.

② 효과

타임라인 패널에 불러들인 사진이나 동영상 위에 레이어 개념을 적용하여 다양한 효과를 적용시킬 수 있습니다. 「레이어」 메뉴를 클릭하고, 「효과(FX)」를 클릭합니다.

아래 화면은 「효과(FX)」를 클릭한 후 「스케치」 에셋 중 「Sketchy 2」 에셋을 레이어로 삽입한 모습입니다.

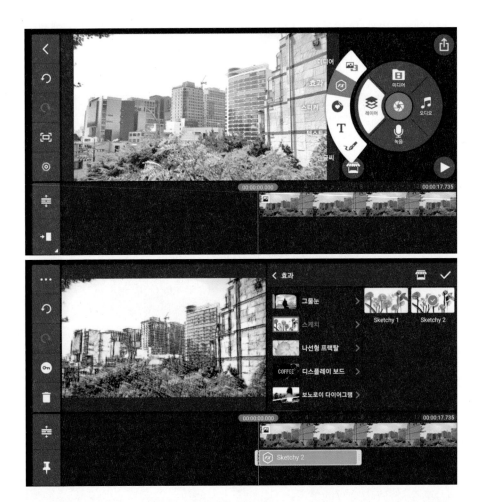

③ 스티커

타임라인 패널에 불러들인 사진이나 동영상 위에 레이어 개념을 적용하여 다양한 스티커를 적용시킬 수 있습니다. 「레이어」 메뉴를 클릭하고, 「스티커」를 클릭합니다.

아래 화면은 「스티커」를 클릭한 후 「스티커」 에셋 중 「우주 속으로」 에셋을 레이어로 삽입한 모습입니다.

④ 텍스트(T)

타임라인 패널에 불러들인 사진이나 동영상 위에 레이어 개념을 적용하여 다양한 텍스트를 입력할 수 있습니다. 「레이어」 메뉴를 클릭하고, 텍스트(T)를 클릭합니다.

글자를 입력할 수 있는 자판이 나타나고, 사진이나 동영상 위에 레이어 개념으로 나타날 글자를 입력합니다. 설명을 위해 'KineMaster 동영상 편집'이라고 입력하면 아래의 두 번째 화면과 같이 사진 위에 글씨가 입력됩니다.

⑤ 손글씨

타임라인 패널에 불러들인 사진이나 동영상 위에 레이어 개념을 적용하여
다양한 손글씨를 입력할 수 있습니다. 「레이어」 메뉴를 클릭하고, 손글씨를
클릭합니다.

2) 편집 메뉴 중 「클립 그래픽」 메뉴를 이용하는 방법

영상 편집 영역에서 타임라인 패널에 사진이나 동영상을 불러들인 후 레이어를 적용할 사진 클립이나 동영상 클립을 탭하면 클립이 노란색 박스로 바뀌면서 우측 상단 편집 메뉴에 메뉴들이 나타나는데, 이 중에서 「클립 그래픽」 메뉴를 이용하면 레이어를 적용할 수 있습니다.

「클립 그래픽」 메뉴를 클릭하면 다양한 클립 그래픽 에셋이 나타나는데, 설명을 위해 「더 매트릭스」라고 하는 클립 그래픽 에셋을 선택하면 하위 에셋이 8개가 있습니다. 01번 에셋을 선택하면 적색 원형으로 체크 표시가 나타납니다.

타이틀과 설명문을 입력하는 박스가 나타나는데, 타이틀에는 'KineMaster 동영상 편집 앱'이라고 입력하고 텍스트 색상을 텍스트 팔레트에서 적색을 선택하고, 배경색을 노란색으로 선택하겠습니다. 그리고 설명문을 입력하는 박스에는 'SNS의 효과적 활용을 위한 필독서'라고 입력해 보겠습니다.

설명문 역시 텍스트 색상과 배경색을 선택해 주면 되겠습니다.

마지막으로 오른쪽 상단의 확인 버튼(⊙)을 클릭하면 클립 그래픽을 이용한 레이어가 적용된 멋진 영상 타이틀과 설명문이 완성된 것을 확인할 수 있습니다.

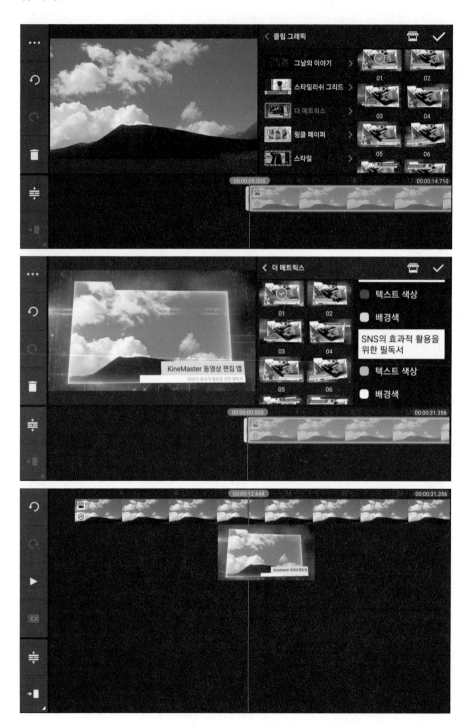

3) 편집 메뉴 중 「오디오」 메뉴를 이용하는 방법

영상 편집 영역의 편집 메뉴 중 동그라미 원형의 오른쪽에 있는 「오디오」 메뉴를 클릭하면 ① 음악, ② 효과음, ③ 녹음, ④ 곡, ⑤ 앨범, ⑥ 아티스트, ⑦ 장르, ⑧ 폴더 등에서 필요한 오디오 소스를 선택하여 레이어에 적용할 수 있습니다.

4) 편집 메뉴 중 「녹음」 메뉴를 이용하는 방법

영상 편집 영역의 편집 메뉴 중 동그라미 원형의 아래쪽에 있는 「녹음」 메뉴를 클릭하면 녹음 「시작」 메뉴가 대기 상태에 있습니다.

「시작」 버튼을 클릭하고 스마트폰의 마이크를 통해(이어폰 사용 가능) 녹음을
진행하면 녹음 소스가 브라운 색으로 타임라인 패널에 바로 삽입되는 것을
확인할 수 있습니다.

녹음을 완료하고「정지」 버튼을 클릭하면 아래 화면과 같이 녹음된 음원이
보라색으로 된 박스에 노란색 테두리선이 만들어진 상태로 보입니다.

오른쪽 상단에 있는 「확인」 버튼(◎)을 클릭하면 아래 화면과 같이 보라색으로 된 녹음 파일이 타임라인에 삽입됩니다.

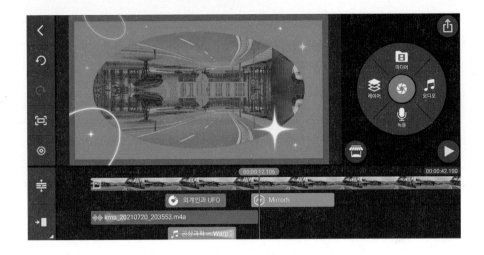

「녹음」 메뉴를 이용하여 녹음한 파일이 레이어에 포함되어 있는 것을 아래 화면을 통해 확인할 수 있습니다.

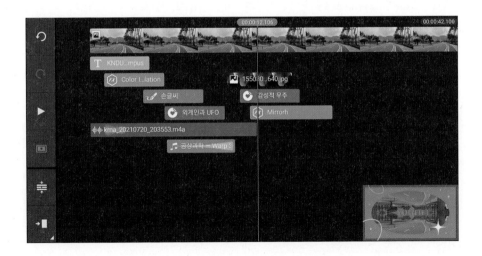

02 타임라인 패널의 확대와 축소

타임라인 패널(Timeline Panel)을 전문가용 동영상 편집프로그램인 Sony사의 「베가스 프로」에서는 트랙뷰(Trackview)[1]라고 부르고 있습니다.

Adobe사의 「프리미어 프로 CS6&CC」에서는 타임라인 패널(Timeline Panel)이라는 용어를 사용하고 있습니다.[2]

실제 영상 편집을 하는 공간으로 편집 작업을 할 때 영상 소스를 클립으로 표시하는 패널이라고 설명하고 있습니다. 영상 소스를 탐색하고 제어·편집할 수 있습니다.

KineMaster 앱 관련 많은 서적들에서 거의 공통적으로 타임라인이라는 용어를 사용하고 있는데[3], 본서에서는 타임라인 패널이라는 용어를 사용하도록 하겠습니다.

1. 타임라인 패널(Timeline Panel)에 대한 이해

대부분의 PC용 동영상 편집 프로그램들은 패널과 패널 사이에 마우스 커서를 가져가면 이중 화살표(⇔) 모양으로 변합니다. 이 상태에서 마우스 왼쪽 버튼을 클릭한 채 위, 아래 또는 왼쪽, 오른쪽으로 마우스를 움직이면 패널(그룹) 크기를 조정할 수 있습니다.

1. 김민제, 「베가스 프로 11&12」, 가메출판사, 2014, p. 30.

2. 윤성우, 김덕영, 「프리미어 프로 CS6 & CC」, 한빛 미디어, 2019, p. 85.

3. 최인근, 정신선, 「답답해 죽느니 내가 직접 만드는 유튜브 동영상 with 키네마스터」,(애드앤미디어, 2021년)에서는 「타임라인 패널」이라는 용어를 사용하고 있습니다.

위의 예로 든 화면은 CyberLink사의 PowerDirector 16.0 버전의 인터페이스 모습입니다. Sony사의 베가스 프로나 Adobe사의 프리미어프로 CS6&CC 등 동영상 편집을 전문적으로 하는 프로그램들은 모두 PC 버전이 주를 이루고 있기 때문에 이처럼 각각의 패널을 확대하거나 축소하도록 설계되어 있습니다. 그리고 타임라인 패널을 확대하거나 축소할 수 있습니다.

아래 화면은 'Windows Movie Maker 2021' 프로그램의 편집 화면인데, 패널 확대 및 축소가 되고, 특히 타임라인 패널을 정교하게 작업할 수 있도록 설계되어 있는 것을 알 수 있습니다.

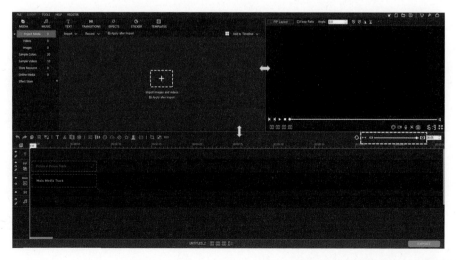

2. 스마트폰용 동영상 편집 앱에서
타임라인 패널(Timeline Panel)의 확대와 축소

PC 버전이 아닌 스마트폰용 버전에서는 타임라인 패널을 확대하거나 축소할 만한 여유 공간이 충분하지 않습니다. 따라서 현재까지 개발되어 출시된 스마트폰용 앱들은 대개 타임라인 패널을 고정형으로 설계하되 타임라인 패널의 세로 방향 확대는 툴(Tool) 패널에 있는 타임라인 패널 확장을 위한 「상하 화살표 버튼」으로 해결하도록 설계하였다고 볼 수 있습니다.

따라서 「미리보기 창」이나 「편집 메뉴」는 위, 아래 또는 왼쪽이나 오른쪽으로 폭을 변경할 수 없지만, 툴(Tool) 패널에 있는 타임라인 패널 확장을 위한 「상하 화살표 버튼」을 눌렀을 경우에는 「미리보기 창」이나 「편집 메뉴」가 보이지 않게 되면서 세로 방향으로 레이어가 생성되어 있는 상태를 확인하면서 영상 편집을 편리하게 할 수 있습니다. 즉 PIP, 효과, 스티커, 텍스트, 손글씨, 음악 및 효과음 등 레이어를 한눈에 보면서 확인하고, 수정·편집할 수 있습니다.

KineMaster 앱에서 타임라인 패널의 확대와 축소

KineMaster 앱에서 타임라인 패널은 어떻게 구성되어 있고, 어떻게 활용하는지에 대하여 설명드리겠습니다.

1. KineMaster 앱에서 타임라인 패널(Timeline Panel)

타임라인 패널은 가로 방향으로 ① 타임라인(Timeline), ② 플레이 헤드(Play Head : 재생 헤드), ③ 타임코드(Timecode), ④ 북마크(Bookmark)가 있습니다.

그리고 툴(Tool)패널의 메뉴 버튼 중에 세로 방향(상하 방향)으로 ⑤ 타임라인 패널 확대하기가 있습니다. 이것도 타임라인 패널 확대 및 축소를 위한 메뉴입니다.

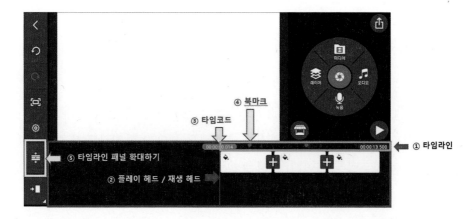

1) 타임라인(Timeline) : 확대 및 축소

PC버전 영상 편집 프로그램(베가스 프로, 파워디렉터, 프리미어 프로 등) 등에서는 타임라인에 커서를 대면 양쪽 확대 화살표가 나타나는데 이것을 가지고 왼쪽이나 오른쪽으로 타임라인을 확대하거나 축소할 수가 있습니다.

타임라인은 동영상의 시간, 진행상태 등을 알 수 있는 매우 중요한 부분입니다. 동영상 편집을 할 때는 동영상 전체의 편집 상황을 파악하기 위해 전체 클립들이 한눈에 들어오도록 축소시켜야 할 경우도 있고, 디테일하게 영상 편집 작업을 하기 위해 한 개의 프레임 단위까지 볼 수 있도록 타임라인을 확대시켜야 할 경우도 생기게 됩니다.

편집 작업 시 타임라인을 확대하고 축소시키는 기능을 많이 사용합니다.

KineMaster 앱에서는 타임라인 공간이 매우 협소하기 때문에 타임라인 자체를 직접 확대 및 축소시키는 것이 아니고, 타임라인 바로 아래에 삽입된 사진이나 영상 클립 자체에 엄지와 검지손가락을 대고 좌, 우로 벌려주거나, 오므려주면 사진이나 영상 클립이 늘어나거나 줄어들게 됩니다.

그리고 타임라인의 상하 폭은 좁지만, 이 부분을 엄지와 검지손가락으로 좌우로 벌렸다가 오므렸다가 하면 타임라인이 확대되거나 축소됩니다.

여기서 중요한 것은 사진이나 영상 클립이 늘어나거나 줄어든 것처럼 보이는 것뿐이며, 실제로 동영상 전체 시간은 늘어나거나 줄어들지 않는다는 것입니다.

「프로젝트 설정」 메뉴에서 사진 길이를 4.5초로 설정하고 4장의 사진을 타임라인 패널에 삽입하면 사진 4장으로 구성된 동영상의 총 길이는 18초입니다. 그러므로 타임라인을 확대하거나 축소해서 본다고 할지라도 총길이 18초는 변하지 않는다는 것입니다. 아래 화면은 원래 모습입니다.

　이번에는 두 손가락을 이용하여 타임라인을 확대시켜 본 화면을 보어드립니다. 사진에서 보시면 타임라인 끝 부분에 18초라는 타임코드가 보입니다. 즉, 화면상으로는 동영상 길이가 확대된 것처럼 보이지만, 실제로는 사진 4장이 각각 4.5초씩의 시간을 갖고 있으므로 총 18초가 그대로 적용되고 있는 것을 확인할 수 있습니다.

2) 플레이 헤드(Play Head : 재생 헤드)

타임라인에 보면 적색 수직선이 보이는데 이것을 플레이 헤드 또는 재생 헤드라고 부릅니다. 이 선은 영상 편집의 기준이 되는 선으로 미리보기 화면에 보이는 장면은 이 플레이 헤드를 기준으로 나타나는 것입니다.

다시 말씀드리면, 플레이 헤드는 현재 재생되고 있는 미리보기 화면과 일치하는 것입니다.

영상 편집을 위해 사진이나 동영상을 삽입하거나, 플레이 헤드의 왼쪽이나 오른쪽을 트림하거나, 단순히 플레이 헤드를 기준으로 분할하거나, 분할 및 정지화면을 삽입할 때 이 플레이 헤드를 기준으로 하는 것입니다.

또한 사진이나 동영상의 클립과 클립 사이에 장면전환 효과를 삽입하거나 클립의 어느 한 부분에 레이어를 삽입(PIP, 효과, 스티커, 텍스트, 손글씨, 클립 그래픽) 할 때도 플레이 헤드를 기준으로 하는 것입니다.

영상 편집의 기준선은 바로 플레이 헤드라고 기억하시면 되겠습니다.

3) 타임코드(Timecode)

플레이 헤드 상단에는 타임코드(Timecode)가 있는데, 사진이나 영상을 움직이면 해당되는 지점에 대한 클립의 시간이 나타납니다. 위의 화면에서 보면 플레이 헤드가 표시된 지점의 화면이 전체 영상 길이 중에서 08:022초에 해당되는 곳이라는 의미를 가지고 있습니다.

타임코드는 타임라인상 두 군데에 00:00:00.000 형식으로 표시되는데, 시간:분:초 단위로 표시됩니다.

① 플레이 헤드가 위치한 곳의 상단 적색 박스 내에 현 위치에 해당하는 시간이 나타납니다.

② 타임라인의 끝부분 흰색 박스 내에 동영상의 전체 시간이 나타납니다.

4) 북마크(Bookmark)

북마크란 국어사전에 보면, 읽던 곳이나 필요한 곳을 찾기 쉽도록 책갈피에 끼워두는 종이쪽지나 끈을 말하며, 인터넷 웹브라우저에 즐겨 찾는 웹사이트를 등록해 놓고 나중에 쉽게 찾아 갈 수 있도록 하는 등록 보존 기능을 말합니다.

Adobe사의 프리미어 프로 프로그램에서는 마커(Marker)라는 용어를 사용하는데, KineMaster에서는 북마크라는 용어를 사용하고 있습니다.

영상 편집을 하면서 사진이나 동영상 클립 중 특별히 추가적인 작업(예를 들면, 효과나 스티커를 너무 많이 적용했거나 자막 내용을 다시 한번 손봐야 할 경우 등)이 필요한 곳을 북마크를 해두면, 나중에 그 지점으로 곧바로 가서 작업할 수 있기 때문에 영상 편집을 시간 절약을 하면서 효과적으로 작업을 할 수 있습니다.

북마크를 하는 방법은 플레이 헤드(재생 헤드)의 적색 타임코드를 손가락으로 눌러주면 됩니다. 그렇게 하면 플레이 헤드의 색상이 보라색으로 바뀌고 타임코드 색상도 보라색으로 바뀝니다.

북마크가 설정되면 아래 화면처럼 보라색의 북마크 표시가 나타납니다.

　보라색의 북마크 박스 부분을 손가락으로 꾸욱 누르면 북마크를 삭제할 수 있는 안내문이 아래 화면과 같이 나타나며, 여러 개의 북마크를 모두 삭제하려면 「모든 북마크 삭제하기」를 누르면 되고, 특정 북마크는 00:00:09.765처럼 안내문에 나타나기 때문에 해당 북마크(00:00:09.765)를 체크하고 「북마크 삭제하기」를 누르면 북마크가 삭제됩니다.

　북마크 설정은 개수 제한이 없으며, 여러 개의 북마크를 동시에 삭제할 수 있는 「모든 북마크 삭제하기」와 특정 북마크를 체크 후 「북마크 삭제하기」를 눌러 개별 북마크를 삭제하는 방법이 있습니다.

북마크 지점으로 플레이 헤드가 위치하면 플레이 헤드와 타임코드는 보라색으로 색상이 바뀌게 됩니다. 아래 화면을 보면 보라색의 타임코드와 플레이 헤드를 확인할 수 있습니다.

5) 타임라인 패널 확대하기

타임라인 패널을 상하로 펼치거나 원위치할 수 있습니다. 영상 편집을 하다 보면 레이어로 적용된 효과, 스티커, 타이틀, 자막, 손글씨, 음악파일, 효과음 등을 삭제할 필요가 있는데, 이때는 툴 패널에 있는 「타임라인 확대하기/원위치」 메뉴를 눌러서 삭제할 레이어를 휴지통에 넣으시면 삭제하실 수 있습니다.

CHAPTER 02

미디어 브라우저의
이해

01 미디어 브라우저의 구성 요소

미디어 브라우저는 KineMaster 앱에서 스마트폰에 저장된 미디어들을 불러오는 것과 클라우드 서비스를 이용하는 경우 해당 클라우드에 접속하여 업로드되어 있는 미디어들을 불러올 수 있는 것, 그리고 앱 자체 메뉴에서 카메라 및 캠코더를 이용하여 촬영한 미디어를 불러들일 수 있는 기능을 수행하는 곳입니다.

　KineMaster 앱을 실행하고 「새로 만들기」를 클릭하여 화면 비율과 사진 배치를 결정하고, 사진 길이를 설정(Default는 4.5초)한 후 오른쪽 상단에 있는 「다음」 버튼을 클릭하면, 아래 화면과 같이 「미디어 브라우저」가 열립니다.

　아래 화면은 최근 필자의 스마트폰에 저장된 파일들에 대한 「미디어 브라우저」 모습이고, 이것은 수시로 변경되므로 기본적인 폴더 위주로 설명드리겠습니다.

미디어 브라우저의 구성 요소는 ① 이미지 에셋 ② 동영상 에셋, ③ 즐겨찾기, ④ 클라우드, ⑤ Camera, ⑥ KineMaster, ⑦ Expert, ⑧ Download, ⑨ Video, ⑩ Photo, ⑪ BeatSync, ⑫ SpeedRamp, ⑬ DCIM, ⑭ Movie, ⑮ 기타 (소지하고 계신 스마트폰 폴더 구성에 따라 다양하게 나타날 수 있음) 등 입니다.

1) 이미지 에셋

이미지 에셋을 클릭하면 KineMaster에서 기본적으로 지원해 주는 여러 색상의 이미지 파일을 사용할 수 있습니다. 필요한 이미지 파일을 선택하여 타임라인에 삽입한 후 자막을 넣고 영상의 처음이나 마지막 부분을 구성할 수도 있고, 디자인이나 일러스트가 들어간 이미지를 만들거나, 글자를 넣은 화면을 구성할 수도 있습니다.

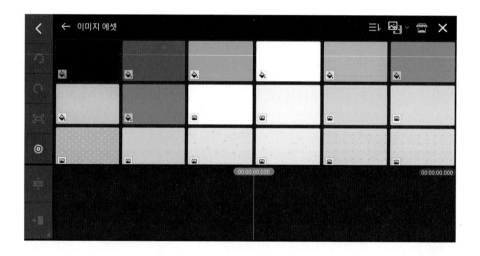

2) 동영상 에셋

동영상 에셋을 클릭하면 KineMaster에서 기본적으로 지원해 주는 동영상 에셋이 저장되어 있는 폴더가 나오게 됩니다. 만약 동영상 폴더가 비어있는 경우(무료 사용자의 경우) 에셋 스토어에 들어가서 다운로드 받으시면 이 동영상 폴더에 동영상이 저장됩니다.

3) 즐겨찾기

즐겨찾기는 자주 사용하는 사진 또는 동영상을 보관할 수 있는 폴더입니다. 즐겨찾기를 클릭해 보면 '비어 있는 폴더입니다.'라는 문구가 나타납니다. 이제 이 폴더에 사진 4장과 동영상 1개를 넣어보도록 하겠습니다.

01 먼저 즐겨찾기 폴더에 저장할 사진을 찾아서 손가락으로 꾸욱 눌러주면 아래 화면처럼 사진의 이름과 형식이 나타나고, 흰색 별모양과 +표시가 들어 있는 원들이 있는데, 별표를 누르면 별모양이 황색으로 바뀌고 이제 즐겨찾기 폴더에 가보면 사진 한 장이 저장되어 있습니다.

02 +표시를 누르면 현재 즐겨찾기를 위해 선택한 사진이 있는 폴더 내의 다른 사진을 추가(+)할 수 있고, 혹시 다른 폴더에 있는 사진이라

면 다시 그 사진이 있는 폴더로 가서 위의 절차대로 사진을 찾아서 손가락으로 꾸욱 눌러준 후 원 안의 별표를 누르면 별모양이 황색으로 바뀌고 다시 즐겨찾기 폴더에 가보면 또 한 장의 사진이 저장되어 있는 것을 확인할 수 있습니다. 세 번째 사진도 동일한 요령으로 즐겨찾기에 저장하면 됩니다. 이제 화면상으로 사진 네 장이 즐겨찾기 폴더에 저장된 것을 볼 수 있습니다.

03 즐겨찾기 폴더에 저장할 동영상을 찾아서 손가락으로 꾸욱 눌러주면 아래 화면처럼 동영상의 이름과 형식이 나타나고, 마찬가지로 흰색 별모양과 +표시가 있는 각각의 원이 보입니다. 원 안의 별표를 누르면 별모양이 황색으로 바뀌고 이제 즐겨찾기 폴더에 가보면 동영상 한 개가 저장되어 있습니다.

04 즐겨찾기 폴더에 동영상 1개와 사진 4장이 저장되었습니다.

4) 클라우드

　클라우드(Cloud)는 데이터를 인터넷과 연결된 중앙컴퓨터에 저장해서 인터넷에 접속하기만 하면 언제 어디서든 데이터를 이용할 수 있는 것을 말합니다. 클라우드 폴더를 클릭하면 「계정 추가」 폴더가 있습니다. 이것을 누르면 구글 계정과 구글 드라이브로 연결되는 절차를 수행할 수 있습니다. 만약 구글 계정을 사용하지 않을 경우 다른 계정을 추가할 수도 있습니다.

　여기서는 구글 드라이브를 사용할 수 있도록 클라우드 폴더를 활성화하는 방법에 대하여 설명드리겠습니다.

01 미디어 브라우저에서 「클라우드」 폴더를 클릭하면 아래와 같이 클라우드 설정을 할 수 있는 「계정 추가」 폴더가 나타납니다. 이 폴더를 클릭합니다.

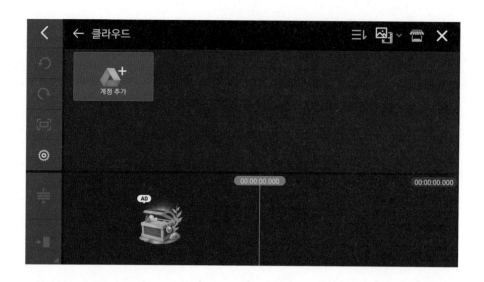

02 「계정 선택」화면이 뜨는데, 필자의 임의의 구글 계정인 「윤이출 yunichul229@gmail.com」을 클릭하겠습니다. 만약 구글 계정이 아 닌 타 계정을 사용하시는 분은 「다른 계정 추가」를 클릭하면 됩니다.

03 'KineMaster에서 내 Google 계정에 액세스하려고 합니다.'라는 화면이 나오고 '이렇게 하면 KineMaster에서 다음 작업을 할 수 있습니다. Google Drive 파일보기, 수정, 생성, 삭제'라는 문구가 나타납니다.

04 「개인정보처리방침」과 「서비스 약관」을 클릭하여 읽습니다. 내용을 읽으면서 아래쪽으로 스크롤을 하면, 맨 아래 부분에 「허용」 버튼이 있는데 이것을 클릭합니다.

05 다음 화면과 같이 yunichul229@gmail.com폴더가 생성되었습니다.

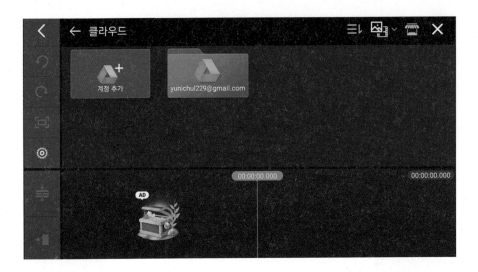

06 yunichul229@gmail.com폴더를 누르면 구글 드라이브에 접속할 수 있는 구글 내 본인의 드라이브 폴더가 나타납니다. 「KineMaster 실습용 미디어」 폴더가 보이는데 이것은 필자가 미리 만들어놓은 구글 드라이브 폴더입니다.

07 구글 드라이브에 업로드된 사진 몇 장이 저장된 것을 확인할 수 있습니다.

5) Camera

스마트폰에 설치된 카메라로 촬영한 사진과 동영상이 저장된 폴더입니다.

6) KineMaster

KineMaster 앱에서 편집 중인 동영상이 저장된 폴더입니다.

7) Expert

KineMaster 앱에서 「저장 및 공유」 메뉴를 클릭한 후 「동영상으로 저장」 버튼을 클릭하여 만들어진 동영상이 저장된 폴더입니다.

8) Download

스마트폰으로 다운로드받은 사진이나 동영상이 저장된 폴더입니다.

9) Video

KineMaster 앱의 캠코더로 촬영한 동영상이 저장된 폴더입니다.

10) Photo

KineMaster 앱의 카메라로 촬영한 사진이 저장된 폴더입니다.

11) BeatSync

KineMaster 추천 앱으로 KineMaster와 연동하여 만든 동영상이 저장된 폴더입니다.

12) SpeedRamp

KineMaster 추천 앱으로 KineMaster와 연동하여 만든 동영상이 저장된 폴더입니다.

13) DCIM

스마트폰에 설치한 카메라 앱(Open Camera, Viva Camera, Viva Video, Screenshots, Viddo 등)에서 촬영한 사진과 동영상이 저장된 폴더입니다.

14) Movie

Instagram에서 편집한 동영상이 저장된 폴더입니다. 소지하고 있는 스마트폰 종류에 따라 Movie 폴더에는 다른 동영상이 저장될 수도 있습니다.

15) 기타 폴더

DaumMail로 받은 사진이나 동영상은 「DaumMail」폴더로 저장되고, 카카오톡으로 받은 사진이나 동영상은 「KakaoTalk」 폴더에 저장됩니다. 밴드에서 다운로드한 사진이나 동영상은 「Band」 폴더에 저장됩니다.

이와 같이 각자 소지하고 있는 스마트폰에 따라 「미디어 브라우저」에 나타나는 폴더는 다양합니다.

02 미디어 브라우저에서 사진 및 동영상을 타임라인에 삽입하기

미디어 브라우저에 있는 다양한 폴더에서 영상 편집에 원하는 사진 또는 동영상을 선택하여 타임라인에 삽입하는 방법을 설명드리겠습니다.

1. 사진 및 동영상 폴더에서
사진 및 동영상을 타임라인에 삽입하기

KineMaster 앱을 실행하고 「새로 만들기」를 클릭하여 화면 비율과 사진 배치를 결정하고, 사진 길이를 설정(Default는 4.5초)한 후 오른쪽 상단에 있는 「다음」 버튼을 클릭하면, 아래 화면과 같이 「미디어 브라우저」가 열립니다.

사진만 선택할 경우는 오른쪽 상단에 있는 아이콘 중 두 번째에 있는 「사진 보기」 아이콘을 클릭하면 여러 가지 폴더 중 사진이 있는 폴더만 나타나므로 이들 폴더 중에서 영상 편집을 위해 필요한 사진을 선택 후 타임라인에 삽입하면 됩니다.

동영상만 선택할 경우는 오른쪽 상단에 있는 아이콘 중 세 번째에 있는 「동영상 보기」 아이콘을 클릭하면 여러 가지 폴더 중 동영상이 있는 폴더만 나타나므로 이들 폴더 중에서 영상 편집을 위해 필요한 동영상이 있는 폴더를 클릭합니다.

영상 편집에 필요한 동영상을 선택하여 클릭하면 타임라인 아래 화면과 같이 바로 삽입이 됩니다. 이제 사진 3장과 동영상 1개가 타임라인에 삽입되었습니다. 컷 편집을 위해 플레이 헤드를 사진 클립의 맨 앞부분에 옮겨 줍니다.

　미디어 브라우저에서 타임라인에 사진이나 동영상을 삽입하는 방법은 위에서 설명한 바와 같이 오른쪽 상단에 있는 「사진 보기」 또는 「동영상 보기」를 선택하고 영상 편집에 필요한 사진이나 동영상을 선택할 수도 있지만, 본인이 어느 폴더에 있는 사진이나 동영상을 사용할 것인지를 알면 바로 해당 폴더를 열어서 원하는 사진이나 동영상을 클릭하면 타임라인에 바로 삽입할 수 있습니다.

2. 클라우드 폴더에서 사진 및 동영상을 타임라인에 삽입하기

　클라우드 폴더에 저장해 둔 사진을 타임라인에 삽입하는 방법을 설명드리겠습니다. 앞에서 설명드린 바와 같이 클라우드 폴더는 구글 계정을 추가하고, 클라우드를 설정하는 절차를 거쳐야만 사용할 수 있습니다. 그러니까 미디어 브라우저를 열고, 클라우드 폴더를 클릭한 후 「계정 추가」를 클릭하고 나면 구글 드라이브에 접근하여 미리 저장해 둔 사진과 동영상을 불러올 수 있는 것입니다.

01 「미디어 브라우저」에서 「클라우드」 폴더를 클릭합니다. 그러면 여러분이 설정한 구글 드라이브로 접근할 수 있는 폴더가 나타납니다.

02 설명을 위해 필자의 구글 드라이브를 접근할 수 있는 yunichul229@gmail.com 폴더를 클릭하고 「KineMaster 실습용 미디어」 폴더를 누르면 아래 화면처럼 구글 드라이브에 업로드된 사진과 동영상이 보입니다.

구글 드라이브는 15GB 용량의 클라우드 서비스를 무료로 제공하고 있으며, 계속 무료로 사용하기 위해서는 15GB 이하로 저장공간을 관리하시면 됩니다. 불필요한 사진이나 동영상을 삭제하면 용량이 확보되겠습니다.

영상 편집에 필요한 사진 3장과 동영상 1개를 클릭하여 타임라인에 삽입하겠습니다.

사진이나 동영상을 선택하여 클릭을 하면 다운로드 박스가 나타나는데, 흰색으로 진행 경과를 보여주는 바(Bar)가 표시되면 다운로드가 되지만, 적색으로 진행 경과를 보여주는 바가 표시되면 해당 동영상은 타임라인에 삽입이 불가능한 경우입니다.

아래 화면에서 보면, 사진 3장과 동영상 1개가 삽입된 것을 확인할 수 있습니다.

PART 03

영상 편집 기술: 초급편

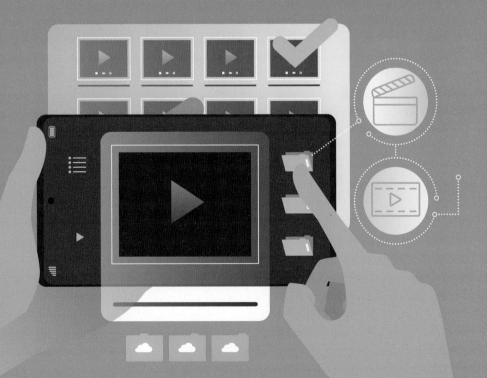

CHAPTER 01

프로젝트에
대한 이해

01 프로젝트의 개념

프로젝트(Project)란 KineMaster 앱에서 영상 편집 중인 파일이나 편집이 완료된 동영상 파일 자체를 지칭하는 말입니다.

프로젝트의 개념

프로젝트는 영상 편집 중인 파일이나 편집이 완료된 동영상 파일을 의미하는 용어입니다. KineMaster 홈 화면에 보면 「내 프로젝트」라고 하는 메뉴가 있습니다. 이곳에는 지금까지 여러분이 편집 중인 동영상이나 편집이 완료된 동영상이 저장되어 있습니다.

홈 화면에서 「새로 만들기」를 클릭하고 「새 프로젝트」 화면에서 ① 프로젝트 이름 ② 화면 비율, ③ 사진 배치, ④ 사진 길이, ⑤ 장면전환 길이를 결정하고 오른쪽 상단에 있는 「다음」 버튼을 클릭하면 미디어 편집 작업 영역이 나타나며, 상단에는 미디어 브라우저가 있고, 타임라인 패널에는 플레이 헤드(재생 헤드)와 타임코드가 적색으로 나타나 있습니다.

사진 3장을 타임라인 패널에 삽입하고, 오른쪽 상단의 확인 (×) 버튼을 클릭하면 이제 새로운 프로젝트가 생성됩니다.

이 상태에서 홈 화면으로 나가보면 아래 화면처럼 「내 프로젝트」 메뉴 아래에 '20210721'이라고 하는 프로젝트가 생성되었고, 시간은 13초라고 나타나 있습니다. 이처럼 작업 중인 파일은 편집 작업 중에 나가거나, KineMaster 앱이 갑자기 중지되거나, 작업자의 실수로 인해 스마트폰 바탕화면으로 나가는 경우가 생기는 등 그 어떤 상황이 발생하더라도 자동적으로 이렇게 저장이 됩니다.

02 프로젝트 제목 입력하기

프로젝트(Project)에는 제목을 먼저 입력하고 영상 편집 작업을 진행하는 것이 좋습니다. 프로젝트 이름은 「새 프로젝트」를 누르면 맨 처음에 프로젝트 이름을 입력하는 곳이 있는데, 그곳에 입력해도 됩니다.

프로젝트 제목 입력하기

프로젝트 제목을 입력하는 방법을 설명드리겠습니다. 홈 화면에 있는 「내 프로젝트」에 나타난 작업 중인 이름이 아직 정해지지 않은 프로젝트에 대하여 제목을 입력하려면, 해당 프로젝트('20100721')에 손가락을 대고 꾸욱 눌러주면 아래와 같은 화면이 나타납니다. 맨 위에 '20210721'이라는 프로젝트 이름이 보입니다.

「이름 변경」을 클릭하면, 프로젝트 이름을 입력할 수 있는 자판이 나타납니다. 여기에서 '동영상 제작사례 연구'라는 임의의 제목을 입력해 보겠습니다.

「확인」을 누르면 홈 화면에 '동영상 제작사례 연구'라고 프로젝트 제목이 변경되어 입력된 것을 확인할 수 있습니다.

그리고 '동영상 제작사례 연구'라는 프로젝트를 손가락으로 꾸욱 눌러보면 아래 화면처럼 '동영상 제작사례 연구'라는 프로젝트 제목이 나타나 있습니다.

그러므로 영상 편집을 하면서 프로젝트 제목은 몇 번이라도 변경할 수가 있습니다.

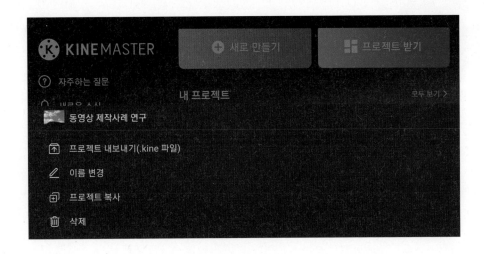

　그리고「새로 만들기」를 클릭하면「새 프로젝트」화면이 나타나는데, 이곳 맨 위에 나타나는「프로젝트 이름」부분을 탭(꾸욱 누름)하면 프로젝트 이름을 입력할 수 있는 자판이 나타납니다. 이곳에서 프로젝트 이름을 입력하고, 자판에 있는「완료」를 클릭하면 새 프로젝트의 이름을 만들 수 있습니다.

03 프로젝트 목록 정렬 기준 설정하기

프로젝트(Project) 목록 정렬 기준은 「수정한 날짜」로 설정하면 좋습니다.

프로젝트 목록 정렬 기준 설정하기

프로젝트를 만들기 전에 홈 화면에 있는 「설정」 메뉴에 들어가서 「정렬」 메뉴에 있는 「프로젝트 목록 정렬 기준」을 ① 수정한 날짜, ② 생성한 날짜, ③ 이름 중에서 한 가지를 설정하면 됩니다.

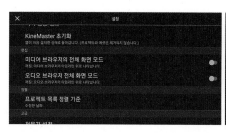

「수정한 날짜」로 프로젝트 목록 정렬 기준을 설정해 놓으면 편리합니다. 항상 최근에 영상 편집하던 프로젝트가 제일 먼저 나타나기 때문입니다.

프로젝트가 여러 개 있을 경우 방금 위에서 설명드린 바와 같이 프로젝트 제목이 아직 정해지지 않은 경우들이 많으면 어떤 것을 작업해야 할지 혼란스러울 수 있기 때문입니다.

04 프로젝트의 효율적인 관리방법

KineMaster 앱을 삭제하거나 앱 데이터(사진, 동영상, 음악 등)를 삭제하면 편집해 놓은 프로젝트(Project)도 삭제됩니다. 프로젝트의 효율적인 관리방법을 설명드리겠습니다.

프로젝트의 효율적인 관리방법

프로젝트의 효율적 관리방법을 알면 영상 편집 작업이 훨씬 수월해집니다. 프로젝트의 효율적인 관리방법을 설명드리겠습니다.

첫째, 프로젝트 생성 시 바로 프로젝트 제목을 붙여줍니다. 프로젝트가 숫자가 많아지면 제목을 일일이 붙여놓지 않은 상태에서는 어떤 프로젝트가 무슨 내용인지를 확인하기가 어렵게 되기 때문입니다.

둘째, 프로젝트가 어느 정도 진행되는 과정에서는 프로젝트를 1개 더 복사해 놓으면, 즉, 백업을 해놓으면 안전하고 체계적으로 프로젝트를 관리할 수 있습니다. 만약 추가적인 작업을 하다가 종전 프로젝트를 찾아 다시 그 부분부터 재편집을 할 경우에도 백업된 프로젝트를 통해 쉽게 다른 작업을 진행할 수 있습니다.

설명을 위해 '동영상 제작사례 연구' 프로젝트를 복사하는 방법을 예로 들어 보겠습니다. 먼저 복사할 프로젝트를 선택하고 해당 프로젝트를 손가락으로 꾸욱 눌러줍니다. 그러면 아래 화면과 같이 프로젝트 제목이 나타나고, 그 아래에 「프로젝트 복사」 메뉴가 있는데 그 메뉴를 이용하여 복사를 진행하게 됩니다.

「프로젝트 복사」 메뉴를 클릭하면 「프로젝트 복사」 창이 뜨면서 화면 비율, 사진 배치, 사진 길이 설정 메뉴가 나타납니다.

종전과 같은 프로젝트를 복사하는 것이기 때문에 아무것도 건드리지 않고 오른쪽 상단의 「다음」 버튼을 클릭합니다. 그러면 바로 KineMaster 홈 화면 으로 바뀌면서 '동영상 제작사례 연구 복사'라고 하는 프로젝트가 복사된 것 이 보입니다.

　셋째, 프로젝트 관리방법 중 가장 중요한 것은 프로젝트 제작에 사용되었던 사진이나 동영상, 음악 등 본인이 소지하고 있던 미디어 파일들을 절대로 스마트폰에서 삭제하면 안 된다는 것입니다. 앱 데이터를 삭제할 경우 프로젝트가 삭제되기 때문입니다. 종종 스마트폰 용량 때문에 사진이나 동영상을 삭제하게 되는데, 이때 조심해서 동영상 편집에 사용하지 않았던 미디어만 삭제하시기 바랍니다.

　넷째, 프로젝트가 완성된 경우에는 반드시 컴퓨터와 USB, 외장하드디스크 등에 프로젝트 파일(.kine 파일)과 동영상을 함께 저장하시기 바랍니다.

　「프로젝트 내보내기(.kine 파일)」와 「저장 및 공유」 메뉴를 사용하여 저장하면 됩니다.

　컴퓨터도 바이러스 감염이나 물리적 고장으로 인해 저장된 파일을 사용하지 못하는 경우가 발생할 수 있기 때문에 예비 저장수단(USB, 외장하드디스크, 클라우드 서비스 이용 등)을 반드시 강구하시기를 추천 드립니다.

CHAPTER 02

컷(Cut)
편집

컷 편집에 대한 이해

컷(Cut)편집에 대하여 설명드리겠습니다.

1. 컷(Cut) 편집이란 무엇인가?

컷(Cut)이란 편집의 기본 단위로 영상에서 불필요한 부분을 자르는 것을 말합니다. 컷(Cut) 편집이란 단순히 장면과 장면을 자르고 또 이어서 붙여 편집하는 방법을 말합니다. 그러니까 사진 클립이든 동영상 클립이든 간에 장면과 장면을 연속적으로 일정한 길이만큼 이어 붙여 편집을 하는 것을 의미합니다. 이어서 붙이다 보면 불필요한 곳을 자르기도 하고, 또 붙이기도 하면서 편집을 하게 되는 것입니다.

우리가 영화를 보면 상당히 많은 부분이 컷 편집으로 이루어져 있습니다. 단순한 대화 장면도 있지만, 복잡한 장면도 결국은 컷(Cut)을 하고 다음 장면을 붙이고 또 컷(Cut)을 하고 또 붙이는 반복적인 작업으로 영상 편집을 하는 것입니다.

영화에서 쇼트(Shot)란 편집에서의 컷(Cut)과는 약간 다른 차이점이 있는데, 촬영시 카메라가 찍기 시작하면서부터 멈출 때까지의 연속된 영상을 쇼트(Shot)라고 하고, 이것이 영화 표현의 최소 단위라고 볼 수 있습니다.

2. 컷(Cut)편집의 종류

컷 편집의 종류를 살펴보면[1] 다음과 같습니다. 이 내용은 영상을 촬영하고 편집하는 모든 분들에게는 필수적으로 숙지하여야 하는 사항이며, KineMaster 앱을 사용하여 컷 편집을 하려고 하는 독자 여러분들에게도 참고는 될 수 있는 사항이므로 이 분야의 전문가분들이 정리해 놓은 핵심 내용만 설명드리고자 합니다.

보다 구체적인 내용을 공부하고 싶으신 분들은 다음 내용을 참고하시기 바랍니다.

① 『시네마토그래피 촬영의 모든 것』, 블레인 브라운 저, 구재모 옮김, 커뮤니케이션북스, 2012년

② 유튜브 채널 "Skim On West" www.youtube.com/watch?v=hFuleWg_Bul

③ 블로그 MAKA FILM, https://ehremrgks79.tistory.com/31

종 류	내 용
콘텐츠 컷 Content Cut	· 내용 단위로 컷을 하는 것으로 가장 일반적인 컷의 형태임 　－ 컷의 핵심 : 대화 내용
액션 컷 Action Cut	· 한 컷에서 캐릭터의 특정 동작이 다음 컷에서 끝나는 경우를 말함 · 이어지는 샷에서 동작이 약간 오버랩되게 촬영하고, 동작의 중간을 끊고, 샷 종류에 따라 액션 스피드를 조금 다르게 촬영 　－ 컷의 핵심: 액션

---

1. 이 내용은 블레인 브라운 저, 구재모 옮김 『시네마토그래피 촬영의 모든 것』(커뮤니케이션 북스, 2012)과 유튜버 채널 "Skim On West" www.youtube.com/watch?v=hFuleWg_Bul, 그리고, https://ehremrgks79.tistory.com/31 내용을 참고하였습니다.

시점 샷 컷 POV Cut	· POV(Point of View) 컷이라고도 부르며, 등장하는 캐릭터의 시점에서 바라보는 샷으로 캐릭터가 화면 밖의 무언가를 바라보는 샷 – 적절한 타이밍에 사용해 주면 그만큼 관객이 캐릭터 자체가 되어서 상황을 바라볼 수 있기 때문에 몰입감을 더해줄 수 있음
점프 컷 Jump Cut	· 말과 말 사이에 비어 있는 공간을 잘라내는 것 – 높은 긴장감을 유지하거나 시간을 압축해야 하는 경우 사용 – 배경이 움직이지 않게 고정하는 것이 좋음(관객의 눈 피로감 증대)
매치 컷 Match Cut	· 화면 안의 피사체의 위치와 모양을 일치시키는 방법, 피사체의 움직임을 매치시키는 방법, 화면 전환의 도구로 가장 많이 사용됨 · 과감하고 적절한 타이밍에 사용하면 효과적
크로스 컷 Cross Cut	· 교차편집, 서로 다른 사건이 다른 장소에서 동시간에 일어나고 있는 경우에 두 사건을 번갈아서 보여주기 위해 만들어진 편집기법
사운드 컷 Sound Cut	· J컷: 컷이 바뀌기전에 다음 클립의 사운드가 먼저 나오기 시작하는 것 · L컷: 현재 클립의 사운드가 다음 클립까지 확장되어 이어지는 것 · 사운드가 동기가 되는 컷 : 소리를 매개로 하여 다음 샷으로 이동
제로 컷 Zero Cut	· 전경에 있는 물건이나 움직이는 사람 등을 이용하여 전혀 다른 장소에 있는 샷과 자연스럽게 연결하는 컷(컷을 한 번도 안 하고 촬영) – 장점: 컷포인트를 숨길 수 있고, 튀어보이는 느낌을 반감시킬 수 있음 – 단점: 스크린 타임을 좀 더 많이 소비해야 함

02 사진 및 동영상 불러오기

컷(Cut) 편집을 하기 위해서는 편집할 소스인 사진이나 동영상을 불러오는 작업이 선행되어야 합니다. 즉, 미디어 브라우저에서 사진이나 동영상을 타임라인에 불러오는 것이 기본이고 현장에서 KineMaster 앱에 있는 카메라나 캠코더 기능을 이용하여 직접 촬영한 후에 바로 타임라인에 삽입하는 경우도 있습니다.

사진 및 동영상 불러오기

편집할 사진이나 동영상을 불러오는 방법을 설명드리겠습니다. 먼저 KineMaster 홈 화면에서 「새로 만들기」를 클릭하고 「새 프로젝트」 화면에서 화면 비율과 사진 배치, 그리고 사진 길이를 설정합니다. 컷 편집 시 사진 길이는 한 클립(사진 한 장을 말함)당 4.5초로 Default가 정해져 있는데, 통상적으로 4~5초 정도로 설정하면 무방합니다.

그 다음으로 우측 상단에 있는 「다음」 버튼을 클릭하면 편집 작업 영역이 나타납니다. 「미디어 브라우저」 메뉴가 보이고, 타임라인 패널 위쪽에 스마트폰에 저장된 다양한 미디어 폴더가 보입니다. 이 폴더들 중에서 여러분이 편집할 사진이나 동영상을 클릭하면 타임라인에 바로 삽입이 됩니다.

만약, 영상을 편집 중인 경우에는 편집 작업 영역에서 편집 메뉴 중 중앙 상단에 있는 「미디어」 메뉴를 클릭하면 「미디어 브라우저」 메뉴가 바로 나타납니다.

미리 프로젝트의 내용 구성에 대한 아이디어가 있다면 그 내용을 참고해서 사진이나 동영상을 삽입하는 순서를 정해서 불러오기를 하면 작업이 훨씬 수월합니다.

아래 화면은 사진 5장과 동영상 1개를 불러온 모습입니다.

사진 클립이나 동영상 클립이 연결되는 부분에는 + 표시가 나타나며, 클
립의 앞부분 왼쪽 상단에는 클립의 종류가 나타나 있습니다. 사진이라는 표
시와 동영상이라는 표시가 보입니다.

03 사진 및 동영상 길이 확대 및 축소

사진이나 동영상의 길이는 조절이 가능합니다. 그러므로 한 장의 사진이나 동영상을
여러 번 삽입하지 않고, 타임라인에 삽입된 사진이나 동영상의 길이를 조절하여 사용
할 수 있습니다.

1. 사진 길이 확대 및 축소

편집할 사진을 타임라인에 삽입한 후 클립의 길이와 시간을 조절할 수 있
습니다. 자, 그러면 따라서 해보시기 바랍니다.

01 「미디어 브라우저」에서 사진 1장을 타임라인에 삽입합니다.

02 타임라인에 있는 사진 클립에 손가락을 대고 꾸욱 눌러주면 화면에 보시는 바와 같이 노란색 테두리가 생성됩니다.

03 사진의 길이를 확대해 보겠습니다. 사진 길이를 확대한다는 의미는 사진 클립의 길이를 확대해서 화면에서 재생되는 시간을 그 길이만큼 연장시킨다는 뜻입니다. 따라서 한 장의 사진을 여러 번 반복해서 삽입해서 길이를 확대하지 않고, 이처럼 한 장의 사진을 길게 늘이거나 줄여서 영상 편집을 할 수 있습니다. 설명을 위해 「프로젝트 설정」 메뉴의 「편집」 메뉴에서 사진 길이를 4초로 설정하였습니다. 사진 길이는 15초까지 0.1초 단위로 설정할 수 있습니다.

사진에 노란색 테두리를 보면 맨 왼쪽과 맨 오른쪽에 점 4개가 찍힌 부분이 있습니다. 이 부분에 손가락을 대고 왼쪽이나 오른쪽으로 사진을 확대할수 있습니다. 이때 상단 타임코드에 사진 길이가 나타납니다.

최초 사진 길이는 4초로 설정되어 사진 클립이 4초간 재생되도록 설정되었지만, 손가락을 이용하여 사진 클립 길이를 확대하여 9.765(초)로 확대한것입니다. 사진 클립의 길이를 확대하는 것은 아무런 제한이 없습니다. 얼마든지 길게 확대할 수 있으며, 반대로 짧게 축소할 수도 있습니다.

그러나 동영상은 촬영한 원본 길이 이상으로는 확대가 되지 않습니다. 이것이 사진과 동영상 확대의 차이점입니다. 축소는 사진이나 동영상이나 얼마든지 짧게 축소할 수 있지만, 확대에서 차이가 나는 것입니다.

04 사진을 축소하는 방법도 동일합니다. 사진 클립을 확대하거나 축소할 때 기준점은 플레이 헤드입니다. 어떤 위치에 놓고 왼쪽 끝이나 오른쪽 끝 부분의 점 4개 있는 부분을 누르면서 사진 클립을 확대하거나 축소할 수 있습니다. 설명을 위해 이번에는 사진을 축소해 보겠습니다. 플레이 헤드를 기준으로 하고, 오른쪽 끝 점 4개 부분을 꾸욱 눌러서 왼쪽으로 밀어주면 아래 화면과 같이 9.765(초) 길이의 사진 클립이 5.076(초) 길이로

축소된 것을 확인할 수 있습니다.

2. 동영상 길이 확대 및 축소

편집할 동영상을 타임라인에 삽입한 후 클립의 길이와 시간을 조절할 수 있습니다. 자, 그러면 따라서 해보시기 바랍니다.

01 「미디어 브라우저」에서 동영상 1개를 타임라인에 삽입합니다. 길이는 03분 01.930(초)짜리입니다. 타임라인 오른쪽 상단에 보시면 타임코드가 보입니다.

02 동영상에 손가락을 대고 꾸욱 눌러주면 화면에 보시는 바와 같이 노란색 테두리가 생성됩니다.

여기서 동영상 클립을 축소하는 작업을 편하게 하기 위해서 동영상 클립을 두 개의 손가락으로 클립 중앙쪽을 향해 오므려주면 동영상 클립이 줄어들면서 한눈에 들어오게 됩니다. 아래 화면에 동영상 클립이 중앙에 나타난 것을 보실 수 있습니다.

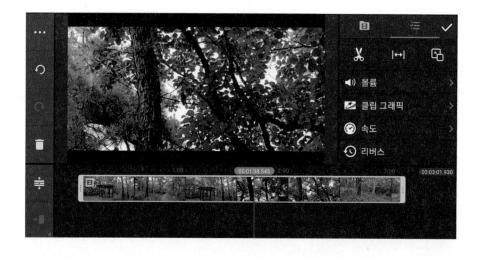

03 동영상의 길이를 축소해 보겠습니다. 사진 클립과 달리 동영상 클립은 촬영한 원본의 길이보다 길게 확대하는 것이 불가능합니다. 축소만 가능합니다.

생성된 노란색 테두리를 왼쪽, 오른쪽으로 밀면서 줄이면 됩니다. 아래 화면을 보시면 타임코드에 흰색 바탕에 적색 글씨로 재생시간 02분 27.46⁽초⁾, 잘려진 시간 34.468⁽초⁾라고 보여주고 있습니다. 이 동영상 클립은 전체가 03분 01.930⁽초⁾였습니다. 이처럼 동영상은 원래 촬영한 길이 범위 내에서 축소가 가능합니다. 따라서 동영상을 촬영할 때는 약간 여유를 두고 길게 촬영한 후 불필요한 부분을 잘라내면서 편집을 하는 것이 편리합니다.

04 이제 동영상을 잘라낸 최종 모습이 나타나 있습니다. 오른쪽 상단의 확인(⊽) 버튼을 클릭합니다.

05 타임라인에 컷 편집된 동영상이 보입니다. 길이는 02분 27.262⁽초⁾라고 나타나고 있습니다.

타임코드에 재생시간과 잘려진 시간을 나타나는 흰색 배경의 적색 글씨는 소수점 셋째 자리까지만 나타나는데, 손가락으로 눌렀을 때 나타난 시간과 실제로 작업을 마치고, 확인⊙ 버튼을 눌렀을 때 나타난 시간은 약간의 시간 차이가 나고 있습니다. 본 예제에서는 0.198⁽초⁾ 차이가 나타나고 있습니다.

04 사진 및 동영상의 트림 / 분할

컷 편집에서 사진이나 동영상 클립을 컷(Cut)하는 것을 KineMaster 앱에서는 트림 (Trim)이라는 용어로 메뉴에 설정해 놓았습니다. 트림은 '잘라내다' 혹은 '다듬다'라는 의미입니다.

KineMaster 앱에서는 트림은 제거하는 것, 삭제하는 것을 말합니다. 분할은 사진이나 동영상 클립의 특정 부분을 자르는 것을 말합니다.

1. 사진 및 동영상을 특정 부분에서 분할하기

영상 편집에서 사진이나 동영상 클립을 특정부분에서 분할하는 작업은 매우 빈번하게 이루어지게 됩니다. 분할된 지점에서 장면 전환 효과를 적용할 수 있으며, 분할된 지점에 새로운 사진이나 동영상 클립을 삽입할 수 있습니다. 그러면 사진이나 동영상을 특정 부분에서 분할하는 방법을 설명드리겠습니다.

01 사진을 1장 타임라인에 삽입하였습니다. 그리고 분할할 지점에 플레이 헤드를 위치시킵니다.

02 사진 클립을 꾸욱 누르면 노란색 테두리가 생성됩니다. 그러면 편집 작업 영역 상단 오른쪽에 「편집」 메뉴가 나타나는데, 맨 위쪽 첫 번째 있는 트림/분할을 하는 가위 아이콘을 클릭합니다.

03 다음과 같은 「트림/분할」 메뉴가 나타납니다. 여기에서 「플레이 헤드에서 분할」을 클릭합니다.

04 「플레이 헤드에서 분할」메뉴를 클릭하면 화면에 보시는 바와 같이 플레이 헤드 부분에 노란색으로 절단된 모습이 보여집니다.

05 오른쪽 상단의 확인(ⓥ) 버튼을 클릭하면 아래 화면과 같이 절단된 부분에 +표시가 나타나면서 분할이 완료됩니다.

【분할하여 삭제하는 방법도 매우 유용한 컷 편집 방법】

컷 편집을 하다 보면 중간에 일정 부분을 삭제해야 하는 영상들이 생기는데, 이런 경우에는 동영상의 삭제할 부분의 전(前)과 후(後) 두 군데를 「플레이 헤드에서 분할」 메뉴를 이용하여 분할해 준 후 삭제를 하면 됩니다. 즉, 쓰레기통을 클릭하면 됩니다.

설명을 위해 먼저 동영상의 삭제해야 할 구간 앞(前) 부분에 플레이 헤드를 위치시킨 후 「플레이 헤드에서 분할」 메뉴를 이용하여 분할을 실시하고 오른쪽 상단의 확인(♡)을 클릭합니다. +표시가 생겼습니다.

다음으로 동영상의 삭제해야 할 구간 뒷(後) 부분에 플레이 헤드를 위치시킨 후 「플레이 헤드에서 분할」 메뉴를 이용하여 분할을 실시하고 오른쪽 상단의 확인(♡)을 클릭합니다. +표시가 생겼습니다.

이제 왼쪽과 오른쪽 두 지점에 분할이 된 상태이므로 아래 화면처럼 잘라내야 할 부분을 꾹 누르면 노란색 테두리가 생기면서 동영상 클립이 선택됩니다.

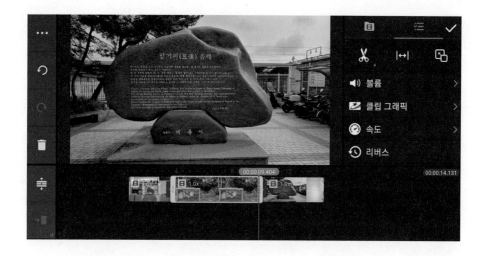

이제 노란색 테두리로 된 동영상을 꾸욱 눌러서 왼쪽 툴(Tool) 패널에 있는 쓰레기통을 클릭하면 아래 화면의 우측 사진처럼 삭제하고자 하는 부분이 삭제된 동영상만 남아있는 것을 확인할 수 있습니다.

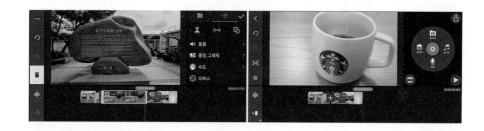

2. 사진 및 동영상의 트림

1) 플레이 헤드의 왼쪽을 트림

설명을 위해 호수가에 설치된 교량 동영상 클립과 야구선수가 투구하는 자세 조형물 동영상 클립이 연결된 동영상을 준비했습니다. 플레이 헤드 왼쪽을 트림하기 위해 3번째 교량까지 트림하고, 그 오른쪽의 야구선수가 투구하는 자세 조형물 동영상 부분을 남겨놓도록 하겠습니다.

01 트림의 기준점이 되는 플레이 헤드를 해당 지점인 맨 오른쪽 교량부분에 위치시킵니다.

02 사진 클립을 꾸욱 누르면 아래 화면과 같이 노란색 테두리가 생성되면서 편집 메뉴가 나타납니다.

03 편집 메뉴에서 트림/분할을 위해 가위질 아이콘을 클릭합니다.

04 아래 화면과 같이 트림을 위한 2가지 메뉴가 나타납니다. 여기서 「플레이 헤드의 왼쪽을 트림」 메뉴를 클릭합니다.

05 아래 화면과 같이 야구선수가 투구하는 자세 조형물 동영상 부분만 남았습니다. 플레이 헤드를 기준으로 하여 왼쪽 화면이 잘려나갔습니다. 즉, 삭제되었습니다. 이제 오른쪽 상단의 확인(◉) 버튼을 클릭하면 타임라인에 왼쪽이 잘려서 오른쪽만 남은 화면이 남아있는 것을 확인할 수 있습니다.

2) 플레이 헤드의 오른쪽을 트림

설명을 위해 호숫가에 설치된 교량 동영상 클립과 야구선수가 투구하는 자세 조형물 동영상 클립이 연결된 동영상을 다시 한 번 사용하겠습니다. 플레이 헤드 오른쪽을 트림하여 왼쪽에 있는 교량 동영상 부분만 남아있는 동영상으로 만들어보도록 하겠습니다.

01 오른쪽을 트림하기 위해 트림의 기준점이 되는 플레이 헤드를 해당 지점인 맨 오른쪽 교량부분에 위치시킵니다.

02 동영상 클립을 꾸욱 누르면 아래 화면과 같이 노란색 테두리가 생성되면서 편집 메뉴가 나타납니다.

03 편집 메뉴에서 트림/분할을 위해 가위질 아이콘을 클릭합니다.

04 아래 화면과 같이 트림을 위한 2가지 메뉴가 나타납니다. 여기서 「플레이 헤드의 오른쪽을 트림」 메뉴를 클릭합니다.

05 아래 화면과 같이 오른쪽에 있던 야구선수가 투구하는 자세 조형물 동영상이 잘라지고 왼쪽에 있는 교량 동영상 부분만 남아 있는 동영상이 되었습니다. 플레이 헤드를 기준으로 하여 오른쪽 화면이 잘려 나갔습니다. 즉, 삭제되었습니다. 이제 오른쪽 상단의 확인(✓) 버튼을 클릭하면 타임라인에 오른쪽이 잘려서 왼쪽만 남은 화면이 남아 있는 것을 확인할 수 있습니다.

3. 분할 및 정지화면 삽입

플레이 헤드가 위치한 지점의 동영상을 정지된 사진으로 만들 수 있는 기능입니다. 통상 동영상을 캡처한다고 할 때 바로 이러한 기능을 사용하는데 그것과 같은 것입니다.

「분할 및 정지화면 삽입」이라는 메뉴 이름 자체가 이 기능을 정확하게 표현하고 있는데, '동영상을 정지화면인 사진으로 만든 다음에 그 사진을 분할하여 타임라인에 삽입까지 바로 한다'는 뜻입니다. 그러므로 이 메뉴를 사용하면 동영상 클립이 2개의 동영상 클립으로 분할되면서 그 사이에 사진 클립이 한 개 삽입되는 것입니다.

01 동영상을 삽입하고, 동영상을 정지된 사진으로 만들고자 하는 부분에 플레이 헤드를 위치시킵니다. 설명을 위해 남한강 강변에 위치한 벤치가 보이는 동영상을 정지된 사진으로 만들어 보도록 하겠습니다.

아래 화면과 같이 타임라인에 남한강 강변에 위치한 벤치가 보이는 동영상 클립을 삽입하겠습니다.

02 플레이 헤드가 위치한 부분을 꾸욱 눌러주면 편집 메뉴가 나타나고, 트림/분할 메뉴인 가위질 아이콘을 클릭합니다.

03 「분할 및 정지화면 삽입」을 클릭합니다.

04 아래 화면과 같이 새로운 사진 클립이 생성된 것을 확인할 수 있습니다. 동영상 클립은 필름 모양의 아이콘이 클립 왼쪽 상단에 나타나고, 사진 클립은 산 모양의 아이콘이 클립 왼쪽 상단에 나타납니다.

아래 화면을 보면 동영상 표시(필름 모양의 아이콘)가 있는 동영상 중에 새로 「분할 및 정지화면 삽입」에 의해 생성된 정지화면 사진(산 모양의 아이콘)이 함께 보이고 있습니다. 실제로 동영상을 시연해 보면, 앞부분은 동영상으로 진행되다가 정지된 사진 모습의 동영상으로 보이는 것을 알 수 있습니다.

움직이는 영상 가운데 특정 부분에 사진을 삽입해서 설명문을 넣거나 기타 광고문을 넣는 등 다양한 방법으로 활용이 가능한 유용한 기능입니다. 물론 동영상에도 설명문을 넣거나 광고문을 넣을 수는 있습니다만, 때로는 사진을 삽입하여 활용하는 것이 유용한 경우도 있다는 것입니다.

일일이 사진을 촬영하지 않고, 동영상으로 전체를 촬영한 후 필요한 부분은 동영상을 정지화면 사진으로 캡처 후 삽입하여 사용하는 것입니다.

앞서 설명드린 「분할하여 삭제하는 방법」도 매우 유용한 컷 편집 방법인데, 「분할 및 정지화면 삽입」, 바로 이 기능을 이용하여도 동일한 효과를 얻을 수 있는 것입니다. 즉, 삽입된 사진 부분을 꾸욱 누르면 아래 화면과 같이

+표시로 앞, 뒤로 연결되어 삽입된 부분에 노란색 테두리가 생기는데, 이 상태에서 왼쪽 툴(Tool) 패널에 있는 휴지통 아이콘을 클릭하면 삽입되었던 사진 클립이 삭제됩니다.

아래 화면은 사진 클립이 삭제되고 동영상 클립만 두 개의 클립으로 남아 있는 모습입니다.

CHAPTER 03

동영상에
제목과 자막
삽입하기

01 동영상 제목과 자막에 대한 이해

동영상 제목과 자막에 대하여 보다 상세하게 알아보도록 하겠습니다.
여기서 의미하는 동영상 제목은 프로젝트 이름이 아니고, 동영상의 앞부분에 나타내
는 제목을 말하며, 자막은 동영상 중간 중간에 삽입하는 글씨를 의미하는 것입니다.

1. 동영상 제목에 대한 이해

1) PC용 동영상 편집 프로그램에서 영상 제목 만드는 메뉴들

대부분의 PC용 동영상 편집 프로그램에는 제목과 자막을 넣는 메뉴가 별
도로 있습니다. 아래 화면은 「Movavi Video Editor Plus 2021」[1] 프로그램의
화면 일부를 캡처한 것입니다. 화면에 보이는 것처럼 제목 설정 기능이 있
습니다.

---

1. Movavi Video Editor Plus 정식 버전 가격은 60,000원이며, 전문가처럼 동영상을 편집할 수 있는 최신 버전입니
다. 7일간 무료버전을 다운로드 받아 설치 후 사용할 수 있습니다.

아래 화면은 CyberLink사의 「PowerDirector 365」 프로그램의 동영상 편집 메인 화면입니다. Title 관련 많은 템플레이트를 지원하고 있으며, 홈페이지에 들어가서 로그인한 후 타이틀 템플레이트 업그레이드된 것을 다운로드 받아 동영상 편집에서 제목을 작성할 때 사용합니다.

다음은 마이크로소프트사에서 제공하는 「Windows Movie Maker 2021」 메인 편집 화면의 모습입니다. 이 프로그램에도 제목 만드는 메뉴가 별도로 있습니다.

지금까지 PC용 동영상 편집 프로그램 몇 가지를 소개하면서 제목이 무엇이고, 프로그램을 이용하여 어떻게 제작하는지에 대한 생각을 하실 수 있도록 화면을 보여 드렸습니다.

2) 동영상 제목이 왜 중요한가?

유튜브를 예로 들어 설명드리면, 유튜브에 동영상을 업로드할 때는 썸네일[2]이라고 하는 것을 동영상의 맨 앞부분에 추가할 수 있습니다. 별도로 썸네일을 제작하지 않을 경우에는 유튜브가 알아서 아래 화면과 같이 동영상을 AI가 분석하여 3개의 썸네일을 추천해 주는데, 맨 앞부분에 「미리보기 이미지 업로드」, 이곳을 클릭한 후 본인이 제작한 동영상 콘텐츠에 대한 이미지와 설명을 곁들인 콘텐츠 제목을 썸네일로 멋지게 제작하면 유튜브 동영상 조회수가 증가하는 효과를 기대할 수 있습니다.

---

2. 썸네일은 제목과 함께 노출되는 이미지를 말합니다. 콘텐츠의 맨 앞부분에 나타납니다.

미리보기 이미지
동영상의 내용을 알려주는 사진을 선택하거나 업로드하세요. 시청자의 시선을 사로잡을 만한
이미지를 사용해 보세요. 자세히 알아보기

미리보기 이미지 업로드

따라서 제목을 잘 결정하는 것도 중요하고, 그 제목을 어떤 형태로 동영상에 삽입할 것인지를 결정하는 것도 매우 중요하다고 볼 수 있습니다.

그렇다면 어떤 동영상이 사람들의 선택을 받게 될까요?

첫째, 제목입니다. 유튜브 제목이 중요한 이유는 바로 검색 때문입니다. 제목이 동영상 콘텐츠 검색 결과 성과를 달성하는 기준이 되기 때문입니다. 그래서 제목에는 키워드(KeyWord)들이 잘 들어가 있어야 합니다. 제목 결정 시에 제목 내용만 딱 들어가는 것보다는 검색에 이용될 수 있는 키워드를 포함해서 만들어주면 더 좋습니다.

둘째, 썸네일입니다. 썸네일은 검색 시에 제목과 함께 노출되는 이미지를 말합니다. 이 썸네일이 눈에 확 들어오고 매력적인 콘텐츠라면 이것을 본 사람들이 눌러보고 싶을 것입니다. 썸네일은 이미지와 텍스트를 잘 활용해서 사람들이 이 동영상이 어떤 내용일지 궁금해지게 하는 것도 필요합니다. 매력적인 이미지와 더불어 눈에 잘 들어오는 폰트와 크기, 색상의 텍스트(T)를 이용하는 것이 중요하다고 할 수 있습니다.

동영상에 제목 삽입하기

동영상에 제목을 삽입하는 방법에 대하여 자세히 알아보도록 하겠습니다.

1. KineMaster 앱에서 동영상에 제목 삽입하기

KineMaster 앱에는 제목을 만들기 위한 별도의 템플레이트가 구분되어 있지는 않습니다. 그래서 필자가 동영상에 제목 넣는 방법을 몇 가지 설명드리도록 하겠습니다.

첫째, 영상 편집 메뉴에서 「클립 그래픽」 메뉴를 이용하여 제목을 만드는 것입니다.

둘째, 에셋 스토어에서 「클립 그래픽」 외에 멋지게 만든 다른 에셋을 불러와서 거기에 제목을 만드는 방법이 있습니다. 「클립 그래픽」 에셋이 제목 작성에 가장 잘 어울리는 에셋들이고, 나머지 에셋들 중에서 일부를 불러와서 「레이어」 메뉴를 통해서 텍스트(T)나 손글씨로 제목을 작성할 수 있습니다.

셋째, 「레이어」 메뉴를 통해서 텍스트(T)나 손글씨로 사진이나 동영상의 시작 부분에 제목을 입력하는 단순한 이미지와 텍스트를 사용한 제목이 가장 기본적인 동영상 제목 입력 방법입니다. 주로 자막 입력 시 사용하는 방법이기도 합니다.

1)「클립 그래픽」메뉴를 이용하여 제목 작성하기

컷 편집에서 편집 작업했던 것과 같이 제목 작성하기의 기준도 플레이 헤드입니다. 먼저 사진 클립이나 동영상 클립을 「미디어 브라우저」를 통해 타임라인에 삽입합니다.

그러면 동영상의 첫 부분에 제목을 삽입하는 방법을 설명드리겠습니다.

01 설명을 위해 동영상 1개를 타임라인에 삽입하고, 플레이 헤드를 동영상 맨 앞부분에 위치시키겠습니다. 이곳이 바로 제목이 삽입될 부분이 되는 것입니다.

02 타임라인에 삽입된 동영상을 꾸욱 누르면 아래 화면처럼 동영상 클립이 노란색으로 변하면서 편집 메뉴가 나타납니다. 「클립 그래픽」을 선택하여 클릭합니다.

03 「클립 그래픽」에셋 중에는 제목을 넣을 수 있는 클릭 그래픽이 상당히 많이 있습니다. KineMaster 앱은 이처럼 에셋을 통해 제목 만드는 것을 제공하고 있습니다.

설명을 위해 「클립 그래픽」에셋 중 「기본 타이틀 효과」에셋을 선택하고, 하위 에셋으로 「타이틀 교차」를 선택하겠습니다. 아래 화면처럼 에셋이 선택되면 빨간색 체크 표시가 나타납니다.

04 「타이틀 교차」를 손가락으로 꾸욱 누르면 이 에셋이 어떻게 구성되어 있는지를 보여줍니다.

첫째 줄 글자 입력란이 있고, 첫째 줄 글자색을 지정할 수 있습니다. 둘째 줄에도 글자 입력란이 있고, 글자색을 지정할 수 있습니다. 그리고 글자의 위치를 화면 중앙을 기준으로 하여 배치하는데, 맨 아래, 가운데, 맨 위 중 한 가지를 선택할 수 있습니다.

05 설명을 위해 첫째 줄에는 '아직도 그대는 내 사랑'이라고 입력하고, 글자색을 빨간색으로 하겠습니다.

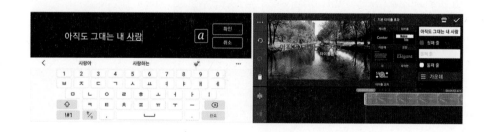

06 둘째 줄에는 '팬플룻 연주 James J.Kim'이라고 입력하고, 글자색을 노란색으로 하겠습니다.

07 이제 글자의 위치를 화면 중앙을 기준으로 하여 배치하는데, 맨 아래로 선택하는 것이 동영상 화면 구조상 좋을 것 같아 「맨 아래」로 선택하겠습니다.

08 오른쪽 상단의 확인(ⓥ)을 클릭하면 아래 화면과 같이 제목이 붙은 동영상이 완성되었습니다.

09 이제 재생 버튼을 클릭해 보면, '아직도 그대는 내 사랑, 팬플룻 연주 James J. Kim'이라는 동영상 제목이 나타나는데, 동영상 처음부터 마지막 04분 52.621초까지 나타나고 있습니다.

10 여기서 매우 중요한 것을 설명드리겠습니다. 제목이나 자막은 일정 길이만큼만 나타나야 합니다. 따라서 제목이 나타나야 할 동영상 길이를 정한 후, 그 부분에 플레이 헤드를 위치시킨 후 먼저 동영상을 분할 해야 합니다. 설명을 위해 약 10초 부근에 플레이 헤드를 위치시킨 후 동영 상을 분할하겠습니다. 확인(ⓥ)을 클릭하여 분할을 완료합니다.

11 분할 된 동영상 중 두 번째 동영상 클립을 꾸욱 누르면 편집 메뉴가 나타납니다.

편집 메뉴에서 「클립 그래픽」을 선택하면, 이미 편집 작업을 위해 선택된 에셋이 나타납니다. 여기서는 「기본 타이틀 효과」가 바로 나타나게 됩니다.

12 맨 위쪽에 있는 「기본 타이틀 효과」라고 써있는 곳을 손가락으로 꾸 욱 눌러주면 「클립 그래픽」이라는 상위 에셋이 나타납니다. 맨 위에 보면 "없음"이라는 것이 있습니다. 바로 이것을 클릭하면 됩니다.

그러면 분할된 두 번 째 동영상 클립부터 「클립 그래픽」 에셋이 적용되지 않습니다. 즉, 제목이 나타나지 않게 되는 것을 확인할 수 있습니다.

2) 「클립 그래픽 에셋」 구성 내용 및 제목 작성에 유용한 에셋들

에셋 스토어에는 다양한 에셋이 지원되고 있고, 계속해서 새로운 에셋이 업그레이드되고 있습니다.

제목을 작성하기 위해서는 다양한 종류의 에셋을 응용하면 되는데, 멋진 이미지나 동영상 혹은 애니메이션 에셋을 다운로드받고, 텍스트(T)나 손글씨로 제목을 작성할 수도 있습니다.

그러나 가장 효과적인 방법은 「클립 그래픽」 에셋을 활용하여 제목을 작성하는 것입니다. 클립 그래픽 에셋 내용을 예를 들어 몇 가지만 설명드리겠습니다.

• 「기본 타이틀 효과」 에셋

타이틀을 작성함과 동시에 거기에 효과를 어떻게 적용시킬 것인지를 사전에 설정해 놓은 에셋입니다. 「기본 타이틀 효과」 에셋은 게시판, 타이틀, 가운데, 모던, 시, 우아한, 타이틀 교차 등의 하위 에셋으로 구성되어 있습니다.

ⓐ 「시」 에셋

시 에셋은 시를 타이틀로 만드는 것으로 멋진 시를 이곳에 넣어 타이틀로 만들면 되겠습니다. 여기서는 설명을 위해 김소월 시인이 1923년에 발표한 「못잊어」 시를 삽입해서 제목을 만들어 보겠습니다.

01 타임라인에 사진을 한 장 삽입합니다. 이 사진은 시를 넣을 수 있는 공간이 많은 사진을 선택하도록 하겠습니다. KineMaster에서 제공하는 이미지 에셋에서 한 장을 선택하여 삽입하겠습니다. 사진을 삽입한 후 타임라인에 있는 사진 클립을 꾸욱 누르면 편집 메뉴가 나타나는데, 「클립 그래픽」을 선택하여 클릭하겠습니다.

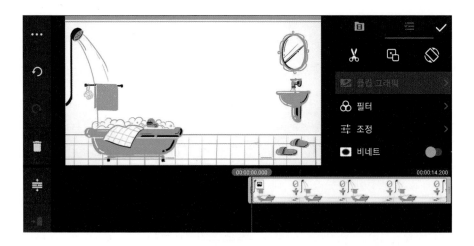

02 「클립 그래픽」 에셋 중에서 「기본 타이틀 효과」 에셋을 클릭한 후, 「시」 에셋을 클릭하겠습니다. 「시」 에셋을 클릭하면 원형에 적색으로 체크 표시가 나타납니다.

03 「시」에셋을 클릭하면 아래 화면과 같이 제목을 넣을 수 있는 입력 란과 텍스트 색상 선택 및 문장 정렬방식을 선택할 수 있는 메뉴가 나타납니다. 플레이 헤드를 사진 클립 맨 앞부분에 위치시킵니다.

04 김소월 시인의 「못잊어」시 중에서 전반부 3줄을 입력하고, 텍스트 색상은 녹색으로 하고, 문장 정렬방식은 가운데 정렬로 하겠습니 다. 그 결과가 아래 화면처럼 나타납니다.

05 못잊어 「시」의 중반부 3줄을 입력하려고 하는데, 전반부 3줄과 구분을 해야 하므로 플레이 헤드를 우측으로 약간 이동한 후 사진 클립을 꾸욱 눌러서 편집 메뉴에서 가위 아이콘을 누릅니다.

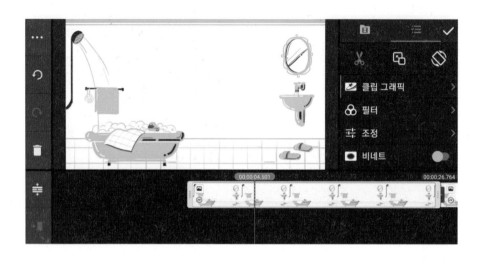

06 「트림/분할」 메뉴에서 「플레이헤드에서 분할」을 클릭하면 아래 화면과 같이 사진 클립이 노란색 테두리가 생기면서 분할이 됩니다. 편집 메뉴 오른쪽 상단의 확인(♡)을 클릭합니다. 아래 화면 오른쪽처럼 사진 클립이 두 개로 분할되고, 연결된 부분에 +표시가 나타나고 있습니다.

07 두 번째 사진 클릭에 플레이 헤드를 위치시키고, 사진 클립을 꾸욱 누르면 편집 메뉴가 나타납니다. 「클립 그래픽」 메뉴를 클릭하고, 맨 위쪽으로 올라가면 「없음」이 있습니다. 이것을 클릭합니다. 이것은 플레

이 헤드가 위치한 곳에는 「클립 그래픽」 에셋이 없다는 의미입니다.

따라서 이제 두 번째 클립에 김소월 시 「못잊어」의 중반부 3줄을 입력하면 이 부분에서는 두 번째 시가 나타나게 되는 것입니다. 문장이 짧은 경우에는 이처럼 사진 클립을 분할하지 않고도 입력할 수 있으나 좀 더 멋있게 만들기 위해 이런 작업을 한 것입니다. 그러나 「없음」을 하지 않고 분할된 클립에 바로 시를 입력하여도 됩니다. 여기서는 「없음」을 어떻게 사용하는지 '예'를 보여드린 것입니다.

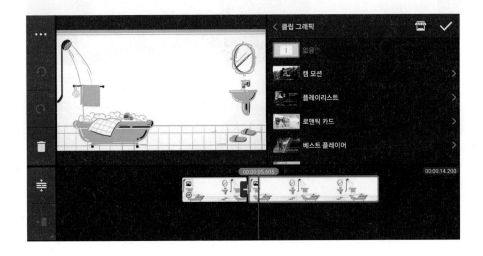

08 이제 중반부 3줄을 입력하고, 텍스트 색상을 빨간색으로 바꾸고 문장 정렬방식도 오른쪽 정렬방식으로 바꾸어 보았습니다.

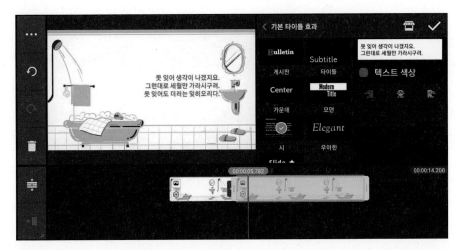

09 이제 편집 메뉴의 오른쪽 상단에 있는 확인(ⓥ) 버튼을 클릭하면 편집 작업이 종료됩니다.

아래 화면은 왼쪽은 사진 클립 앞부분이 재생될 때 보이는 모습이고, 오른쪽은 두 번째 클립에서 재생되는 모습입니다. 이처럼 길이가 긴 시는 몇 개의 구간으로 나누어 편집을 하면 되겠습니다.

• 「타이틀 효과 더보기」 에셋

「타이틀 효과 더보기」 에셋은 폭탄, 회전 타이틀, 가운데 아래쪽, 만화, 엔딩 크레디트, 고스트, 대본, 스타일리시(엔딩), 스타일리시(메인), 스타일리시(서브), 스릴러, 괄호 등의 하위 에셋으로 구성되어 있습니다.

「스타일리시」 에셋의 경우는 메인, 서브, 엔딩으로 구분하여 제목을 작성할 수 있도록 세분화되어 있습니다.

「기본 타이틀 효과」 에셋과 「타이틀 효과 더보기」 에셋은 이처럼 제목에 다양한 효과를 줄 수 있도록 사전에 만들어 놓은 아주 유용한 에셋입니다.

• 기타 「클립 그래픽」 에셋

클립 그래픽은 「기본 타이틀 효과」, 「타이틀 효과 더보기」 외에도 캠 모션, 플레이리스트, 로맨틱 카드, 베스트 플레이어, 모던 포스트카드, 빈티지 포토 프레임, 모던, 펑키 스타일, 페이퍼 디자인, 필름 박스, 액션 필름, 모던 필름 슬라이드, 스릴러 타임, 메모리즈, 인스타일 2.0, 만화경 아트, 모던 디자인, 어반 스타일, 오버롤 애니메이션 1, 2, 3, 4, 5, 아웃 애니메이션, 인 애니메이션, 트랜디 매거진, 네오 민트 포스터, 컬러풀 트렌드, 애슬레틱, 즐거운 수업, 온라인 클래스, 3D 앨범, 심플 라인 모션, 두들 인스타일, 시네마틱 포토 필름, 나의 반려동물 이야기, 필름 스타일, 스크린 레이팅, 그라데이션, 데일리 뉴스, 트랜디 스타일, 화이트 포토 프레임, 파스텔 컬러, 블랙 스크랩, 모션 글리치, 프레임, 베스트 컷, 포토 프린트, 스프레이, 네온 라이트, 텍스트 애니메이션 1, 2, 예능 자막 모음, 우주 전쟁, 수묵화, 온 스크린, 노래방, 낙서장, 코믹 스토리, 그날의 이야기, 스타일리쉬 그리드, 더 매트릭스, 윙클 페이퍼, 스타일, 컬러풀 뉴트로, 인스타일 패턴, 네온 컬러, 위글 위글, 심플 스타일, 팝 컬러, 다이나믹 텍스트 모션, 모노 다이나믹 스타일, 라이크 스타일, 컬러풀 레트로, 트로피컬 플라워, 컬러풀 스프링, 봄날의 일기, 컬러풀 바이브, 매거진 두들, 호러/블러드, 달콤한 로맨스, 러브 레터, 로맨스 스토리, 러브 스토리, 특별한 발렌타인데이, 달콤한 사랑, 빈티지 스냅, 소울 글리치, 픽셀 게임, 레트로 OS, 8비트 여행, 픽셀 비디오, 추억의 게임, VHS 테이프, 레트로 디스플레이, 픽셀 아트, 레트로, VHS 디스플레이, 페이퍼웨이브, 뉴브로:화려한 도시, 블랙 프레임, 연말 시상식, 매거진, 이벤트 프로모션, 뉴스, 스포츠 MVP, 포로모션 비디오, 소셜 라이크, 스타일, 파격 세일, 라이프 스타일, 모션 그래픽, 뮤직 페스티벌, 탑 10 랭킹, 프로그램 헤드라인, 디바이스 목업, 텍스트 모션, 뉴드로 디자인, 뮤직 파티, 프로모션, 스포츠 경기, 텍스트 애니메이션 1, 카메라 플래시, 숲속에서, 오늘의 요리, 마이 시크릿 다이어리, 모던 브이로그, 봄날, 봄 데이트, 퍼스널 노트, 그날의 우리, 행복한 봄날, 텍스트 펀치, 라이트 슬라이더, 푸드 레시피, 오 마이 베이비, 펫 어드벤처, 클래식 타임, 스플릿 아웃풋, 다이어리, 데일리 피드, 첫 눈, 푸드 레시피 2, 모던 매거진, 트윙클 메모리, 포토그래픽, 타투 슬라이드, 어안 렌즈, 디자인 웹진, 다이나믹, 모던 팝, 일상 브이로그, 별빛 판타지, 라인 드로잉, #데일리, 피치 윈도우, 해피타임, 블랙 브라우저, 팝업 브라우저, 오렌지 & 블루, 오늘의 기록, 건강한 생활, 러블리 무드 프레임, 뉴트로:트랩, 그런지 프레임, 온 더 런, 스트릿 스타일, 타임라인, 엔딩 크레디트, 필름메이커, 빈티지 슬라이드 쇼, 메모리 필름, 오프닝 & 엔딩, 필름 프로젝터, 필름 카메라, 블랙 필름 프레임, 빈티지 필름 프레임, 그날의 크리스마스, 화이트 크리스마스, 2019 풍경, 새해, 새로운 시작, 황금 돼지의 해 2019, 생일파티, 사랑을 담아, 발렌타인데이, 리우 카니발, 홀리 클립, 스프링 웨딩, 백 투 스쿨, 공포의 할로윈, 로맨틱 크리스마스, 행복한 크리스마스!, 즐거운 생일파티, 분할 모션 클립, 레트로 TV 스타일, 일상 카툰, 스트리밍, 룩북, 3D 맵핑, 뉴트로:글리치, 올드 필름, 스플릿, 룩북 프레임, 여행 및 활동, 감상적, 강력함 등 매우 많은 클립 그래픽이 계속 업데이트되고 있습니다.

필자는 그래서 이렇게 많은 클립 그래픽 중 몇 가지 예를 설명하기보다는 지금까지 시중에 출간되었던 KineMaster 관련 책들에서 전혀 다루지 않았던 블루오션전략(Blue Ocean Strategy)으로 클립 그래픽 에셋에서 제목 입력 부분이 있는 것과 없는 것을 분석하여 제시하게 되었습니다.

그 이유는 필자가 동영상을 편집하면서 늘 불편했던 것이 어떤 컨셉에 대해 동영상을 편집하려고 하는데 그러한 주제로 된 클립 그래픽이 무엇이 있는지가 늘 궁금했던 것입니다.

마치 새로운 미지의 세계로 여행을 떠나려고 하는데, 지도(Map) 한 장 없이 그야말로 맨땅에 헤딩하는 식으로 여행을 준비하고 출발한다는 것이 얼마나 무모하고 시간을 낭비하고, 자원을 낭비하는 것인지 생각해보면 답이 나오는 것입니다.

철저한 사전 준비가 멋지고 즐거운 여행을 보장해 주듯이, KineMaster 앱으로 동영상을 만들려고 마음먹었으면 이렇게 다양한 주제로 잘 만들어진 클립 그래픽을 좀 더 깊이 이해하고, 클립(사진 또는 동영상)에 잘 어울리는 클립 그래픽을 신속하게 찾아서 제목이나 자막 제작에 활용해야 할 것입니다.

3) 「클립 그래픽」 에셋에서
「제목」 입력 부분이 있는 것과 없는 것 분석표 활용

아래 도표는 KineMaster 앱에서 현재까지 제공된 「클립 그래픽」 에셋을 분석한 내용입니다. 제목 입력 부분이 있는 것은 동영상 편집 시 그대로 활용하면 아주 멋진 제목을 작성할 수 있습니다.

그러나 제목 입력 부분이 없는 「클립 그래픽」 에셋은 동영상 클립에 적용한 후에 「레이어」 메뉴에서 텍스트, 손글씨를 활용하여 창조적으로 제목을 작성할 수도 있습니다.

시간이 나실 때 분석표를 보시면서 각 에셋이 어떤 내용들로 구성된 「클립 그래픽」 에셋인지 파악해 보시면 동영상 편집을 하는데 창의적인 아이디어를 얻을 수 있을 것입니다. 유익하게 잘 활용하시기 바랍니다.

「클립 그래픽」 에셋에서 제목 입력란이 있는 것과 없는 것을 분석한 도표

클립 그래픽 에셋 이름	서브 에셋 수	제목 입력란	
		있음	없음
빈티지 스냅	8	●	
레트로 TV 스타일	8	●	
카메라 플래시	8		×
숲속에서	8		×
오늘의 요리	8	●	
마이 시크릿 다이어리	9		×
봄 데이트	8	●	
퍼스널 노트	8	●	
행복한 봄날	8		×
너에게 쓰는 편지	8		×
라이트 슬라이더	7		×
푸드 레시피	7		×
스플릿 아웃풋	7		×
다이어리	8	●	

클립 그래픽 에셋 이름	서브 에셋 수	제목 입력란	
		있음	없음
데일리 피드	6		×
모던 디자인	8		×
모던(입력란 있는 것, 없는 것 혼재)	8	◑	
트윙클 메모리	8	●	
포토그래피	8	●	
룩북 프레임	8	●	
모던 팝	8	●	
일상 카툰	8	●	
뉴트로 : 트랩	8	●	
스트릿 스타일	8	●	
타임라인	8	●	
엔딩 크레딧	8	●	
필름 메이커	8		×
빈티지 슬라이드 쇼	8	●	
메모리 필름	8	●	
오프닝 & 엔딩	8	●	
필름 프로젝터	8	●	
필름 박스	8		×
액션 필름	8		×
필름 카메라	8	●	
모던 필름 슬라이드	8	●	
블랙 필름 프레임	8	●	
빈티지 필름 프레임	8	●	
즐거운 생일파티	8		×
스타일	8	●	
더 매트릭스	8	●	
픽셀 아트	8	●	
카메라 포커스	3		×
윙클 페이퍼	6		×
로맨틱 크리스마스	7		×
Special Days (BeatSync)	6		×
스타일리쉬 그리드	8	●	
#데일리	8	●	

클립 그래픽 에셋 이름	서브 에셋 수	제목 입력란	
		있음	없음
피치 윈도우	8	●	
해피타임	8	●	
그날의 이야기	8	●	
레트로 디스플레이	6		×
공포의 할로윈	7		×
네온 할로윈 (입력란 있는 것, 없는 것 혼재)	8	◐	
모던 브이로그	18		×
메모리즈	6		×
모던 매거진	8		×
펑키 무브	5		×
캠 모션	6		×
캠코더 뷰파인더	8		×
여름 휴가	7		×
여행 스케치	8	●	
포토 갤러리	8	●	
크라임씬	8	●	
밀리터리	8	●	
CCTV	8	●	
밀리터리 포스터	8	●	
카모플라쥬 패턴	8	●	
더 벙커	8	●	
파이어 워즈	8	●	
나이트 비전	8	●	
스프레이	4		×
네온 라이트	7		×
텍스트 애니메이션 2	16	●	
예능 자막 모음	10	●	
우주 전쟁 (색상 선택 메뉴만 있음)	8		×
수묵화	7		×
온 스크린	8	●	
노래방	5	●	

클립 그래픽 에셋 이름	서브 에셋 수	제목 입력란	
		있음	없음
낙서장	8	●	
코믹 스토리	8	●	
컬러풀 뉴트로	8	●	
네온 컬러	8	●	
위글 위글	8	●	
인스타일 패턴	8	●	
심플 스타일	8	●	
모노 다이나믹 스타일	8	●	
다이나믹 텍스트 모션	8	●	
컬러풀 레트로	8	●	
라이크 스타일	8	●	
트로피컬 플라워	8	●	
매거진 두들	8	●	
컬러풀 바이브	8	●	
봄날의 일기	8	●	
컬러풀 스프링	8	●	
블랙 스크랩	8	●	
베스트 컷	8	●	
파스텔 컬러	8	●	
스크린 레이팅	8	●	
그라데이션	8	●	
네오 민트 포스터	8	●	
트랜디 매거진	8	●	
컬러풀 트랜드	8	●	
만화경 아트	8	●	
플레이리스트	8	●	
호러/블러드	8	●	
러브 레터	7		×
달콤한 로맨스	5		×
로맨스 스토리	7		×
특별한 발렌타이 데이	8	●	
러브 스토리	8	●	

클립 그래픽 에셋 이름	서브 에셋 수	제목 입력란	
		있음	없음
로맨틱 카드	6		×
달콤한 사랑	8		×
레트로 OS	7		×
픽셀 게임	7		×
픽셀 비디오	8		×
8비트 여행	8		×
추억의 게임	12		×
VHS 테이프	8	●	
베이퍼 웨이브	8	●	
VHS 디스플레이	8	●	
레트로	8	●	
모션 글리치	8	●	
블랙 프레임	8	●	
뉴트로 : 화려한 도시	8	●	
연말 시상식	8	●	
매거진	6		×
이벤트 프로모션	8	●	
스포츠 MVP	9		×
뉴스	8	●	
소셜 라이크	8		×
프로모션 비디오	8	●	
모션 그래픽	8		×
뮤직 페스티벌	8	●	
탑 10 랭킹	8	●	
라이프 스타일	7		×
프로그램 헤드라인	8		×
디바이스 목업	8	●	
텍스트 모션	8	●	
뉴트로 디자인	8	●	
뮤직 파티	8	●	
프로모션	8	●	
애슬레틱	8	●	

클립 그래픽 에셋 이름	서브 에셋 수	제목 입력란	
		있음	없음
베스트 플레이어	8	●	
스포츠 경기	8	●	
타투 슬라이드	4		×
디자인 웹진	8	●	
어안 렌즈	8	●	
다이나믹	8	●	
일상 브이로그	8	●	
라인 드로윙	8	●	
별빛 판타지	8	●	
블랙 브라우저	8	●	
심플 라인모션	8	●	
펑키 스타일	8	●	
팝업 브라우저	8	●	
오렌지 & 블루	8	●	
오늘의 기록	8	●	
건강한 생활	8		×
러블리 무드 프레임	8		×
필름 스크랩	8	●	
두들 인스타일	8	●	
인스타일 2.0	8	●	
페이퍼 디자인	8	●	
그런지 프레임	8	●	
온 더 런	8	●	
어반 스타일	8	●	
그날의 크리스마스	7		×
화이트 크리스마스	12		×
새해, 새로운 시작	7	●	
2019 풍경	8		×
황금 돼지의 해 2019	8		×
발렌타인데이	8		×
사랑을 담아	8		×
생일 파티	6		×

클립 그래픽 에셋 이름	서브 에셋 수	제목 입력란	
		있음	없음
리우 카니발	8		×
홀리 클립	8		×
스프링 웨딩	8		×
백 투 스쿨	8		×
스릴러 타임	8		×
행복한 크리스마스	8	●	
오버롤 애니메이션 5	20		×
오버롤 애니메이션 4	20		×
오버롤 애니메이션 3	28		×
오버롤 애니메이션 2	20		×
오버롤 애니메이션 1	20		×
아웃 애니메이션	49	●	×
인 애니메이션	49		×
분할 모션 클립	4		×
봄날	8		×
그날의 우리	7		×
심플 솔리드	7		×
오 마이 베이비	7		×
코믹스	8		×
온라인 클래스	8	●	
즐거운 수업	8	●	
3D 앨범	5		×
모던 포스트카드	8	●	
빈티지 포토 프레임	8		×
텍스트 애니메이션 1	18	●	
소울 글리치	3		×
올드 필름	5		×
레트로 디스플레이	5		×
스플릿	8		×
데일리 뉴스	8	●	
필름 스타일	8	●	
트랜디 스타일	8	●	

클립 그래픽 에셋 이름	서브 에셋 수	제목 입력란	
		있음	없음
뉴트로 : 글리치	8	●	
프레임	8		×
여행 및 활동 (입력란 있는 것, 없는 것 혼재)	4	◑	
감상적 (입력란 있는 것, 없는 것 혼재)	4	◑	
강력함 (입력란 있는 것, 없는 것 혼재)	4	◑	

4) 「레이어」 메뉴를 통해서 텍스트(T)로 제목 작성하기

동영상 편집에서 제목을 작성하는 또 다른 방법으로는 「레이어」 메뉴를 통해서 텍스트(T)로 원하는 동영상에 제목을 작성하는 방법이 있습니다.

01 동영상을 타임라인에 삽입하고, 제목을 넣고 싶은 위치로 플레이 헤드를 위치시키겠습니다. 동영상의 전체적인 제목이므로 동영상의 맨 앞부분에 제목을 넣어보도록 하겠습니다.

02 편집 메뉴에서 「레이어」를 선택한 후 하위 메뉴인 「텍스트(T)」를 클릭합니다.

03 글자를 입력할 수 있는 자판이 나타납니다. 설명을 위해 '청춘은 아름다운 것'이라는 제목과 함께 '북한강변에서의 사색'이라는 부제를 붙여서 제목을 만들어 보겠습니다. 여러 줄을 계속 입력하려면 자판에서 Enter 키를 눌러 다음 줄에 계속해서 입력할 수 있으며, 몇 줄이라도 계속 입력이 가능합니다. 시를 입력하거나 엔딩 부분에 여러 줄로 입력할 경우처럼 줄이 많은 문장은 계속 Enter 키를 누르면서 다음 문장, 다음 문장을 연속해서 입력하면 됩니다.

04 「확인」을 클릭하면 아래 화면과 같이 미리보기 화면의 중앙에 흰색 점선 박스 내에 흰색 글자로 '청춘은 아름다운 것'과 '북한강변에서의 사색'이라고 하는 제목이 나타나 있습니다.

흰색의 조절 박스 오른쪽 위쪽에 있는 양방향 곡선 화살표는 글자를 회전을 시킬 수 있는 것이고, 아래에 있는 양방향 직선 화살표는 글자 크기를 조절할 수 있는 것입니다.

05 글자 입력 위치를 결정하고, 글자체(폰트)와 글자색을 결정하며, 크기를 조절합니다. 글자는 한국어 나눔고딕체 ExtraBold를 선택하고, 글자색은 빨간색으로 선택하겠습니다. 그리고 윤곽선을 흰색으로 하여 두께는 +12로 하겠습니다. 그림자를 노란색으로 선택하고 각도는 +180을 주고, 거리는 +11을 주겠습니다. 퍼짐은 +20, 크기는 +7을 주겠습니다. 글로우는 적용하지 않겠습니다. 배경색도 적용하지 않겠습니다. 알파(투명도)는 100%를 그대로 유지하도록 하겠습니다.

제목이 나타날 때 인애니메이션은 '아래로 밀기'를 적용시키고, 애니메이션은 '없음'을 체크하여 적용하지 않는 것으로 하겠습니다. 마지막으로 아웃 애니메이션은 '축소'로 적용하도록 하겠습니다.

　너무 과도한 효과 적용은 가급적 지양하는 것이 좋으나, 설명 목적상 제목에 적용할 수 있는 여러 가지 중 몇 가지를 적용하는 것을 보여드렸습니다.

　이와 같은 편집 작업이 끝나면 마지막으로 편집 메뉴 오른쪽 상단에 있는 확인(ⓥ)을 클릭하면 마무리가 되겠습니다.

5)「레이어」메뉴를 통해서 손글씨로 제목 작성하기

동영상 편집에서 제목을 작성하는 또 다른 방법으로는「레이어」메뉴를 통해서 손글씨로 원하는 영상에 제목을 작성하는 것이 있습니다.

01 동영상을 타임라인에 삽입하고, 제목을 넣고 싶은 위치로 플레이 헤드를 위치시키겠습니다. 동영상의 맨 앞부분에 제목을 넣어보도록 하겠습니다.

02 편집 메뉴에서「레이어」를 선택한 후 하위 메뉴인「손글씨」를 클릭합니다.

03 타임라인에 있는 동영상 클립 아래에 빨간색 테두리가 있는 주황색 박스에 흰색 글씨로 「손글씨」라고 쓴 레이어가 나타나 있습니다. 그리고 오른쪽 상단에 「글씨 입력 툴」이 나타납니다. 여기서 「글씨 입력 툴」로 글씨든 도형이든 무엇인가를 입력하게 되면 오른쪽 상단에 「효과 적용」 메뉴가 나타나게 되는 것입니다.

그러면 「글씨 입력 툴」 메뉴를 사용하여 제목을 입력하는 방법을 설명드리겠습니다.

04 손글씨 메뉴로 글씨를 입력할 때 반드시 손가락으로 글씨를 입력할 필요는 없습니다. 글씨체가 손글씨체를 사용한다는 것이지 스마트폰의 작은 공간에서 글쓰기도 어려운데 무슨 손글씨를 쓰려고 하시나요? 삼성 제품이나 LG 제품이나 모든 스마트폰에는 입력 도구가 있습니다. 삼성 스마트폰의 경우 S펜이라고 합니다. 이것을 가지고 입력하시면 아주 쉽고 멋진 손글씨를 입력할 수 있습니다.

입력을 하기 전에 먼저 손글씨 도구를 결정해야 하는데 붓과 펜 중에서 펜을 선택하고, 글씨체의 굵기를 아래 화면 오른쪽과 같이 나타난 선택상자에서 적당한 굵기를 선택하고, 마지막으로 글씨 색상을 결정합니다. 설명을 위해 글씨 색상은 왼쪽 사진의 노란색 원형 안에있는 빨간 점을 누르면 색상을 선택할 수 있는 팔레트가 나타나는데, 거기서 빨간색을 선택하고, 색상표 오른쪽 상단에 있는 확인(⍉)을 클릭합니다.

설명을 위해 동영상 제목을 'KNDU 방문 기념, 2021.9.1'이라고 삼성 〈갤럭시노트 20 울트라〉에 포함되어 있는 S펜을 가지고 입력해 보겠습니다.

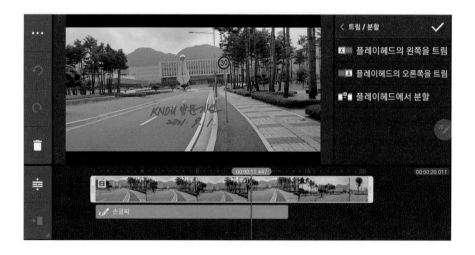

05 이번에는 동영상 후반부에 플레이 헤드를 갖다놓고 「트림/분할」
메뉴에서 「플레이헤드에서 분할」을 눌러 동영상 클립을 분할한 후
두 번째 동영상 클립에 서명을 넣어보겠습니다.

먼저 후반부 적당한 위치에 플레이 헤드를 위치시킨 후, 동영상 클립을 꾸
욱 눌러서 가위 아이콘을 누르면 「트림/분할」 메뉴가 나타나는데, 「플레이헤
드에서 분할」을 클릭하면 동영상이 분할됩니다. 편집 메뉴의 오른쪽 상단에
있는 확인(⊗)을 클릭하면 동영상 분할이 완료됩니다. 이제 두 번째 동영상
클립에 플레이 헤드를 갖다놓고 「레이어」 메뉴에 있는 「손글씨」 메뉴를 눌러
서 종전과 같은 방식으로 서명을 합니다. 서명을 청색 글씨로 입력하고 오른
쪽 상단에 있는 확인(⊗)을 클릭하면 동영상 편집이 마무리됩니다. 아래 화면
은 두 번째 동영상 클립에 서명을 하여 완성된 모습입니다.

03 동영상에 자막 삽입하기

동영상에 자막을 삽입하는 방법에 대하여 자세히 알아보도록 하겠습니다.

1. 동영상 자막에 대한 이해

1) 자막이란 무엇일까요?

자막이란 영화나 텔레비전 등에서 배역, 해설, 설명문 등을 글자로 나타낸 것을 말합니다. PC용 동영상 편집 프로그램들은 자체적으로 자막 작성 기능을 가지고 있으며, 각 자막의 위치를 가리키는 마커(Marker)가 있고, 이 마커는 통상 타임 코드를 기반으로 합니다.

또한 전문적으로 동영상을 제작하는 사람들은 자막 작성을 위한 자막 편집기 또는 자막 제작 프로그램을 사용하여 자막을 작성하고 있습니다.

유튜브의 경우 동영상 하단에 보면 자막(C. Caption)[1]이 자동적으로 생성되는 기능이 있습니다. 아직은 초기 버전이라 동영상에서 나오는 음성과 자막이 일치하지 않는 경우가 많은데, 특히 발음이 부정확한 경우는 일치율이 매우 낮은 단점은 있습니다.

만약 악기 연주한 것을 동영상으로 제작하고 가사를 자막으로 입력할 경

---

1. 자막은 C로 표기될 경우는 Caption이라는 뜻이고, CC로 표기될 경우는 Closed Caption이라는 뜻입니다.
   Open Caption은 화면에 이미 자막이 처리된 상태이고, Closed Caption은 자막버튼이 따로 있어 자막 설정 선택이 융통성이 있는 것입니다.

우는 대개 프레이즈(Phrase)단위로 가사를 맞추기 때문에 싱크 조절에 큰 어려움이 없지만, 전문적인 음악 작업의 경우에는 싱크 조절 프로그램을 사용하여 작업을 진행합니다.

2) 자막의 중요성

동영상에서 자막의 역할은 그 동영상의 성공 여부에 큰 영향을 미칠 수 있는 중요한 요소입니다. 여기서는 자막의 중요성에 대하여 살펴보도록 하겠습니다.

① 많은 사람들이 동영상을 시청할 때 소리를 듣지 않고 눈으로만 보는 경우가 많습니다. 이어폰을 착용하면 청력에 지장을 준다고 하여 꺼려하는 사람도 많고, 혼잡한 지하철이나 버스 등에서 조용히 눈으로만 보는 사람들이 의외로 많은 것은 이를 증명하는 것입니다. 자막은 그 콘텐츠 내용의 흐름과 이해를 돕는 역할을 해주는 것입니다.

② 청각장애인이거나 청력에 지장이 있는 사람들은 자막이 있는 동영상을 보게 됩니다. 이들도 동영상 콘텐츠를 쉽게 접할 수 있도록 자막을 삽입하면 좋습니다.

③ 자막이 있을 경우에는 말하는 사람의 부정확한 발음이나 어려운 용어에 대한 이해가 훨씬 쉽습니다. 동영상 강의를 시청하는 학생들의 경우는 자막의 유무가 학습성과 달성에 매우 중요합니다.

④ 자막이 있을 경우에는 동영상 콘텐츠 내용을 정확하게 이해할 수 있습니다.

⑤ 동영상 콘텐츠의 재미를 극대화시킬 수 있는 장치입니다.

⑥ 특별한 행동의 강조나 순서, 방법을 설명하는 수단으로 사용할 수 있습니다.

⑦ 콘텐츠 내용에 대한 구체적인 정보를 정확하게 파악할 수 있습니다.

⑧ 동영상 콘텐츠에 대한 관심도를 높여주는 역할을 합니다.

그렇지만 자막이 아예 없는 동영상 콘텐츠들도 생각보다 많이 있습니다. 예능 프로그램이나 유튜브에 보면 대부분 자막이 있고, 어떤 경우는 과다하

리만큼 많이 있는 콘텐츠도 일부 있지만 자막이 만능은 아니라고 말씀드리고 싶습니다.

　과유불급(過猶不及)이라는 고사성어가 있는데, 지나친 것은 미치지 못한 것과 같다는 뜻을 가지고 있습니다. 부족한 것도 문제이지만, 지나치게 과도한 것도 문제가 된다는 뜻의 한자 고사성어의 의미를 되새겨보면서 꼭 필요한 부분에만 자막을 넣어보도록 하시면 좋을 것 같습니다.

2. 동영상에 자막 삽입하기

　Kinemaster 앱에서 자막을 작성하는 가장 일반적인 방법은 「레이어」 메뉴를 통해서 텍스트(T)로 원하는 영상에 자막을 작성하는 것입니다. 필자가 가창한 「보랏빛 엽서」 동영상에 가사를 넣어보는 것으로 자막 넣기를 해보도록 하겠습니다. 제목 입력은 생략하겠습니다.

01 　노래를 부른 동영상을 타임라인에 삽입하고, 가사를 자막으로 넣기 위해서 동영상을 재생시켜서 노래 가사가 처음 나오는 부분에 플레이 헤드를 위치시킵니다.

02 편집 메뉴에서 「레이어」를 선택한 후 하위 메뉴인 「텍스트(T)」를 클릭합니다. 한 소절씩 입력하는 것으로 하면 독자들이 영상을 보면서 가사를 따라부르기 좋습니다.

첫 번째 소절의 가사는 '보랏빛 엽서에 실려온 향기는'입니다. 이것을 가수가 노래하는 부분에 대략적으로 맞추면 되겠습니다. 요령은 동영상을 재생시키고, 첫 소절이 시작되는 부분에서 정지 버튼을 누른 다음에 그 부분에 플레이 헤드를 위치시킵니다. 그리고 편집 메뉴에서 「레이어」 메뉴를 선택하고, 「텍스트(T)」 메뉴를 눌러서 첫 소절 가사를 입력합니다.

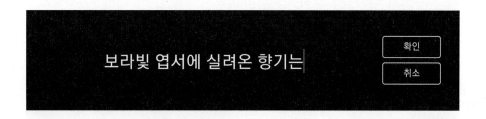

③ 「확인」을 클릭하면 가사가 동영상에 입력이 됩니다. 글자색을 흰색으로 하고, 자막의 글자 크기를 조정하고, 자막 위치도 동영상의 하단으로 이동시킵니다. 글자가 잘 보이도록 윤곽선을 빨간색으로 하고 두께를 +8 정도로 맞춰주면 가독성이 좋은 가사 자막이 완성됩니다.

04 그 다음에 할 일은 이 가사가 불려지는 끝 부분 바로 직전까지 동영상을 재생시키고, 다음 노래 가사가 시작되는 지점에서 다시 두 번째 소절 가사를 입력할 준비를 하는 것입니다. 그렇게 하기 위해서는 다음 노래 가사가 시작되는 직전 지점에 플레이 헤드를 위치시킨 후 다시 가사를 입력하면 됩니다. 레이어를 보면 그 부분 이전에 레이어가 잘려져 있기 때문에 앞 부분 가사는 더 이상 재생되지 않으므로 그냥 두 번째 소절을 입력하면 됩니다.

편집 메뉴에서 「레이어」 메뉴를 선택하고, 「텍스트ⓣ」 메뉴를 눌러서 두 번째 소절 가사 '당신의 눈물인가 이별의 마음인가'를 입력합니다.

이번에는 글자의 윤곽선 색을 보라색으로 바꿔보겠습니다.

⑤ 이런 방법으로 텍스트 색상이나 윤곽선의 색상(적용시), 그림자, 글로우, 배경색을 선택할 수도 있고, 가사가 나타나는 시작 부분의 인 애니메이션과 가사가 끝날 부분의 아웃 애니메이션 적용도 고려해 볼 수 있지만, 조용히 부르는 이 노래 「보랏빛 엽서」에 어울리도록 정적인 가사 나타내기 방식으로 동영상을 편집해 보겠습니다. 아래 화면은 가사 부분 입력된 것을 캡처한 모습입니다.

CHAPTER 04

텍스트(T) 메뉴를 이용하여
제목 및 자막을
멋지게 꾸미는 요령

글자 입력 및 편리한 수정 방법

레이어 메뉴의 텍스트(T) 메뉴를 이용하여 제목 및 자막을 멋지게 꾸미는 요령을 설명 드리겠습니다.
먼저 글자 입력 및 수정 방법에 대하여 설명드리겠습니다.

1. 텍스트(T) 메뉴를 이용한 글자 입력

글자 입력은 편집 메뉴의 「레이어」 메뉴에서 「텍스트」나 「손글씨」 메뉴를 이용하여 입력할 수 있습니다. 「손글씨」 메뉴는 별도로 설명드리기 때문에 여기서는 「텍스트」 메뉴만 설명드리겠습니다.

01 타임라인에 삽입한 사진이나 동영상 클립에서 글자를 입력할 부분에 플레이 헤드를 위치시킵니다. 설명을 위해 타임라인에 사진을 한 장 삽입하겠습니다. 그리고 편집 메뉴에서 「레이어」 메뉴를 선택한 후 「텍스트」 메뉴를 클릭하겠습니다.

그리고 초보자들이 가끔 실수하는 것 중 하나가 타임라인에 사진이나 동영상 클립을 삽입하지 않고 편집 작업 영역이 활성화되지 않는다고 이야기하는데, 반드시 타임라인에 사진 클립 또는 동영상 클립을 삽입하는 것을 절대로 잊지 마시기 바랍니다.

02 「텍스트」메뉴를 클릭하면 글자를 입력할 수 있는 자판이 나타납니다. 설명을 위해 '중년기 인생은 동영상 편집과 함께'라는 글자를 입력해 보겠습니다. 글자를 입력한 후「확인」을 클릭합니다.

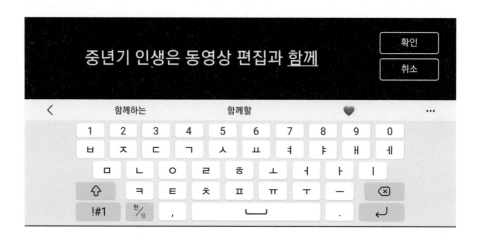

03 미리보기 화면에 입력한 글자가 흰색 점선으로 된 박스 내에 있고, 점선 박스의 오른쪽 상단에는 회전을 시키기 위한 회전 도구(곡선 양방향 화살표)가 있고, 하단에는 입력한 글자를 확대 또는 축소할 수 있는 대각선 모양의 크기 조절 도구(직선 양방향 화살표)가 있습니다.

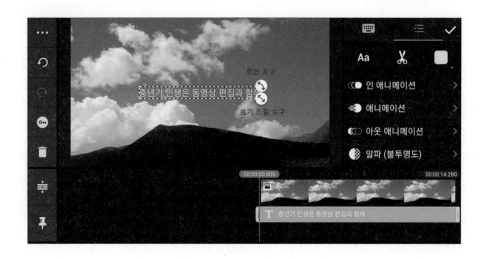

2. 입력한 글자 수정방법

이번에는 입력한 글자를 수정하는 방법을 설명드리겠습니다. 현재 입력되어 있는 '중년기 인생은 동영상 편집과 함께'를 '키네마스터 동영상 편집으로 인생을 즐겁게'로 수정해 보겠습니다.

01 현재는 타임라인의 텍스트 레이어가 선택되어 있기 때문에 편집 메뉴 맨 왼쪽 상단에 있는 키보드 모양의 아이콘을 클릭하고, 글자를 수정하면 됩니다. 그러나 글자 입력이 완료된 글자를 수정하려면 타임라인에 보이는 노란색 사각형의 텍스트 레이어를 꾸욱 눌러주고, 편집 메뉴 맨 왼쪽 상단에 있는 키보드 모양의 아이콘을 클릭하고, 글자를 수정하면 됩니다.

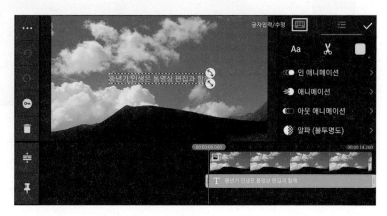

02 키보드 모양의 아이콘을 클릭하면 조금 전에 입력했던 키보드판 글자가 그대로 나타납니다. '키네마스터 동영상 편집으로 인생을 즐겁게'라고 글자를 변경시켜 입력하고, 확인(ⓥ) 버튼을 클릭합니다.

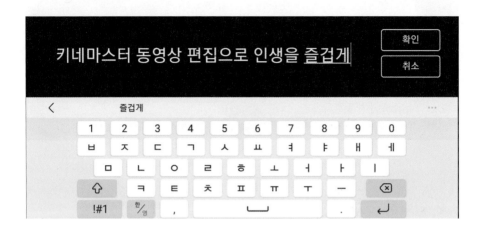

03 아래 화면은 수정된 글자가 입력된 모습입니다.

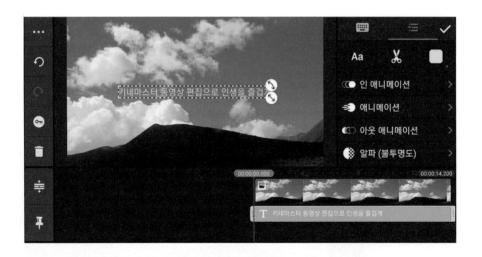

04 「확인」 버튼을 누르고, 미리보기 화면에서 글자 수정한 것을 확인한 후에 편집 메뉴 상단 오른쪽에 있는 확인(ⓥ) 버튼을 클릭하면

글자 수정이 완료됩니다. 아래 화면에 보면 글자 수정이 완료된 것을 확인할
수 있습니다.

TIP 글자를 편집 화면의 정중앙에 배치할 필요가 있습니다. 이럴 경우에는 타임라인에
있는 노란색 박스로 표시된 「텍스트(T)」 레이어를 꾸욱 눌러줍니다. 그리고 미리보기 화면에
나타나 있는 글자를 손가락으로 탭(꾸욱 누름)하여 중앙 부근에서 좌, 우로 왔다 갔다 해보면
빨간색의 수직선과 수평선이 나타나고, 수직선과 수평선이 만나는 교차점이 바로 정중앙 위
치가 되는 것입니다. 이 지점에 글자를 위치시키면 됩니다. 아래 화면은 정중앙이 빨간색으
로 나타난 모습입니다.

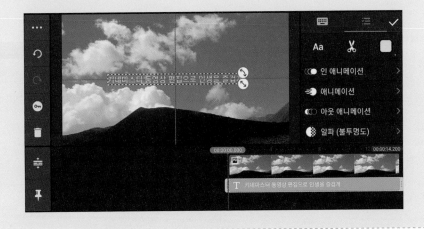

02 폰트(글자체) 종류 및 바꾸기

에셋 스토어에는 매우 다양한 폰트가 있습니다. 이러한 폰트를 소개해 드리겠습니다. 사실 이러한 폰트는 지속적으로 업데이트되고 있기 때문에 사용하면서 계속 확인해 보고, 예쁜 폰트를 찾아서 사용하시면 되겠습니다. 그러면 폰트(글자체)를 바꾸는 방법을 설명드리겠습니다.

1. 폰트(글자체)의 종류

에셋 스토어에 들어가서 폰트 에셋을 보면, 한국어, 고딕체, 명조체, 디스플레이, 필기체가 있습니다. 그리고 외국어 폰트로 일본어, 아랍어, 중국어(간체), 중국어(번체), 태국어, 타밀어, 데바나가리 문자, 크메르어, 키릴 문자, 베트남어, 말라얄람어, 우르두어, 텔루구어, 뱅골어, 칸나다어 등이 있습니다. 외국어는 계속해서 새로운 언어들이 추가되고 있습니다.

여기에서 한국어, 고딕체, 명조체, 디스플레이, 필기체를 사용하면 되겠습니다.

1) 한국어 폰트

현재 123종의 한국어 폰트가 지원되고 있으며, 계속 업데이트되고 있습니다.

2) 고딕체 폰트

현재 34종의 고딕체 폰트가 지원되고 있으며, 계속 업데이트되고 있습니다.

3) 명조체 폰트

현재 20종의 명조체 폰트가 지원되고 있으며, 계속 업데이트되고 있습니다.

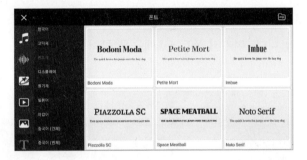

4) 디스플레이 폰트

현재 87종의 디스플레이 폰트가 지원되고 있으며, 계속 업데이트되고 있습니다.

5) 필기체 폰트

현재 43종의 필기체 폰트가 지원되고 있으며, 계속 업데이트되고 있습니다.

2. 폰트(글자체) 바꾸기

입력한 폰트, 즉 글자체를 바꾸는 방법을 설명드리겠습니다. 설명을 위해 '키네마스터 동영상 편집으로 인생을 즐겁게'라고 하는 앞에서 사용한 동영상에 입력된 글자를 가지고 폰트를 바꾸는 방법을 설명드리겠습니다.

01 앞에서 설명드린 동영상을 불러와서 타임라인에 있는 '키네마스터 동영상 편집으로 인생을 즐겁게'라는 텍스트(T) 레이어를 꾸욱 누르거나 또는 미리보기 화면에서 입력된 글자를 꾸욱 누르면 편집 메뉴가 나타납니다. 여기서 폰트(Aa) 메뉴를 클릭합니다.

02 폰트 에셋이 나타나는데, 고딕체, 디스플레이, 명조체, 안드로이드, 필기체, 한국어 중에서 한국어 폰트를 클릭하고, 하위 에셋으로「티몬 몬소리체」를 선택하겠습니다.

폰트를 선택하면 아래 화면과 같이 폰트 에셋의 중앙 상단에 빨간색으로 선택된 폰트가 나타납니다. 폰트 입력을 위해 폰트 에셋의 오른쪽 상단에 있는「×」표시를 클릭하면 편집 작업 영역이 나타납니다.

폰트가「티몬 몬소리체」로 바뀐 것을 확인할 수 있습니다.

03 그런데 이렇게 단 한 번에 원하는 폰트를 입력하기는 쉽지 않습니다. 왜냐하면 본인이 원하는 글자체를 찾아야 하기 때문입니다. 다시 폰트(Aa) 메뉴를 클릭하면 현재 선택된 폰트가 상단에 빨간색으로 「티몬 몬소리체」라고 보여주고 있는데, 새로운 폰트를 하나 선정해 보겠습니다.

이번에는 「경기천년제목V Bold」 폰트를 선택하고, 폰트 에셋의 오른쪽 상단에 있는 「×」 표시를 클릭하여 폰트 변경을 마무리합니다.

아래 화면은 「경기천년제목V Bold」 폰트로 글자체를 변경한 모습입니다.

04 아래 화면은 폰트(글자체) 모양이 비슷 비슷한 것들이 많아서 확연히 구별되는 폰트 중 하나인 「Ghana chocolate」 폰트로 바꾸어 본 것입니다.

03 폰트(글자체) 크기와 위치, 방향 잡기

KineMaster 앱은 워드프로세서나 파워포인트, 엑셀 등의 프로그램처럼 폰트 크기를 숫자로 조절하지 않고, 글자의 오른쪽 끝 아래 직선의 양방향 화살표로 크기를 조절하고, 글자의 오른쪽 끝 위에 있는 곡선의 양방향 화살표로 방향을 회전시킬 수 있으며, 글자를 탭(꾹욱 누름)하여 원하는 곳으로 위치를 이동할 수 있습니다.

1. 폰트(글자체) 크기 조절하기

폰트(글자체) 크기는 숫자로 조정하는 것이 아니고, 글자의 오른쪽 끝 아래에 나타난 직선의 양방향 화살표를 대각선으로 당기거나 밀어서 동일한 장평[1]으로 글자 크기를 조절합니다.

설명을 위해 'TOKYO 2020 Olympic Main Stadium'이라는 글자를 입력하고, 폰트 크기와 위치, 방향잡기를 설명드리겠습니다.

01 타임라인에 TOKYO 2020 Olympic Main Stadium 사진 클립을 삽입하겠습니다. 그리고 'TOKYO 2020 Olympic Main Stadium'이라는 글자를 입력하겠습니다. 폰트(글자체)는 고딕체 폰트 중에서 Pattaya Regular를 선택하겠습니다. 폰트색은 기본적으로 흰색으로 나타나는데, 여기서는 가독성을 높이기 위해 빨간색을 선택하겠습니다. 아래 화면은 폰트 크기를 조절하기 전 모습입니다.

---

1. 장평은 문서 작성 프로그램에서 글자의 가로와 세로 비율을 지정할 때 쓰이는 용어인데, 기본 네모꼴 글자는 장평이 100%로 설정되어 있습니다.

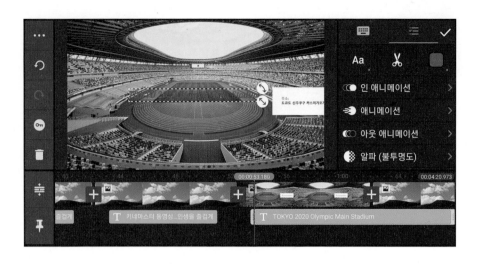

02 아래 화면은 글자의 오른쪽 끝 하단에 있는 직선 양방향 화살표를 가지고 크기를 대각선으로 최대한 확대해 본 모습입니다.

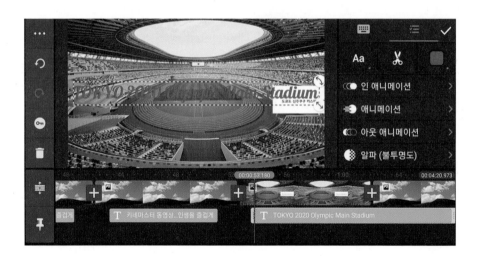

03 아래 화면은 글자의 오른쪽 끝 하단에 있는 직선 양방향 화살표를 가지고 크기를 대각선으로 최대한 축소해 본 모습입니다

2. 폰트(글자체) 위치 조절하기

폰트(글자체) 위치는 미리보기 화면에 나타나있는 글자(폰트체)를 탭(꾸욱 누름)
하여 화면 상 어느 위치로든지 이동시킬 수 있습니다.

01 이번에는 타임라인에 삽입된 사진 클립에 'COVID-19코로나바이러
스감염증'이라는 글자를 입력하고 글자 위치를 아래쪽으로 이동시
켜 보겠습니다.

02 이번에는 타임라인에 삽입된 사진 클립에 'COVID-19코로나바이러스감염증'이라는 글자를 입력하고 글자 위치를 위쪽으로 이동시켜 보겠습니다.

3. 폰트(글자체) 방향 잡기

폰트(글자체) 방향은 글자의 오른쪽 끝 상단에 있는 곡선 양방향 화살표를 가지고 자유롭게 방향을 조절할 수 있습니다.

01 이번에는 타임라인에 삽입된 사진 클립에 '비대면시대 소통역량 향상', '서울평생교육연합', 'Zoom 활용 강의'라는 글자를 입력하고, 글자 배치 방향을 조절해 보겠습니다. 먼저 글자를 입력하겠습니다.

02 「확인」을 클릭하고, 글자색을 빨간색으로 바꾸고, 오른쪽으로 위치를 이동한 후 약 45도 정도로 기울어진 모습으로 글자방향을 틀어서 배치한 모습입니다.

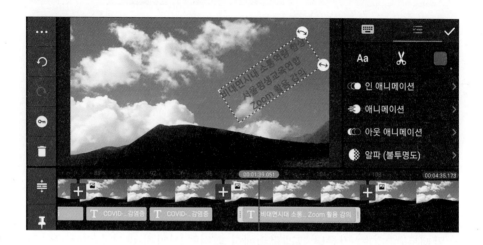

03 아래 화면은 글자를 왼쪽으로 위치를 이동한 후 약 45도 정도로 기울어진 모습으로 글자 방향을 틀어서 배치한 모습입니다.

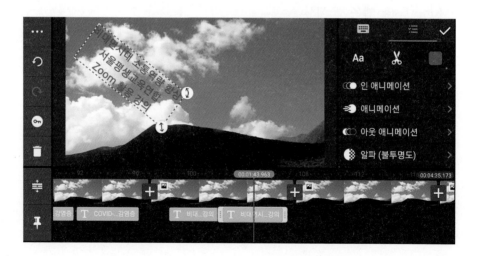

04 팔레트를 이용한 색상 변경과 알파(불투명도) 조절하기

색상을 변경하기 위해서는 편집 메뉴에 있는 흰색 정사각형 아이콘을 클릭한 후 나타나는 색상표에서 정밀하게 선정하여 원하는 색상을 구현할 수 있습니다. 그리고 알파(불투명도) 조절을 통해 글자 색상을 조절할 수도 있습니다.

1. 색상표에 대한 이해

팔레트(Palette)는 컴퓨터 그래픽스에서 디지털 이미지 관리를 위해 존재하는 색의 유한 집합을 말합니다. 컴퓨팅 이외에 쓰는 색상표는 컬러차트라고도 합니다.

KineMaster 앱은 웹 색상(web colors : 월드 와이드 웹에서 웹 페이지 표시에 사용되는 색)을 그대로 적용하고 있습니다.

웹에서 십육진수쌍으로 색을 표현하는 방법은 RGB 가산혼합에 의한 것으로 적(Red), 녹(Green), 청(Blue)에 해당하는 두 자리 십육진수 세 쌍으로 색상을 나타낼 수 있습니다. 한 채널에 1바이트가 할당되므로 모두 3바이트의 정보로 색을 표현합니다. 웹에서 색을 지정할 때에는 특수기호 #과 3쌍의 두 자리 십육진수를 연속하여 사용합니다. 색상표 관련 내용은 위키백과-웹 색상을 참조하였습니다.

표기 형식과 표기 예는 다음 그림을 참조하시기 바랍니다.

표기형식				표기 예	
특수기호	Red 채널	Green 채널	Blue 채널	표기	색상
#	00~FF	00~FF	00~FF	#000000	
				#ff0000	
				#00ff00	
				#0000ff	

표현 범위

두 자리의 십육진수가 표현할 수 있는 범위는 00부터 FF까지(십진수 0에서 255까지)입니다. 하나의 채널은 256가지의 색을 표현할 수 있습니다. 웹 색상의 십육진법 표기는 각 채널당 256개의 색을 표현하므로 3채널 모두를 사용하여 나타낼 수 있는 색상은 16,777,246(256^3)가 됩니다.

    KineMaster 앱에서는 색상 편집을 위해서「기본 색상표(팔레트)」,「색상 스펙트럼」,「RGB값」등 3가지 중에서 편리한 방법을 선택하여 색상을 선택하거나 또는 변경할 수 있습니다.

    KineMaster 앱은 특히 최근 사용한 색상 14개를 먼저 나타나도록 하여 사용의 편리성을 강화하였습니다. 동영상 편집 시 최근 색상을 잘 이용하면 편리합니다. 색상은 많아도 본인이 자주 사용하는 색상은 몇 가지로 한정되기 때문에 이러한 편리성을 제공하는 것이라고 생각합니다.

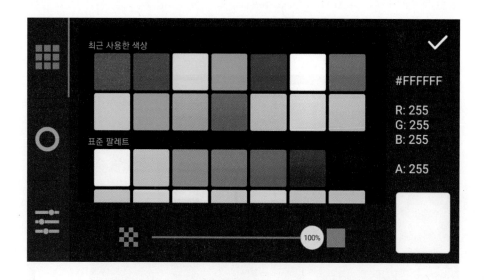

그리고 그 아래에 총 63개의 「기본 색상표⁽팔레트⁾」를 배열해 놓았습니다.

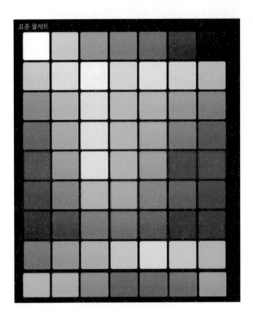

정밀한 컬러 구현을 위해 아래 화면의 왼쪽 팔레트 툴 3가지와 투명도 적용을 통해 색상을 조합하여 멋진 컬러를 만들어 낼 수 있도록 고안된 팔레트입니다.

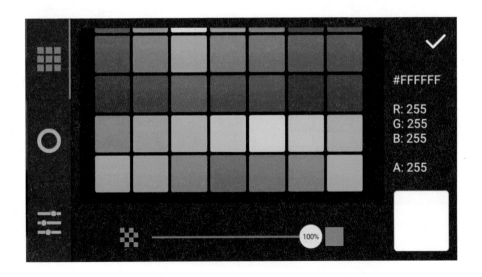

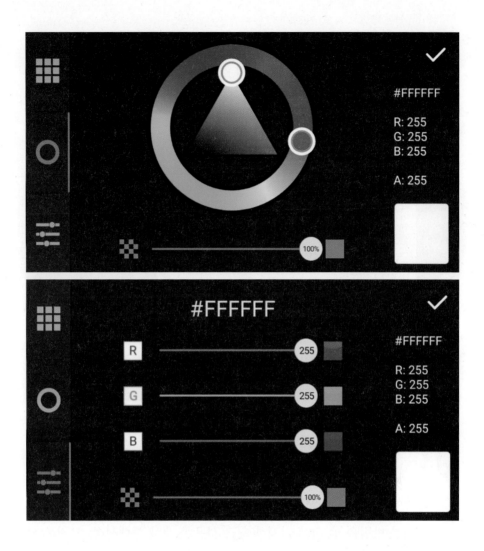

2. 색상 변경

색상 변경하는 것을 설명드리기 위해 KineMaster에서 제공하는 이미지 에셋 중에서 흰색 이미지 클립 1개를 타임라인에 삽입하고, '스마트폰 동영상 편집 앱 KineMaster'라고 입력합니다.

01 편집 메뉴에서 색상 편집 메뉴를 클릭하면 아래 화면의 오른쪽처럼 색상 편집툴이 나타납니다.

맨 왼쪽에 3가지 색상 편집을 위한 툴을 선택할 수 있는 아이콘이 있는데, 가장 편리한 방법은 맨 위에 위치한 최근 사용한 색상 중에서 한 가지를 선택하여 사용하는 것입니다.

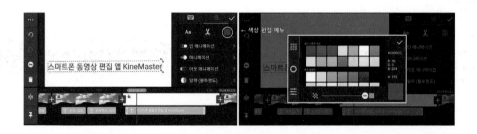

02 설명을 위해 빨간색 색상을 선택하겠습니다. 선택된 색상이 팔레트에 빨간색으로 표시됩니다. 종전 선택했던 색상은 청색이었다는 것도 선택된 색상 바로 아래에 나타나 있습니다.

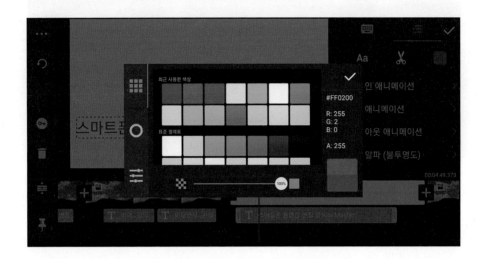

03 「기본 색상표」 오른쪽 상단에 있는 확인(체크 마크)을 클릭하면 미리보기 화면이 바로 나타나면서 글자 색상이 빨간색으로 변한 것을 확인할 수 있습니다.

04 이번에는 「색상 스펙트럼」을 이용하여 색상을 보라색으로 바꿔보도록 하겠습니다.

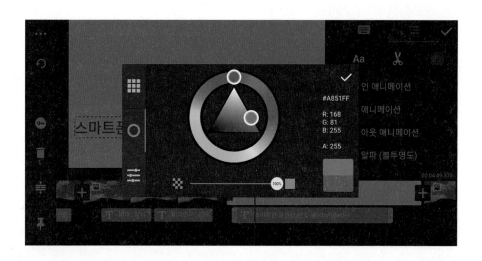

05 「색상 스펙트럼」 오른쪽 상단에 있는 확인(체크 마크)을 클릭하면 미리보기 화면이 바로 나타나면서 글자 색상이 보라색으로 변한 것을 확인할 수 있습니다.

06 이번에는 「RGB값」을 이용하여 색상을 갈색으로 바꿔보도록 하겠습니다. 이것은 정확한 R, G, B 값을 알 수 없는 상황에서는 정확한 색상을 적용시키는 데 한계가 있습니다.

색상을 적용하기 위해 임의로 이렇게도 해보고 저렇게도 해보면서 습득하시기를 추천드립니다.

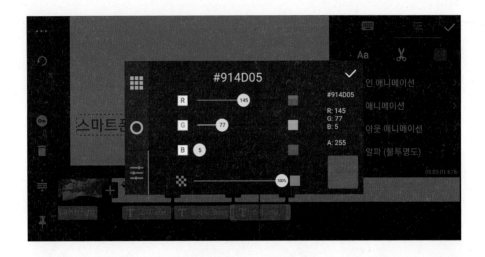

3. 알파(불투명도) 조절

알파 필터(Alpha filter)는 바탕색이나 바탕 그림이 있을 때 그 바탕색이나 바탕 그림에 대한 불투명도를 나타내는 용어입니다.

수치는 0부터 100까지 사용할 수 있으며, 이 수치는 백분율(%)을 나타내는 것입니다.

Filter : alpha(opacity=60)라는 것은 알파 필터를 사용하는데, 불투명도를 60%로 하라는 의미입니다.

요약해서 말씀드리면, 불투명도 100%는 명확하게 아주 밝게 나타나는 것이고, 불투명도 0%는 전혀 안보이는 것을 의미합니다.

알파 필터 값이 60%라는 말은 배경색이나 또는 바탕 그림에 대한 불투명도를 60%로 하고, 나머지 40%는 바탕색이나 바탕 그림을 투명시키라는 말입니다.

그러므로 수치에 의해 투명도를 조절하는 것보다는 투명도를 설정하는 바(Bar)를 움직여가면서 조절하는 것이 효과적인 방법이며, 바(Bar)를 움직였을 때 나타나는 % 수치를 기억해 두면 나중에 동일한 색상을 적용할 때 편리합니다.

그러면 알파(불투명도) 조절하기에 대하여 설명드리겠습니다.

01 타임라인에 뱅뱅사거리가 나오는 동영상 클립을 1개 삽입하고, 「레이어」 메뉴를 클릭하여 「텍스트(T)」 메뉴를 클릭한 후 '강남 소재 뱅뱅사거리'라고 입력합니다. 그리고 「레이어」 메뉴를 클릭하고 「미디어」 메뉴를 클릭한 후 콜리(개 이름) 사진 클립을 1개 삽입합니다.

02 콜리 사진 클립을 선택하고, 편집 메뉴에서 알파(불투명도)를 100%를 선택합니다. 그리고 '강남 소재 뱅뱅사거리' 텍스트 레이어를 선택하여 편집 메뉴에서 알파(불투명도)를 0%를 선택합니다.

그러면 바탕에 있는 '강남 소재 뱅뱅사거리' 글자와 뱅뱅사거리 영상이 전혀 안보이고, 콜리 영상만 보이게 됩니다.

03 이번에는 뱅뱅사거리가 나오는 동영상 클립을 분할하고(플레이 헤드 에서 분할 메뉴를 사용하여 분할), 콜리 사진 클립을 선택하여 편집 메뉴에 서 알파(불투명도)를 50%로 설정한 모습입니다. 이제 '강남 소재 뱅뱅사거리 모습' 글자와 뱅뱅사거리 모습, 그리고 콜리 사진이 겹쳐서 보입니다.

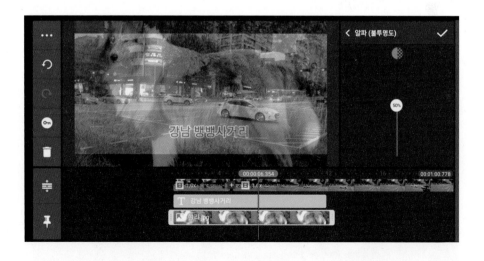

04 이번에도 동영상 클립을 분할하고(플레이 헤드에서 분할 메뉴를 사용하여 분할), 콜리 사진 클립을 선택하여 편집 메뉴에서 알파(불투명도)를 0%로 설정한 모습입니다. 이제 '강남 소재 뱅뱅사거리 모습' 글자와 뱅뱅사거리 모습만 보이고, 콜리 모습은 완전히 사라졌습니다.

05 편집 메뉴 오른쪽 상단의 확인(⊙)을 클릭하면 알파(불투명도) 적용이 완료됩니다.

05 글자에 애니메이션 적용하기

글자에 애니메이션을 적용하는 방법을 설명드리겠습니다.

1. 애니메이션에 대한 이해

애니메이션(Animation)이란 움직이지 않는 물체를 움직이는 것처럼 보이게 만드는 촬영기법 또는 그렇게 만들어진 영화, 만화영화, 동화, 그림영화 등을 말합니다.

플래시 애니메이션의 종류에는 ① 프레임 애니메이션, ② Tween 애니메이션(Shape Tween 애니메이션, Motion Tween 애니메이션), ③ Action Script 애니메이션 등이 있습니다.[1]

KineMaster에서 적용하고 있는 애니메이션은 프레임 애니메이션으로 개별 프레임에 장면을 변화하여 움직임의 변화를 주는 애니메이션입니다.

그리고 물체 뿐만 아니라 텍스트(T)나 손글씨로 작성한 글자가 나타날 때 움직임을 적용하는 기능입니다.

KineMaster 앱에서 구현하고 있는 글자 애니메이션은 크게 3가지를 적용할 수 있습니다. 인 애니메이션은 글자가 나타날 때, 애니메이션은 글자가

---

1. https://www.youtube.com/watch?v=buPfINwgJCs, 플래시 강좌, Lesson 04-1 (애니메이션의 종류), Jea il Lee.

화면에서 유지되는 동안 지속적으로, 아웃 애니메이션은 글자가 사라질 때 적용되는 것입니다.

2. 「인 애니메이션」 적용하기

「인 애니메이션」은 사진이나 동영상 클립에 자막이 있을 때, 이 자막이 처음 나타날 때 어떠한 애니메이션으로 자막에 효과를 주어 가독성을 높여 줄 것인지를 결정하는 것이 중요합니다. 자막에 인 애니메이션을 적용시켜 주지 않았을 때는 자막은 아무런 효과가 나타나지 않게 됩니다.

유튜브 등 SNS 매체를 보면, 자막에 인 애니메이션을 적용한 경우가 그렇게 흔하지는 않습니다.

글자를 선택하고, 편집 메뉴에서 「인 애니메이션」을 누르면 맨 위에 '없음'이라고 있는데, 이것은 적용했던 「인 애니메이션」을 취소하는 메뉴입니다.

「인 애니메이션」은 ⓐ 페이드, ⓑ 팝, ⓒ 오른쪽으로 밀기, ⓓ 왼쪽으로 밀기, ⓔ 위로 밀기, ⓕ 아래로 밀기, ⓖ 시계 방향, ⓗ 반시계 방향, ⓘ 드롭, ⓙ 확대, ⓚ 축소, ⓛ 모아서 나타내기, ⓜ 타이핑, ⓝ 오른쪽으로 닦아내기, ⓞ 왼쪽으로 닦아내기, ⓟ 위로 닦아내기, ⓠ 아래로 닦아내기, ⓡ 팝 : 중앙에서, ⓢ 팝 : 아래로, ⓣ 팝 : 위로, ⓤ 팝 : 열리며 아래로, ⓥ 아래에서 나타내기, ⓦ 위에서 나타내기, ⓧ 오른쪽에서 나타내기, ⓨ 왼쪽에서 나타내기, ⓩ 고무 스탬프 등 총 26종류의 인 애니메이션을 적용할 수 있습니다.

「인 애니메이션」에서 애니메이션이 적용되는 시간은 글자수에 따라 3초, 4초, 5초, 6초, 7초… 등 KineMaster 앱이 자동적으로 길이 설정 Bar를 제시해 주기 때문에 애니메이션을 적용할 때 시간 설정 Bar를 반드시 확인하고 설정하시기 바랍니다.

그러면 「인 애니메이션」을 적용하는 방법부터 간단하게 설명드리겠습니다.

01 타임라인에 동영상을 삽입하고, '석양이 질 무렵'이라는 자막을 넣고, 편집 메뉴에서 「인 애니메이션」을 클릭합니다. 애니메이션은 동영상의 내용이나 제목 또는 자막의 내용을 살펴본 후, 그에 맞는 애니메이션을 적용하는 것이 필요합니다. 미리보기 화면에서 적용된 「인 애니메이션」 모습이 반복적으로 재생되기 때문에 실시간으로 이것을 보면서 적당한 것을 선택하는 것이 요령입니다.

02 「인 애니메이션」 메뉴 중에서 「타이핑」 애니메이션을 6초 동안에 나타나도록 설정하겠습니다. 아래 화면은 '석양이 질 무렵'이라는 글자를 마치 타이핑하듯이 한 글자, 한 글자씩 나타나는 것을 보여주고 있습니다.

동영상의 내용에 따라 적당한 길이를 설정하면 되는데, 글자수가 많은 경우에는 애니메이션 길이를 너무 짧게 설정하면 금방 지나가기 때문에 어느 정도 긴 시간을 설정하면 좋습니다. 애니메이션 길이는 짧으면 짧을수록 빨리 실행이 되고, 길면 길수록 천천히 애니메이션이 실행됩니다.

여러 가지 애니메이션을 적용해보면서 실시간으로 미리보기 화면에 보여지는 것을 보고 판단하시면 됩니다.

3.「아웃 애니메이션」 적용하기

「아웃 애니메이션」은 사진이나 동영상 클립에 자막이 있을 때, 이 자막이
사라질 때 어떠한 애니메이션으로 자막에 효과를 주어 가독성을 높여 줄 것
인지를 결정하는 것이 중요합니다. 자막에 아웃 애니메이션을 적용시켜 주
지 않았을 때는 자막은 아무런 효과가 나타나지 않게 됩니다.

유튜브 등 SNS 매체를 보면, 자막에 아웃 애니메이션을 적용한 경우가 그
렇게 흔하지는 않습니다.

글자를 선택하고, 편집 메뉴에서 「아웃 애니메이션」을 누르면 맨 위에 '없음'
이라고 있는데, 이것은 적용했던 「아웃 애니메이션」을 취소하는 메뉴입니다.

「아웃 애니메이션」은 ⓐ 페이드, ⓑ 팝, ⓒ 오른쪽으로 밀기, ⓓ 왼쪽으로
밀기, ⓔ 위로 밀기, ⓕ 아래로 밀기, ⓖ 시계 방향, ⓗ 반시계 방향, ⓘ 축소,
ⓙ 확대, ⓚ 나누어 사라지기, ⓛ 왼쪽으로 닦아내기, ⓜ 오른쪽으로 닦어내
기, ⓝ 아래로 닦아내기, ⓞ 위로 닦아내기, ⓟ 스냅 : 닫히며 위로, ⓠ 스냅 :
중앙으로, ⓡ 스냅 : 위로, ⓢ 스냅 : 아래로, ⓣ 아래로 사라지기, ⓤ 위로 사
라지기, ⓥ 오른쪽으로 사라지기, ⓦ 왼쪽으로 사라지기 등 총 23종류의 아웃
애니메이션을 적용할 수 있습니다.

드롭, 타이핑, 고무스탬프가 「인 애니메이션」에는 있고, 「아웃 애니메이션」
에는 없습니다.

「아웃 애니메이션」에서 애니메이션이 적용되는 시간은 글자수에 따라 3초,
4초, 5초, 6초, 7초… 등 KineMaster 앱이 자동적으로 길이 설정 Bar를 제시해

주기 때문에 애니메이션을 적용할 때 시간 설정 Bar를 반드시 확인하고 설정하시기 바랍니다.

그러면 「아웃 애니메이션」을 적용하는 방법부터 설명드리겠습니다.

01 타임라인에 동영상을 삽입하고, '경청해 주셔서 감사합니다' 라는 자막을 넣고, 편집 메뉴에서 「아웃 애니메이션」을 클릭합니다.

02 「아웃 애니메이션」 메뉴 중에서 「오른쪽으로 닦아내기」 애니메이션을 3초 동안에 나타나도록 설정하겠습니다. 아래 화면은 아웃 애니메이션이 시작되면서 오른쪽으로 닦아내는 앞 부분 모습입니다.

03 아래 화면은 아웃 애니메이션이 끝나가면서 오른쪽으로 닦아내는 모습입니다.

4. 「애니메이션」 적용하기

「애니메이션」은 사진이나 동영상 클립에 자막이 있을 때, 이 자막이 나타나는 동안에 계속 효과가 나타나도록 해주는 것을 말합니다.

이것은 텍스트(T)로 된 제목이나 자막 내용을 강조할 때 사용하면 매우 효과가 있습니다.

글자를 선택하고, 편집 메뉴에서 「애니메이션」을 누르면 맨 위에 '없음'이라고 있는데, 이것은 적용했던 「애니메이션」을 취소하는 메뉴입니다.

「애니메이션」은 ⓐ 느리게 깜박이기, ⓑ 점멸, ⓒ 펄스, ⓓ 진동, ⓔ 분수, ⓕ 회전, ⓖ 플로팅, ⓗ 드리프팅, ⓘ 댄싱, ⓙ 비내림 효과, ⓚ 반시계 방향, ⓛ 시계 방향 등 총 12종류의 「애니메이션」을 적용할 수 있습니다.

01 애니메이션이 적용될 동영상 클립을 타임라인에 삽입합니다. 그리고 '100세 시대, 평생교육의 멘토'라고 하는 의미가 있는 글자를 입

력하고, 편집 메뉴에서 「애니메이션」을 선택하여 클릭하겠습니다.

이 문구는 세종사이버대학교 홈페이지에 수록된 신구 총장님의 「인사말」에 있는 문구입니다. 대학교 재학시절 항상 인자하신 모습으로 학교 행사시마다 꼭 동참해 주시고, 따스한 미소와 격려 말씀으로 아낌없는 성원을 해주신 총장님의 배려에 항상 감사드리고 있으며, 필자도 4학년 재학 중에 해외 문화탐방 학생으로 선발되어 러시아 하바롭스크와 블라디보스톡을 4박 5일간 다녀온 아름다운 추억도 간직하게 되었습니다.

바로 이처럼 화두가 될만한 문구를 동영상이 재생되는 일정 길이만큼 애니메이션으로 설정하면 좋습니다.

통상 브랜드 아이덴티티 요소(brand identity elements)로는 브랜드 심볼 마크, 브랜드 네임, 브랜드 슬로건, 브랜드 컬러, 브랜드 캐릭터, 브랜드 징글, 브랜드 패키지, 브랜드 도메인 등이 있습니다.[2]

기업체 홍보 영상이나 유튜브 동영상 등에서도 글자 애니메이션을 많이 활용하고 있습니다.

2. 김성제, 「현대 브랜드 경영전략」 (개정증보판), 교보문고, 2009. p.33.

02 「애니메이션」 메뉴 중에서 「느리게 깜박이기」 애니메이션을 클릭
합니다. 그리고 편집 메뉴 오른쪽 상단에 있는 확인(◎)을 클릭하면
애니메이션 적용이 완료됩니다.

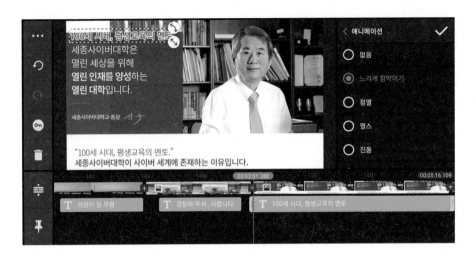

03 아래 화면은 「느리게 깜박이기」 애니메이션이 적용되는 것을 보여
드리는 것입니다. 동영상 클립이 재생되는 길이 동안 느리게 깜박
이면서 '100세 시대, 평생교육의 멘토'라는 글자가 나타나게 됩니다.

이 부분에서는 글자가 나타나고 있는 모습을 보여드립니다. 설정된 길이
시간 동안 깜박이는 동작을 반복하는 애니메이션인 것입니다. 이 부분은 보
이는 부분입니다.

04 이 부분에서는 글자가 나타나지 않고 있는 모습을 보여드립니다.
설정된 길이 시간 동안 깜박이는 동작을 반복하는 애니메이션인
것입니다. 이 부분은 글자가 안보이는 부분입니다.

05 이 부분에서는 글자가 다시 나타나고 있는 모습을 보여드립니다.

① 키프레임 애니메이션

글자 이외에도 영상에 다양한 애니메이션을 적용할 수가 있습니다. 키프레임 애니메이션 메뉴를 이용하는 것입니다. 타임라인에서 선택한 레이어에서 플레이 헤드를 기준하여 해당 레이어의 움직임, 크기, 변화 등의 여러 가지 애니메이션을 적용할 수 있습니다. 키프레임 애니메이션은 영상 편집 영역의 툴(Tool)패널에 있는 열쇠모양을 클릭하면 적용할 수 있습니다. 구체적인 활용방법은 고급편에서 설명드리겠습니다.

② 타임라인에 있는 레이어가 여러 가지가 겹쳐있을 때 쉽게 조정하는 요령

레이어가 여러 개가 겹쳐있을 경우 「맨 앞으로 가져오기」, 「앞으로 가져오기」, 「뒤로 보내기」, 「맨 뒤로 보내기」 메뉴를 통해 위치를 이동시키거나 안보이도록 가릴 수 있습니다. 또한 「화면 수평 가운데」, 「화면 수직 가운데」 메뉴를 통해 레이어의 화면 내 위치를 수평 가운데 또는 수직 가운데로 조정할 수 있습니다.

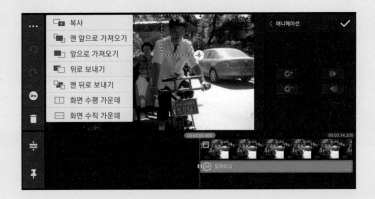

06 텍스트 옵션 적용하기

문서 편집에서 흔히 사용하는 텍스트 옵션을 KineMaster앱에서 적용하는 방법을 설명 드리겠습니다.

1. 텍스트 옵션 이해

텍스트 옵션은 문서를 작성하는 데 필요한 몇 가지 옵션을 제공하고 있습니다. 「한글 2020」 등 워드 프로세서 등으로 문서를 작성할 때 자간 간격과 줄간 간격 조절 기능이 있는데 KineMaster 앱에서도 긴 문장을 입력할 경우 이러한 기능을 적용할 수 있도록 여러 가지 기능들이 부여되어 있습니다.

텍스트 옵션은 타임라인에 사진이나 동영상 클립을 삽입한 후 제목이나 자막 등 문장을 입력하고, 타임라인에 있는 텍스트 레이어나 미리보기 화면에 있는 글자를 클릭하면 아래 화면과 같이 편집 메뉴에 「텍스트 옵션」이라고 하는 메뉴가 나타납니다. 설명을 위해 아래와 같은 문장을 입력하였습니다.

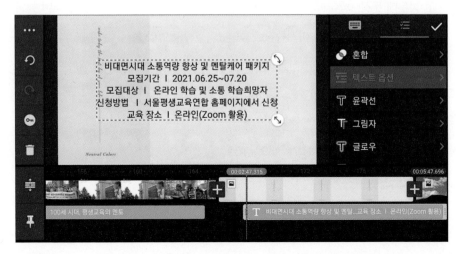

텍스트 옵션을 클릭하면, 여러 가지 하위 메뉴가 있습니다. 이러한 메뉴를 이용하여 긴 문장을 일반 문서를 편집하듯이 멋있게 편집할 수 있는 매우 유용한 기능입니다. 따라서 이러한 기능을 잘 이해하고, 적용하는 것도 영상 편집의 질을 높일 수 있는 하나의 방법이 될 수 있습니다.

텍스트 옵션의 하위 메뉴들을 설명드리겠습니다.

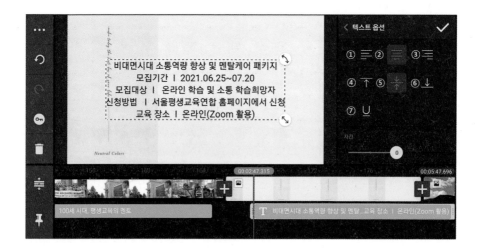

텍스트 옵션의 메뉴는 다음과 같은 기능을 수행합니다.

① 왼쪽 정렬 ② 가운데 정렬 ③ 오른쪽 정렬

④ 맨 윗줄 문장(예: 비대면시대 소통역량 향상 및 멘탈케어 패키지)을 기준으로 하면서 행간을 움직여주면(-50~+50) 행과 행과의 간격이 아래쪽으로 늘어났다 줄어들었다 함

⑤ 가운데 문장(예:모집기간, 모집대상, 신청방법)을 기준으로 하면서 행간을 움직여주면 행과 행과의 간격이 위쪽과 아래쪽으로 늘어났다 줄어들었다 함

⑥ 맨 아랫줄 문장(예 : 교육장소)을 기준으로 하면서 행간을 움직여주면 행과 행과의 간격이 위쪽으로 늘어났다 줄어들었다 함

⑦ 밑줄 긋기(U : Underline)

⑧ 자간 간격(글자와 글자 사이 간격) : -50 ~ +50

⑨ 행간 간격(줄과 줄 사이의 간격) : -50 ~ +50

이것은 맨 윗줄 문장이 있는 행, 가운데 문장이 있는 행, 맨 아랫줄 문장이 있는 행 중 어떤 것을 기준으로 할 것인지를 아이콘을 클릭한 후, 조절하는 것입니다.

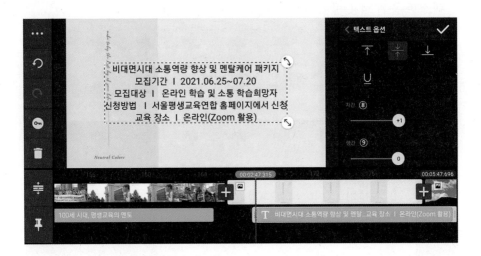

2. 텍스트 옵션 적용 방법

타임라인에 사진이나 동영상 클립을 삽입하고 제목이나 자막 등 글자를 입력하게 되면, 편집 메뉴에 「텍스트 옵션」 메뉴가 활성화됩니다.

텍스트 옵션 적용 방법에 대하여 설명드리겠습니다.

01 왼쪽 정렬 메뉴를 적용한 모습입니다. (① 왼쪽 정렬)

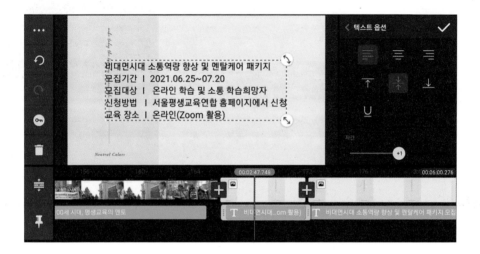

02 가운데 정렬 메뉴를 적용한 모습입니다. (② 가운데 정렬)

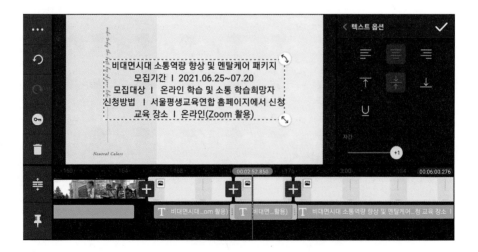

03 오른쪽 정렬 메뉴를 적용한 모습입니다. (오른쪽 정렬)

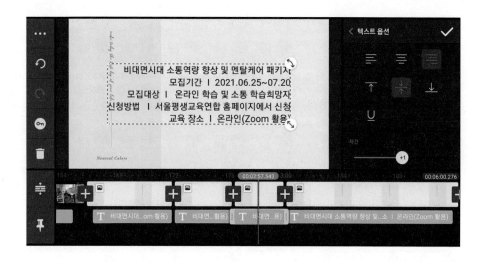

04 맨 윗줄 문장(예: 비대면시대 소통역량 향상 및 멘탈케어 패키지)을 기준으로 하면서 행간을 움직여 주면(-50~+50) 행과 행과의 간격이 아래쪽으로 늘어났다 줄어들었다 합니다. 아래 화면에서 왼쪽과 오른쪽 화면을 보시면 확인하실 수 있습니다. (④번 설명)

아래 화면은 「가운데 정렬」을 한 상태(왼쪽 정렬이나 오른쪽 정렬을 해도 상관 없음)에서 행간을 +50으로 한 것과 -18로 조정한 화면을 비교해서 보여드리고 있습니다.

05 가운데 문장(예:모집기간, 모집대상, 신청방법)을 기준으로 하면서 행간을 움직여주면 행과 행과의 간격이 위쪽과 아래쪽으로 늘어났다 줄어들었다 합니다. 아래 화면에서 왼쪽과 오른쪽 화면을 보시면 확인하실 수 있습니다. (⑤번 설명)

아래 화면은「가운데 정렬」을 한 상태(왼쪽 정렬이나 오른쪽 정렬을 해도 상관 없음)에서 행간을 +50으로 한 것과 -18로 조정한 화면을 비교해서 보여드리고 있습니다.

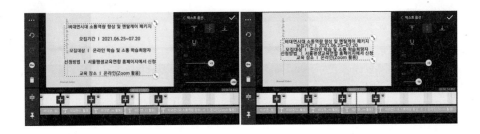

06 맨 아랫줄 문장(예 : 교육장소)을 기준으로 하면서 행간을 움직여주면 행과 행과의 간격이 위쪽으로 늘어났다 줄어들었다 합니다. 아래 화면에서 왼쪽과 오른쪽 화면을 보시면 확인하실 수 있습니다. (⑥번 설명)

아래 화면은「가운데 정렬」을 한 상태(왼쪽 정렬이나 오른쪽 정렬을 해도 상관 없음)에서 행간을 +50으로 한 것과 -20으로 조정한 화면을 비교해서 보여드리고 있습니다.

07 밑줄 긋기는 글자에 밑줄을 긋는 것입니다. (⑦ 밑줄 긋기)

08 자간 간격을 조정하는 것을 설명드리겠습니다. (⑧ 자간 간격(글자와 글자 사이 간격))

자간 간격은 글자와 글자 사이의 간격을 말합니다. -50 ~ +50까지 설정할 수 있습니다. 자간 간격 조절하는 것을 보여드리기 위해 타임라인에 삽입된 이미지에 글자를 다음과 같이 입력해보겠습니다.

'기상청은 주말에도 폭염과 열대야 계속된다고'

'낮 최고기온은 서울 33도, 강릉 26도, 대구 25도'

0은 최초 입력 위치입니다. +는 넓게, -는 좁게 조절해 줍니다.

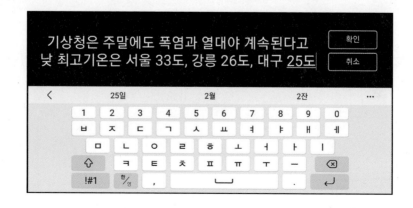

타임라인에 있는 텍스트⑪ 레이어를 꾸욱 누르거나, 미리보기 화면에 있는 글자를 꾸욱 누르면 편집 메뉴가 나타납니다.

자간 간격을 -10으로 설정해 보겠습니다. 글자와 글자 간격이 최초 입력한 것보다 좁아졌습니다.

자간 간격을 +41으로 설정해 보겠습니다. 글자와 글자 간격이 최초 입력한 것보다 매우 넓어졌습니다.

09 행간 간격은 줄과 줄 사이의 간격을 말합니다. (⑨ 행간 간격(줄과 줄 사이의 간격) : −50 ~ +50)

이것은 맨 윗줄 문장이 있는 행, 가운데 문장이 있는 행, 맨 아랫줄 문장이 있는 행 중 어떤 것을 기준으로 할 것인지를 해당 아이콘을 먼저 클릭한 후 (기준선), 그 다음에 간격을 조절하는 것입니다.

타임라인에 삽입한 사진 클립에 두 줄의 문장을 입력하였습니다.

ⓐ 행간 간격 조절 : 행과 행 간 간격을 맨 아래쪽 글자행을 기준으로 조절하겠습니다. 아래 화면은 「맨 아래쪽 글자행 기준선」 아이콘을 클릭하고, 행간 간격을 +50으로 조절한 모습입니다.

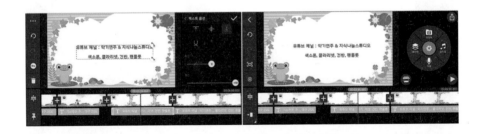

ⓑ 행간 간격 조절 : 행과 행 간 간격을 맨 윗쪽 글자행을 기준으로 조절하겠습니다. 아래 화면은 「맨 위쪽 글자행 기준선」 아이콘을 클릭하고, 행간 간격을 +50으로 조절한 모습입니다.

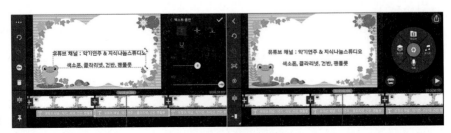

ⓒ 행간 간격 조절 : 행과 행 간 간격을 가운데 위치한 글자행을 기준으로 조절하겠습니다. 아래 화면은 「가운데 글자행 기준선」 아이콘을 클릭하고, 행간 간격을 +50으로 조절한 모습입니다.

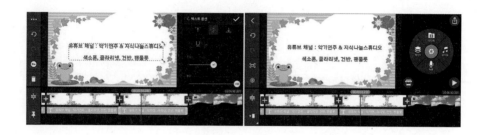

TIP

행간 간격은 편집 메뉴의 「텍스트 옵션」 메뉴에서 맨 아래쪽 글자행이나 맨 위쪽 글 자행, 또는 가운데 위치한 글자행을 기준으로 먼저 기준선을 선택하고 (④ ↑ ⑤ ÷ ⑥ ↓), 그 다음에 행간 수치로 두 줄 이상의 문장에 대한 행간 간격을 조절하는 것이 기본입니다.

그러나 미리보기 화면에서 글자를 클릭하면 오른쪽 맨 끝 하단에 나타나는 직선 양방향 화 살표로 글자 크기를 조절하면 행간 간격은 자동적으로 넓어지거나 좁아지게 됩니다.

따라서 한 줄에 해당하는 문장의 길이가 길 경우에는 「텍스트 옵션」 메뉴를 이용하는 것이 편하고, 간단한 문장의 경우는 미리보기 화면에서 글자를 클릭하고 오른쪽 맨 끝 하단에 나 타나는 직선 양방향 화살표를 이용하여 글자 크기를 조절하면 됩니다.

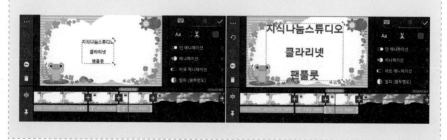

07 윤곽선 적용하기

문서 편집에서 글자에 윤곽선을 적용하는 방법을 설명드리겠습니다.

1. 윤곽선에 대한 이해

윤곽선은 다른 말로는 테두리라고도 합니다. 문자뿐만 아니라 선이나 기타 오브젝트들도 윤곽선을 사용하는 경우가 많이 있습니다.

유튜브 등에서 동영상 썸네일을 보면 사람이나 어떤 물건들을 강조할 때 주변에 윤곽선이 있는 것을 볼 수 있습니다.

자막이나 사람, 물건 등에 윤곽선을 주면 가독성을 높일 수 있습니다.

2. 윤곽선 적용하기

01 타임라인에 사진 클립을 삽입한 후 '윤곽선'이라는 글자를 입력하겠습니다. 그러면 아래 화면과 같이 편집 메뉴가 나타납니다. 「윤곽선」 메뉴를 클릭합니다.

02 편집 메뉴에서 「윤곽선」 메뉴를 클릭하면 아래 화면과 같이 윤곽선을 설정할 수 있는 메뉴들이 나타납니다.

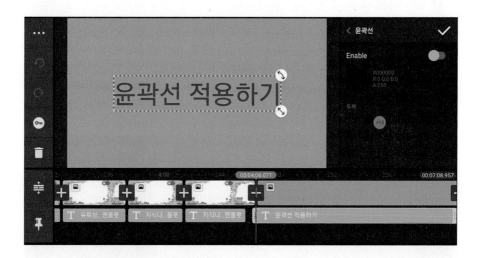

03 Enable은 '가능하게 하다'라는 뜻입니다. 즉 Enable을 우측으로 밀면(On) 흰색의 원형 표시가 빨간색의 원형으로 바뀌고, 이제 윤곽선을 설정할 수 있는 상태가 됩니다. 즉, ① 색상, ② 윤곽선 두께를 조정할 수 있는 상태가 됩니다.

04 자막 글씨의 윤곽선(테두리)에 사용할 적절한 색상과 윤곽선 두께를 설정합니다.

설명을 위해 윤곽선 색상은 흰색으로 하고, 두께는 10으로 설정하겠습니다. 두께 0은 자막 그대로이고(윤곽선 없음), 두께 +50은 윤곽선이 완전한 배경색으로 바뀌는 것입니다. 윤곽선은 설정 범위가 0 ~ +50까지입니다. 적절한 두께를 설정하면 글자가 매우 고급스럽게 보입니다.

사실 사람의 눈에 따라 색상을 보는 느낌은 모두 다릅니다. 그래서 이번에는 색상을 보라색으로, 윤곽선 두께는 +8로 하여 적용해보겠습니다. 또 다른 분위기를 느낄 수 있습니다.

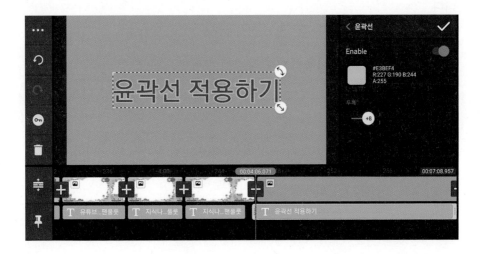

05 테두리 적용을 마치려면 편집 메뉴 오른쪽 상단의 확인(ⓥ)을 클릭하면 됩니다.

윤곽선을 잘 사용하면 가독성도 높아질뿐만 아니라 느껴지는 분위기도 달라지게 됩니다. 그런데 가장 중요한 것은 편집 메뉴에서 폰트(글자체)와 글자 색상을 잘 정해야 합니다. 기본적으로 글자 색상을 정하는 것이 가장 중요합니다.

그 다음에 윤곽선, 그림자, 글로우, 배경색 등을 종합적으로 고려하여 어떤 경우에는 혼합하여 사용하기도 하고(예 : 윤곽선+그림자, 윤곽선+글로우, 윤곽선+그림자+글로우+배경 등), 어떤 경우에는 심플하게 폰트와 글자 색상만 가지고도 멋진 분위기를 연출할 수 있습니다.

그러나 이 모든 옵션들을 다 사용하는 것은 바람직하지 않습니다. 오히려 글자를 이상한 모양으로 만들 수 있기 때문입니다.

또한 알파(불투명도)를 조정하여 글자 색상을 변경할 수도 있고, 색상을 혼합할 수도 있으며, 회전/미러링 메뉴를 사용하여 글자의 각도를 조절하고, 좌우상하로 조절할 수도 있습니다.

08 그림자 적용하기

문서 편집에서 글자에 그림자를 적용하는 방법을 설명드리겠습니다.

1. 그림자에 대한 이해

그림자는 색상을 포함하여 오른쪽에 그림자를 줄 수도 있고, 왼쪽에 그림자를 줄 수도 있으며, 위쪽이나 아래쪽으로도 그림자를 줄 수 있습니다.

보다 구체적으로는 거리, 각도, 퍼짐, 크기 등을 복합적으로 적용하여 원하는 그림자 효과를 구현할 수 있는 것입니다.

2. 그림자 적용하기 메뉴 구성

01 타임라인에 사진 클립을 삽입하고, '사회적 거리두기'라고 글자를 입력한 후 편집 메뉴에 있는 「그림자」 메뉴를 클릭합니다.

02 그림자 메뉴를 클릭하면 아래 화면과 같은 몇 가지 하위 메뉴들이 나타납니다.

ⓐ Enable : 오른쪽으로 밀면 빨간색으로 바뀌면서 그림자 메뉴가 활성화

ⓑ 사각형 박스 아이콘 : 색상 팔레트와 투명도를 조절할 수 있는 기능

ⓒ 거리 : 0 ~ +50 (기본 : +10)   ⓓ 각도 : 0 ~ +360

ⓔ 퍼짐 : 0 ~ +50 (기본 : +10)   ⓕ 크기 : 0 ~ +50 (기본 : +10)

> **TIP** 수치를 정확하게 맞추려면 바(Bar)에 손가락을 대고 톡톡 쳐주면 1만큼씩 숫자가 올라가거나 내려 옵니다. 동그란 원에 손가락을 대고 숫자를 맞추면 흰색 원 안에 현재 위치가 숫자로 나타나지만, 정확하게 맞추기 어렵습니다.

03 그림자 효과 적용은 매우 정밀한 작업을 요구하는 것인데, 우선 내용을 쉽게 이해하기 위하여 임의의 수치를 적용해 본 결과 화면입니다. 그림자 색상은 빨간색으로 하였습니다. 거리 : +16, 각도 : +230, 퍼짐 : +6, 크기 : +12를 적용하였습니다.

그림자는 거리, 각도, 퍼짐, 크기를 각각 어떻게 설정했는가에 따라 종합적인 결과로 생성되는 위치가 정해지기 때문에 일률적으로 설명하기는 어렵습니다.

3. 그림자 적용하기

이제부터 그림자 메뉴의 하위 메뉴를 하나씩 설명드리겠습니다. 자막 글자는 폭이 넓은 폰트(글자체)를 사용해야 그림자 효과가 잘 드러나기 때문에 「한국어」, 「티몬 몬소리체」를 선택하겠습니다.

1) 그림자 색상

「그림자」 메뉴에서 Enable 버튼을 우측으로 밀어 빨간색이 되도록 합니다. 그리고 사각형 박스 아이콘을 클릭하면 색상표가 나타납니다.

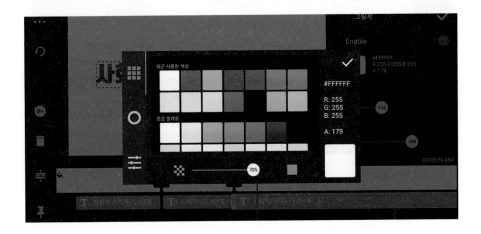

원하는 색상을 선택합니다. 설명을 위해 보라색 색상을 선택하였습니다. 투명도는 100%를 적용하겠습니다.

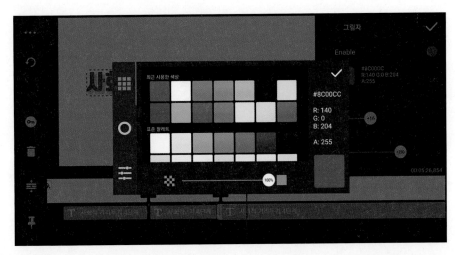

2) 그림자 거리

그림자는 거리, 각도, 퍼짐, 크기를 각각 어떻게 설정했는가에 따라 종합적인 결과로 생성되는 위치가 정해지기 때문에 일률적으로 설명하기는 어렵습니다. 설명을 위해 거리 : +33, 각도 : +90, 퍼짐 : +22, 크기 : +6으로 설정한 결과 모습입니다. 거리를 0으로 하면 그림자는 생기지 않습니다.

3) 그림자 각도

그림자를 좀 더 잘보이게 하기 위해 그림자 색상은 검정색, 투명도는 100%로 설정하겠습니다. 설명을 위해 거리 : +50, 각도 : +250, 퍼짐 : +30, 크기 : +24로 설정한 결과 그림자 효과 모습입니다.

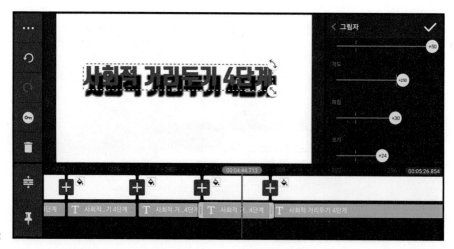

그림자 각도 설정을 마무리하기 위해 편집 메뉴 오른쪽 상단의 확인(ⓥ)을 클릭한 최종 그림자 각도 적용 결과 모습입니다.

4) 그림자 퍼짐

그림자를 좀 더 잘보이게 하기 위해 그림자 색상은 빨간색, 투명도는 100%로 설정하겠습니다. 설명을 위해 거리 : +17, 각도 : +245, 퍼짐 : +38, 크기 : +2로 설정한 모습입니다.

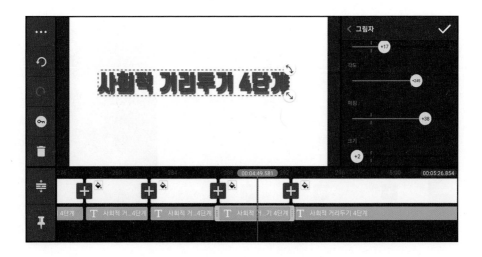

그림자 퍼짐을 마무리하기 위해 편집 메뉴 오른쪽 상단의 확인(ⓥ)을 클릭한 최종 그림자 퍼짐 적용 결과 모습입니다.

5) 그림자 크기

그림자를 좀 더 잘 보이게 하기 위해 글자 색상을 초록색으로 바꾸고, 그림자 색상은 빨간색, 투명도는 100%로 설정하겠습니다. 설명을 위해 거리는 +32, 각도 +70, 퍼짐 +18, 크기 +7로 설정한 모습입니다.

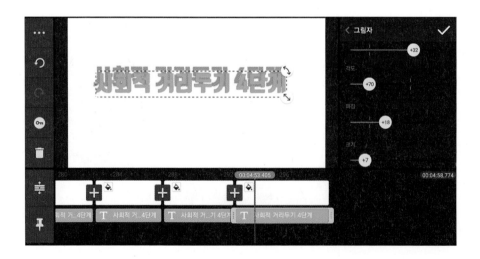

그림자 크기를 마무리하기 위해 편집 메뉴 오른쪽 상단의 확인(ⓥ)을 클릭한 최종 그림자 크기 적용 결과 모습입니다.

09 글로우 적용하기

문서 편집에서 글자에 글로우를 적용하는 방법을 설명드리겠습니다.

1. 글로우에 대한 이해

글로우(glow)는 '빛나다'라는 뜻을 가지고 있는 용어인데, Power Point의 「도형 효과」에 보면 「네온」이라고 하는 효과가 있는데, 이것과 유사한 효과입니다. 글로우는 자막에 사용할 글로우 색상과 퍼짐, 크기로 구성되어 있습니다.

2. 글로우 적용하기

01 글로우 효과를 적용할 자막이 들어있는 동영상을 불러온 후, 타임라인에 있는 텍스트 레이어 또는 미리보기 화면에 있는 자막을 클릭하고, 편집 메뉴에 있는 「글로우」 메뉴를 클릭합니다.

02 글로우 메뉴를 클릭하면 아래 화면과 같은 몇 가지 하위 메뉴들이 나타납니다.

ⓐ Enable : 오른쪽으로 밀면 빨간색으로 바뀌면서 글로우 메뉴가 활성화되며, 왼쪽 「사각형 박스」를 클릭하고, 글로우에 사용할 색상 선택과 투명도를 조절 할 수 있습니다. 색상 선택과 투명도를 조절한 후 색상표 오른쪽 상단의 확인(체크 표시)을 클릭합니다.

ⓑ 퍼짐 : 0 ~ +50 (기본 : +10)

ⓒ 크기 : 0 ~ +50 (기본 : +20)

03 이제부터 글로우 메뉴의 하위 메뉴를 하나씩 설명드리겠습니다. 자막 글자는 폭이 넓은 폰트(글자체)를 사용해야 글로우 효과가 잘 드러나기 때문에 「한국어」, 「빙그레체 Ⅱ Bold」로 바꾸겠습니다.

ⓐ 색상

「글로우」 메뉴에서 Enable 버튼을 우측으로 밀어 빨간색이 되도록 합니다. 그리고 사각형 박스 아이콘을 클릭하면 색상표가 나타납니다. 글로우를 원하는 색상을 선택합니다. 설명을 위해 빨간색 색상을 선택하였습니다. 투명도는 60%를 적용하겠습니다.

ⓑ 퍼짐

퍼짐은 기본이 +10인데, 여기서는 +25를 적용하겠습니다. 퍼짐 적용 결과 화면입니다. 수치를 맞출 때는 라인에 손가락을 대고 '톡톡' 치면 '1'씩 숫자가 가감됩니다.

ⓒ 크기

크기는 기본이 +20인데, 여기서는 그대로 +20을 적용하겠습니다. 크기 적
용 결과 화면입니다.

ⓓ 퍼짐과 크기를 종합적으로 적용하여 글로우 효과를 마무리하고, 글로
우 메뉴 오른쪽 상단의 확인(ⓥ)을 클릭하면 글로우 적용이 완성됩니다.

10 배경색 적용하기

문서 편집에서 글자에 배경색을 적용하거나 변경하는 방법을 설명드리겠습니다.

1. 배경색에 대한 이해

배경색은 일반적으로 동영상 편집에서 자주 사용하는 제목 또는 자막에 배경색을 넣는 것입니다. 단순하게 화면에 글자만 있는 것보다는 글자 뒤에 배경을 깔아줌으로써 가독성이 높아집니다. 그리고 제목이나 자막 글자 자체에만 배경을 적용할 수도 있지만, 화면의 왼쪽과 오른쪽이 꽉 차게 배경을 지정해 줄 수도 있습니다.

2. 배경색 적용하기

01 배경색 효과를 적용할 자막이 들어있는 동영상을 불러온 후, 타임라인에 있는 텍스트 레이어 또는 미리보기 화면에 있는 자막을 클릭하고, 편집 메뉴에서 「배경색」 메뉴를 클릭합니다.

02 「배경색」 메뉴를 클릭하면, Enable 메뉴가 있는데, 이것을 오른쪽으로 밀면 빨간색으로 변하면서 배경색을 적용할 수 있도록 활성화가 됩니다. 사각형 박스 아이콘을 클릭하면 배경색을 선택할 수 있는 색상표가 나타납니다. 이것 저것 해 보면서 글자가 잘 보이는 배경색을 선택하면 됩니다. 설명을 위해 배경색은 노란색으로 하고, 투명도는 80%를 적용하겠습니다.

03 색상표에 있는 확인(⊙) 버튼을 누르면 미리보기 화면에 배경색이
지정된 모습이 보입니다.

04 배경색 메뉴 오른쪽 상단의 확인(⊙)을 클릭하면 배경색 적용이 완
료됩니다.

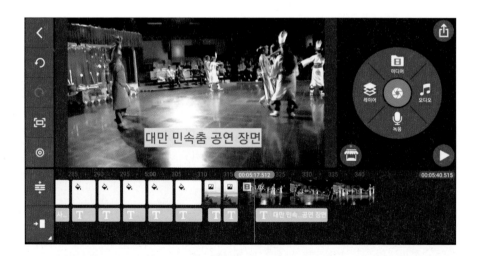

3. 배경색을 화면 폭에 맞추기

때로는 배경색을 제목이나 자막 글자에만 적용하지 않고, 화면 폭에 맞추어 주기도 합니다. 「배경색」 메뉴에 있는 「화면 폭에 맞추기」 메뉴를 활성화시키면(우측으로 밀면 원형의 흰색이 빨간색으로 바뀜) 미리보기 화면상에 화면 폭에 맞춘 배경색이 보입니다. 위치를 이동하려면 자막 글자를 꾸욱 누른 상태로 위, 아래로 움직이면 되고, 회전은 우측에 있는 곡선 양방향 화살표를 사용하면 되고, 화면 폭을 넓히거나 좁히는 것은 대각선으로 있는 직선 양방향화살표를 사용하면 조절이 가능합니다.

자막 배경색을 흰색으로 변경하고, 「화면 폭에 맞추기」 메뉴를 활성화시키면 좀 더 가독성이 높은 배경색으로 바뀌는 것을 확인할 수 있습니다. 편집 메뉴 오른쪽 상단의 확인(⊙)을 클릭하면 배경색을 화면 폭에 맞춘 것이 완료됩니다.

모든 텍스트 자막에 전체 적용하기

문서 편집에서 동영상 전체에 있는 텍스트 자막에 전체적으로 적용하는 것에 대하여 설명드리겠습니다. 다시 말씀드리면, 프로젝트 내에 있는 모든 텍스트에 같은 스타일을 적용하는 방법을 설명드리겠습니다.

1. 전체 적용하기에 대한 이해

자막 작업을 하다 보면, 동영상 전체에 여러 가지 형식으로 자막을 작성하게 됩니다. 이렇게 작업한 다양한 형식의 자막을 하나의 형식과 위치, 효과로 전체적으로 통일시켜서 적용하는 방법입니다. 그러니까 프로젝트를 작업하면서 텍스트가 입력되는 곳마다 다양하게 사용하면 더 좋을 경우도 있을 수 있겠지만, 경우에 따라서는 한 가지 스타일로 깔끔하게 통일시켜주는 것이 훨씬 보기 좋은 경우도 있습니다.

그리고 각각의 텍스트 길이가 서로 다를 때는「전체 적용하기」를 적용할 때 위치가 어긋나 보이는 경우가 있는데, 이때는 앞에서 배운「텍스트 옵션」을 선택한 후,「왼쪽 정렬」또는「오른쪽 정렬」로 어긋난 부분을 조절하면 됩니다.

2. 모든 텍스트 자막에 대하여 전체 적용하기

01 아래 화면 ①, ②, ③, ④ 번과 같이 각기 다른 위치에 각기 다른 폰트(글자체)와 각기 다른 색상, 각기 다른 윤곽선, 그림자 등 다른 효과

를 적용시켜서 자막을 만든 동영상이 있습니다.

　⑤, ⑥, ⑦, ⑧ 번과 같이 각기 다른 위치에 각기 다른 폰트(글자체)와 각기 다른 색상, 각기 다른 윤곽선, 그림자 등 다른 효과를 적용시켜서 자막을 만든 동영상이 또 있습니다. 이제 총 8개의 다른 효과를 적용한 동영상을 가지고 모든 텍스트 자막에 전체 적용하는 방법을 설명드리겠습니다.

02 이제 ④번 화면과 같은 위치, 같은 자막 형식으로 ①, ②, ③, ⑤, ⑥, ⑦, ⑧번 동영상의 자막을 통일시켜 적용해 보도록 하겠습니다. 즉, 모든 텍스트 자막에 ④번 형식의 자막을 적용하도록 하겠습니다.

이를 위하여 ④번 클립에 있는 자막을 클릭하고, 편집 메뉴에서 「전체적용하기」를 클릭합니다.

03 「전체적용하기」를 클릭하면 곧바로 화면 하단부에 '모든 텍스트에 적용되었습니다.'라는 문구가 떴다가 바로 사라집니다. 이제 편집 메뉴 오른쪽 상단에 있는 확인(ⓥ) 버튼을 클릭하면, 모든 텍스트 자막에 「전체 적용하기」가 완료됩니다.

04 전체적으로 모두 ④번 클립에 있는 자막과 같이 변경되었습니다. 몇 개 화면만 보여드리겠습니다.

아래 화면을 보시면 모든 자막이 동일한 위치에 동일한 형식의 효과로 적용되어진 것을 확인할 수 있습니다. 자막 위치, 폰트 크기, 색상, 윤곽선까지 동일합니다.

TIP

레이어 트림 / 분할

　　편집 메뉴에 있는 가위모양 아이콘(트림/분할)을 클릭하고, 사진이나 동영상처럼 레이어를 트림하거나 분할할 수 있습니다. 이때 동영상은 그대로 두고(분할 미실시) 레이어만 분할하는 것입니다.

　　따라서 동일한 내용의 자막을 여러 개 만들 때는 우선적으로 자막 스타일을 정한 후,레이어를 길게 늘립니다. 그리고 편집 메뉴에 있는 「트림/분할」 메뉴 중 「플레이헤드에서 분할」을 클릭하여 일단 분할을 실시합니다. 이렇게 텍스트(T) 레이어를 분할하고, 새로운 클립에 텍스트(T) 레이어 내용을 변경한다면 구태여 여러 번 자막 내용을 반복해서 입력할 필요가 없는 것입니다.

CHAPTER 05

손글씨를 이용하여
자막 작성하기와
기타 응용 작업

01 손글씨 작성 메뉴

손글씨 작성 메뉴에 대하여 설명드리겠습니다.

1. 손글씨 메뉴

손글씨 메뉴는 「글씨 입력 툴」 메뉴와 「효과 적용」 메뉴로 구분할 수 있습니다.

아래 화면은 「글씨 입력 툴」 메뉴 세부 내용입니다.

앞서 편집 메뉴 보이기 방식에 대해 설명드린 바와 같이 손글씨 편집 메뉴 방식도 아이콘 메뉴 방식과 한글 메뉴 방식으로 구분되어 있습니다.

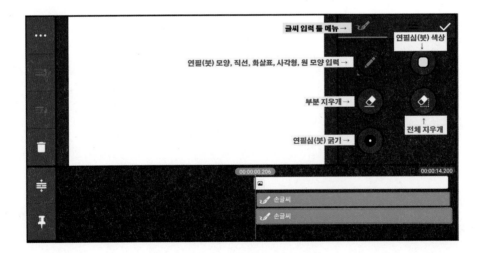

오른쪽 편집 메뉴에서 메뉴 맨 아래에 보면 점 9개로 이루어진 아이콘과 빨간색 막대기 3개가 횡으로 있는 아이콘이 있습니다.

점 9개로 이루어진 아이콘을 클릭하면 아이콘으로 된 메뉴가 나타납니다. 빨간색 막대기 3개가 횡으로 있는 아이콘을 클릭하면 한글 메뉴가 나타납니다. 물론 이 두 가지 메뉴는 동일한 것입니다. 다만 표기 방식이 아이콘 방식이냐 한글 방식이냐의 차이가 있을 뿐입니다.

「효과 적용」 메뉴는 글씨 입력 툴에 의하여 연필이나 붓, 직선이나 화살표, 사각형, 원 모양 등이 입력이 되었을 경우에만 활성화가 됩니다.

그러니까 손글씨 메뉴에 의해 무엇인가가 입력이 될 경우에 그것에 대한 여러 가지 효과를 적용할 수 있도록 제공하는 메뉴인 것입니다.

아래 화면은 「효과 적용」 메뉴 세부 내용입니다.

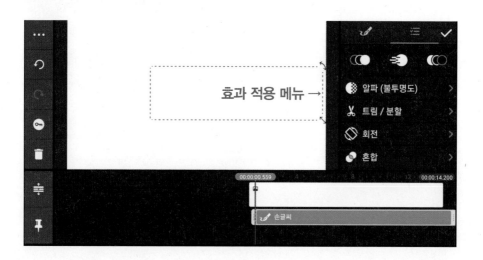

1) 「글씨 입력 툴」 메뉴

타임라인에 동영상 클립을 삽입하고, 손글씨를 입력할 위치에 플레이 헤드를 위치시킨 후, 편집 메뉴에서 「레이어」 메뉴로 간 뒤 「손글씨」 메뉴를 클릭하면 「글씨 입력 툴」 메뉴가 나타납니다.

ⓐ 연필(붓), 직선, 화살표, ×표, 사각형, 동그라미 그리기 선택

손글씨를 쓰는 기구로 연필이나 붓을 사용할 수 있습니다. 여기서 용어는 손글씨이지만, 실제로는 삼성갤럭시 스마트폰을 사용하는 경우 S펜을 사용하면 됩니다. 즉, 손글씨로만 써야 하는 것이 아니라는 것입니다.

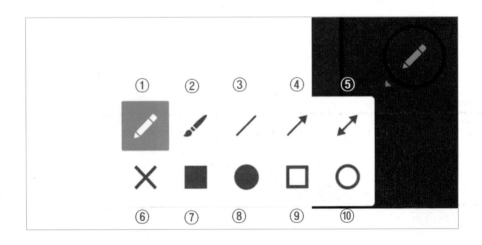

① 연필로 그리기   ② 붓으로 그리기

③ 직선 그리기   ④ 일방향 화살표 그리기

⑤ 양방향 화살표 그리기   ⑥ 교차되는 × 표시하기(교차되는 각도 조절 가능)

⑦ 채워진 사각형 그리기(정사각형, 직사각형)   ⑧ 채워진 동그라미 그리기(원, 타원)

⑨ 사각형 그리기(정사각형, 직사각형)   ⑩ 원 그리기(원, 타원)

ⓑ **연필(붓) 색상 : 텍스트 색상표와 동일**

연필이나 붓의 색상은 반드시 글자를 쓰기 전에 선택을 해야 하며, 글자를 작성한 이후에는 색상 변경이 불가능합니다. 연필(붓) 색상 아이콘을 클릭하면 다음과 같은 색상표가 나타납니다. 색상과 투명도를 적용할 수 있습니다.

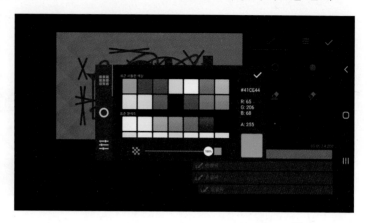

ⓒ **손글씨 두께 설정**

손글씨는 두께의 종류가 총 9가지입니다. 가장 굵은 두께는 화면과 같이 매우 두껍습니다. 작은 미리보기 화면상에서 손글씨를 쓰는 것은 다소 무리가 있고, 직접 작업해 본 결과 굵은 크기로부터 5번째, 6번째, 7번째 정도의 굵기가 적당한 것으로 판단됩니다만, 손글씨의 용도와 개인 취향에 따라 9가지 두께 중 어느 두께라도 사용할 수 있습니다.

이해가 쉽도록 사각형 도형으로 제일 굵은 선부터 제일 가는 선까지 표시해 보았습니다. 글자를 입력할 경우에도 이 굵기가 그대로 적용이 됩니다.

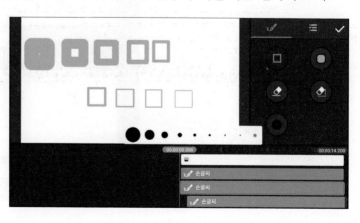

ⓓ 부분 지우개

지우개도 두께 적용을 받습니다. 두께를 선정하고 지우개를 사용하면 되는데, 굵은 글자든지 가는 글자든지 지울 때는 가장 굵은 두께로 선정하고 지우개를 사용하면 한 번에 지울 수 있는 면적이 커져서 쉽게 지울수가 있습니다.

ⓔ 전체 지우개

전체 지우개 아이콘을 누르면 미리보기 화면에 있는 글자들이 모두 한꺼번에 지워집니다.

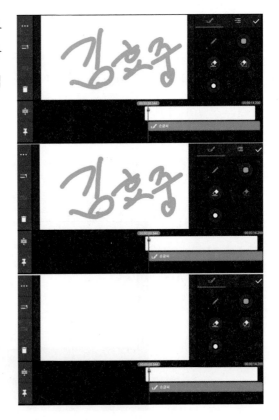

그리고 지우개를 사용하지 않고도 손글씨 레이어를 클릭한 후 편집 작업 영역의 왼쪽에 있는 툴(Tool) 패널의 쓰레기통 아이콘을 클릭하면 한번에 삭제가 됩니다.

손글씨를 적용하여 여러 가지 효과를 연출하는 데 있어서 중요한 것은 레이어별로 구별하여 손글씨나 모양 등을 작성해야 하다는 것입니다.

왜냐하면 각종 효과는 레이어별로 적용되기 때문입니다. 따라서 동영상 클립을 여러 개로 분할하여 각각의 동영상 클립에 각각 다른 내용의 자막이나 특정한 모양 등을 넣고 효과를 적용시켜야 하는 것입니다.

02 손글씨로 자막 작성하기와 동영상(사진)에서 색 보정하기

손글씨로 자막을 작성하고 동영상 또는 사진에서 색 보정하는 방법에 대하여 설명드리겠습니다.

1. 손글씨로 자막 작성하기

타임라인에 사진이나 동영상 클립을 삽입한 후, 자막을 작성할 위치에 플레이 헤드를 위치시킵니다. 그리고 편집 메뉴에서「레이어」메뉴를 클릭하고,「손글씨」메뉴를 클릭하면「글씨 입력 툴」메뉴가 나타납니다. 연필을 선정하고, 굵기를 선정한 후, 글자 색상을 흰색으로 선정하고 '사랑하는 그대에게, 2021.8.5'라고 입력해 본 화면은 아래와 같습니다. 편집 메뉴의 오른쪽 상단에 있는 확인(ⓥ) 버튼을 클릭하면 완료됩니다.

2. 색 보정에 대한 이해

KineMaster 앱에서 구현할 수 있는 색 보정은 PC용 편집 프로그램과 비교할 때 다소 제한적이기는 하지만, 나름대로 색을 보정할 수 있는 기능을 제공하고 있습니다. 연출되는 색감에 따라 동영상에서 느끼는 분위기는 달라집니다.

색(Color)의 3요소는 색상, 명도, 채도이며 이 세 가지 요소로 색(Color)을 만들고 서로 상호 영향을 주는 관계로 이루어져 있습니다.

① 색상(Hue) : 빨강, 노랑, 파랑 등 다른 색과 구별되도록 지어놓은 색의 구분

② 명도(Lightness, Value) : 색이나 빛이 지니는 밝고 어두운 정도

③ 채도(Chroma, Saturation) : 색이나 빛의 맑고 깨끗한 정도를 말하는데, 색의 강약을 나타내는 성질로 색의 선명함을 나타내는 용어입니다. 채도가 높으면 강하고 선명한 색이 되고, 채도가 낮으면 수수하고 탁한 색이 됩니다.

3. KineMaster 앱으로 동영상(사진) 색 보정하기

01 색 보정을 위해 동영상을 타임라인에 한 개 삽입하고 손글씨로 '양재천의 맑은 물'이라고 자막을 넣어 보겠습니다.

02 타임라인에 있는 동영상 클립을 클릭합니다. 손글씨 레이어는 색 보정에 따라 영향을 받는 것이므로 여기서 색 보정의 대상은 동영상 클립이기 때문에 동영상 클립을 꾸욱 눌러주는 것입니다. 아래 화면과 같이 편집 메뉴가 나타나면「조정」메뉴를 클릭합니다.

03 「조정」메뉴를 클릭하면 ① 밝기, ② 대비, ③ 채도, ④ 활기, ⑤ 온도, ⑥ 하이라이트, ⑦ 그림자, ⑧ 게인, ⑨ 감마, ⑩ 리프트, ⑪ 색조 등 총 11개의 하위 메뉴가 나타납니다. 그리고 맨 아래에「전체 적용하기」메뉴가 있습니다.

① 밝기 범위 : -100 ~ +100   ② 대비 범위 : -100 ~ +100

③ 채도 범위 : -100 ~ +100   ④ 활기 범위 : -100 ~ +100

⑤ 온도 범위 : -100 ~ +100   ⑥ 하이라이트 범위 : -100 ~ +100

⑦ 그림자 범위 : -100 ~ +100   ⑧ 게인 범위 : -100 ~ +100

⑨ 감마 범위 : -100 ~ +100   ⑩ 리프트 범위 : -100 ~ +100

⑪ 색조 범위 : -180 ~ +180

이러한 총 11가지의 조정 요소 중에서 몇 가지를 적용하여 동영상 색감을 잘 맞추어 분위기 있는 '양재천의 맑은 물' 동영상을 완성하면 되겠습니다.

설명을 위해 밝기를 +25, 대비 +38, 채도 +50, 활기 +11, 그림자 +20, 게인 0, 감마 0, 리프트 0, 색조 -133으로 설정해 보겠습니다. 색조를 -133으로 설정하니 완전한 가을 단풍 분위기가 연출됩니다.

04 분위기 있는 동영상이 되었으므로 「조정」 메뉴 오른쪽 상단 확인 (ⓥ) 버튼을 클릭하여 색 보정을 완료합니다.

03 손글씨 작성 메뉴로 애니메이션 적용하기

손글씨로 자막을 작성하여 애니메이션을 적용하는 방법과 손글씨 작성 메뉴로 도형을 작성하고 이것에 대하여 애니메이션을 적용하는 방법을 설명드리겠습니다.

1. 손글씨로 애니메이션에 사용할 자막을 작성합니다

애니메이션을 적용하기 위하여 '순천만 습지 생태계'라는 자막 레이어를 작성하였습니다.

2. 「인 애니메이션」 적용하기

인 애니메이션은 손글씨가 나타날 때의 움직임을 적용하는 기능이며, 「인 애니메이션」을 클릭하고 원하는 효과를 선택하면 미리보기 화면에 효과가 적용된 모습을 반복해서 보여줍니다. 이것을 보면서 원하는 「인 애니메이션」을 선택하면 됩니다.

그리고 「인 애니메이션」과 「아웃 애니메이션」은 적용하고자 하는 효과에 시간을 설정할 수 있습니다. 즉, 손글씨가 나타날 때의 시간과 사라질 때 시간을 설정하는 것입니다. 반면에 「애니메이션」은 적용된 시간 동안 계속 나타나므로 별도로 시간을 설정하지 않습니다.

01 타임라인에 있는 손글씨 레이어 '순천만 습지 생태계'를 꾸욱 누르거나 미리보기 화면에서 '순천만 습지 생태계' 자막 글자를 꾸욱 누르면, 자막효과 편집 메뉴가 나타납니다.

자막효과 편집 메뉴는 오른쪽 상단에 있는 세 개의 일직선 아이콘입니다. 메뉴를 선택하면 빨간색으로 변합니다.

02 「인 애니메이션」아이콘을 클릭합니다.

03 「순서대로 나타내기」를 클릭합니다. 그리고 편집 메뉴 하단에 보면 애니메이션 속도를 조절하는 부분이 있습니다. 7초까지 나타나 있는데 7초를 적용시키겠습니다. 시간 길이는 글자 수에 따라 그때 그때 달라집니다. 아래 두 개의 화면은 「순서대로 나타내기」 효과를 적용한 결과 미리보기 화면에 나타나는 모습을 보여드리는 것입니다. 미리보기 화면을 보면 '순', '천', '만', '습'…… 이렇게 한 글자씩 사람이 직접 쓰는 것 같은 효과를 보여줍니다. 애니메이션 시간 설정을 길게 하면 「획별로 나타내기」와 「순서대로 나타내기」가 거의 유사한 모습으로 보여집니다. 「인 애니메이션」 메뉴 오른쪽 상단에 있는 확인(⊘) 버튼을 클릭하면 인 애니메이션 적용이 완료됩니다.

자, 이번에는 화면을 확대하여 보여드리겠습니다.

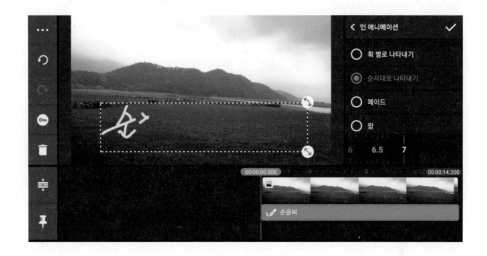

04 「인 애니메이션」 효과의 종류 : 「인 애니메이션」 효과는 ⓐ 획 별로 나타내기, ⓑ 순서대로 나타내기, ⓒ 페이드, ⓓ 팝, ⓔ 오른쪽으로 밀기, ⓕ 왼쪽으로 밀기. ⓖ 위로 밀기, ⓗ 아래로 밀기, ⓘ 시계 방향, ⓙ 반시계 방향, ⓚ 드롭, ⓛ 확대, ⓜ 축소, ⓝ 모아서 나타내기, ⓞ 오른쪽으로 닦아내기, ⓟ 왼쪽으로 닦아내기, ⓠ 위로 닦아내기, ⓡ 아래로 닦아내기, ⓢ 팝 : 중앙에서, ⓣ 팝 : 아래로, ⓤ 팝 : 위로, ⓥ 팝 : 열리며 아래로, ⓦ 아래에서 나타내기, ⓧ 위에서 나타내기, ⓨ 오른쪽에서 나타내기, ⓩ 왼쪽에서 나타내기, (a) 고무스탬프 등 총 27 종류가 있습니다.

3. 「아웃 애니메이션」 적용하기
「아웃 애니메이션」은 손글씨로 작성한 레이어가 사라질 때 사용하는 효과입니다.

01 타임라인에 있는 손글씨 레이어 '청산도 상서마을에서'를 꾸욱 누르거나 미리보기 화면에서 '청산도 상서마을에서' 자막 글자를 꾸욱 누르면, 자막효과 편집 메뉴가 나타납니다.

자막효과 편집 메뉴는 오른쪽 상단에 있는 세 개의 일직선 아이콘입니다. 메뉴를 선택하면 빨간색으로 변합니다.

02 「아웃 애니메이션」 아이콘을 클릭합니다.

03 「아래로 닦아내기」를 클릭합니다. 그리고 편집 메뉴 하단에 보면 애니메이션 속도를 조절하는 부분이 있습니다. 7초까지 나타나 있는데 7초를 적용시키겠습니다. 시간 길이는 글자수에 따라 그때 그때 달라집니다. 아래 두 개의 화면은 순서대로 나타내기 효과를 적용한 결과 미리보기 화면에 나타나는 모습을 보여드리는 것입니다. 미리보기 화면을 보면 자막 글자 전체가 위쪽에서 아래로 닦아내는 모습을 보여줍니다.

「아웃 애니메이션」 메뉴 오른쪽 상단에 있는 확인(ⓥ) 버튼을 클릭하면 아웃 애니메이션 적용이 완료됩니다.

적용된 상태에서 동영상을 재생해보면 「아웃 애니메이션」이기 때문에 처음에는 영상에 변화가 없다가 거의 마지막 부분에서 「아래로 닦아내기」 효과가 나타나는 것을 확인할 수 있습니다.

자, 이번에는 화면을 확대하여 보여드리겠습니다.

04 「아웃 애니메이션」 효과의 종류 : 「아웃 애니메이션」 효과는 ⓐ 획 별로 사라지기, ⓑ 순서대로 사라지기, ⓒ 페이드, ⓓ 오른쪽으로 밀기, ⓔ 왼쪽으로 밀기, ⓕ 위로 밀기, ⓖ 아래로 밀기, ⓗ 시계 방향, ⓘ 반시계 방향, ⓙ 축소, ⓚ 확대, ⓛ 나누어 사라지기, ⓜ 왼쪽으로 닦아내기, ⓝ 아래로 닦아내기, ⓞ 위로 닦아내기, ⓟ 스냅 : 닫히며 위로, ⓠ 스냅 : 중앙으로, ⓡ 스냅 : 위로, ⓢ 스냅 : 아래로, ⓣ 아래로 사라지기, ⓤ 위로 사라지기, ⓥ 오

른쪽으로 사라지기, ⓦ 왼쪽으로 사라지기 등 총 23 종류가 있습니다.

4. 「애니메이션」 적용하기

「애니메이션」은 손글씨로 쓴 자막이나 제목을 강조할 때 사용하는 기능이며, 「애니메이션」을 클릭하고 원하는 효과를 선택하면 미리보기 화면에 효과가 적용된 모습을 반복해서 보여줍니다. 이것을 보면서 원하는 「애니메이션」을 선택하면 됩니다.

그리고 「인 애니메이션」, 「아웃 애니메이션」과 다른 점은 「애니메이션」의 경우는 적용된 시간 동안 계속 나타나는 효과이기 때문에 별도로 시간을 설정하지 않는 것입니다.

01 이번에는 손글씨 작성 메뉴로 도형을 그리고, 그것을 동영상에 「애니메이션」 기능을 적용하는 것을 설명드리겠습니다. 타임라인에 동영상을 한 개 삽입한 후 손글씨 레이어를 클릭한 후, 원형을 클릭하여 여러 개로 구성된 동그라미 그룹을 만들겠습니다. 그리고 동그라미 그룹을 왼쪽 상단에 배치하겠습니다.

02 이번에는 손글씨 레이어를 분할(트림/분할 메뉴에서 「플레이헤드에서 분할」)하고, 손글씨 레이어를 클릭하여 오른쪽 상단에 배치하도록 하겠습니다. 동일한 레이어를 그대로 사용하는 것입니다. 다만, 레이어 위치 조절을 위해 레이어를 분할하여야 합니다.

03 동영상을 다시 한번 분할하고, 이번에는 동그라미 그룹을 회전 메뉴를 사용하여 회전시켜서 중앙에 배치하겠습니다.

04 이제 3부분으로 나누어 작성된 동그라미 그룹에 대하여 각각 다른 「애니메이션」 기능을 적용하도록 하겠습니다. 첫 번째 동영상 클립은 「애니메이션」 메뉴에서 「점멸」 효과를 적용하겠습니다.

05 두 번째 동영상 클립은 「애니메이션」 메뉴에서 「분수」 효과를 적용하겠습니다.

06 세 번째 동영상 클립은「회전」효과를 적용하겠습니다.

07 위 04, 05, 06에서 각각 효과 적용을 마무리하기 위해서는「애니메이션」메뉴 오른쪽 상단에 있는 확인(ⓥ) 버튼을 클릭하면「애니메이션」적용이 각각 완료됩니다.

08 **「애니메이션」효과의 종류** :「애니메이션」효과는 ⓐ 느리게 깜박이기, ⓑ 점멸, ⓒ 펄스, ⓓ 진동, ⓔ 분수, ⓕ 회전, ⓖ 플로팅, ⓗ 드리프팅, ⓘ 댄싱, ⓙ 비내림 효과, ⓚ 반시계 방향, ⓛ 시계 방향 등 총 12 종류가 있습니다.

04 알파(불투명도) 적용하기

손글씨로 자막을 작성하여 알파(불투명도)를 적용하는 방법을 설명드리겠습니다.

1. 알파(불투명도)에 대한 이해

알파 필터(Alpha filter)는 바탕색이나 바탕 그림이 있을 때 그 바탕색이나 바탕 그림에 대한 불투명도를 나타내는 용어입니다.

수치는 0부터 100까지 사용할 수 있으며, 이 수치는 백분율(%)을 나타내는 것입니다. 불투명도 100%는 명확하게 아주 밝게 나타나는 것이고, 불투명도 0%는 전혀 안 보이는 것을 의미합니다.

2. 알파(불투명도 적용하기)

그러면 알파(불투명도) 적용하기에 대하여 설명드리겠습니다.

01 타임라인에 동영상 클립을 삽입하고 '텅빈 학교 모습'이라고 손글씨로 입력하겠습니다.

02 소프라노 색소폰을 들고 있는 연주자 사진을 레이어로 삽입하겠습니다.

03 소프라노 색소폰 들고 있는 사진 클립을 선택하고, 편집 메뉴에서 알파(불투명도)를 100%를 선택합니다. 그리고 '텅빈 학교 모습' 손글씨 레이어도 선택하여 편집 메뉴에서 알파(불투명도)를 100%를 선택합니다. 그러면 바탕에 있는 '텅빈 학교 모습' 글자와 교실 배경 영상이 전혀 안보이고, 소프라노 색소폰 들고 있는 연주자 사진 클립만 보이게 됩니다.

04 이번에는 동영상 클립을 분할하고(플레이 헤드에서 분할 메뉴를 사용하여 분할), 소프라노 색소폰을 들고 있는 연주자 사진 클립을 선택하여 편집 메뉴에서 알파(불투명도)를 40%로 설정한 모습입니다. 이제 '텅빈 학교 모습' 손글씨와 교실 모습, 그리고 소프라노 색소폰을 들고 있는 연주자 사진이 겹쳐서 보입니다.

05 이번에도 동영상 클립을 분할하고(플레이 헤드에서 분할 메뉴를 사용하여 분할), 소프라노 색소폰을 들고 있는 연주자 사진 클립을 선택하여 편집 메뉴에서 알파(불투명도)를 0%로 설정한 모습입니다. 이제 '텅빈 학교 모습' 손글씨와 교실 모습만 보이고, 소프라노 색소폰을 들고 있는 연주자 모습은 완전히 사라졌습니다.

05 회전 적용하기

손글씨로 도형을 작성하여 회전을 적용하는 방법을 설명드리겠습니다.

1. 회전에 대한 이해

글자나 도형 등을 시계 방향, 반시계 방향으로 회전시킬 수 있으며, 임의의 각도와 위치, 크기 등으로도 회전을 시킬 수 있습니다.

2. 회전의 적용

01 회전을 적용할 배경 사진을 타임라인에 삽입한 후 편집 메뉴에서 「레이어」 메뉴에 있는 「손글씨」 메뉴를 클릭합니다. 글씨 입력 툴 메뉴에서 연필 모양 아이콘을 클릭하여 회전시킬 모양을 만들겠습니다.

손글씨를 작성할 때는 먼저 색상을 선택한 후에 손글씨를 쓰거나 직선 또는 도형을 그려야 하고, 레이어 단위로 모든 효과가 적용된다는 것을 항상 기억하시기 바랍니다.

02 편집 메뉴 오른쪽 상단에 있는 확인(ⓥ) 버튼을 클릭합니다.

03 타임라인에 있는 손글씨 레이어 또는 미리보기 화면에 있는 도형 모양을 꾸욱 눌러주면 「효과 적용」 메뉴가 활성화되면서 미리보기 화면에 있는 도형에 점선의 사각형 조절선이 생성됩니다. 「효과 적용」 메뉴에서 「회전」을 클릭합니다.

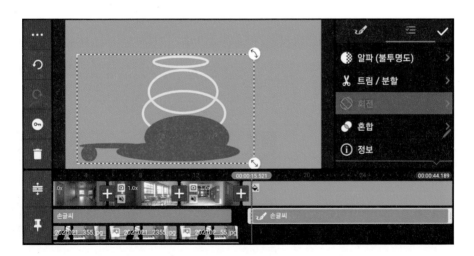

04 회전은 시계 방향과 반시계 방향 중 한 가지를 선택할 수 있습니다. 설명을 위해 시계 방향 아이콘을 클릭합니다.

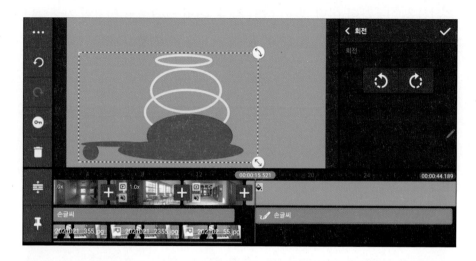

05 그러면 아래 화면과 같이 도형이 시계 방향으로 회전된 모습을 확인할 수 있습니다.

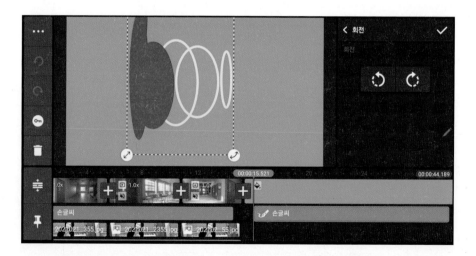

06 이 상태에서 메뉴를 가지고 조정하는 것은 90도씩 시계 방향이나 반시계 방향으로 회전시키는 것이지만, 깜박거리고 있는 사각형 조절선을 이용하여 어떤 방향, 어떤 각도, 어떤 크기로도 변형이 가능합니다. 설명을 위해 오른쪽으로 45도 틀고, 크기를 작게 하여 회전시켜 보겠습니다. 아래 화면과 같이 회전되었습니다.

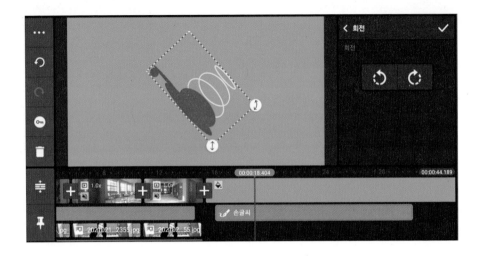

05 「회전」 메뉴 오른쪽 상단에 있는 확인(⊙) 버튼을 클릭하면 회전 효과 적용이 완료됩니다.

06 혼합 기능 적용하기

사진이나 동영상 배경과 글자 색을 여러 가지 옵션으로 혼합하는 방법을 설명드리겠습니다

1. 혼합 기능에 대한 이해

혼합은 사진이나 동영상 배경과 글자 색을 여러 가지 옵션과 혼합하여 주는 것을 의미합니다. 즉, 혼합의 옵션은 불투명도 + 옵션의 형식으로 결과가 나타납니다.

혼합 기능의 옵션은 ① 오버레이, ② 곱하기, ③ 스크린, ④ 소프트라이트, ⑤ 하드라이트, ⑥ 밝게, ⑦ 어둡게, ⑧ 색상 번 등 총 8가지가 있습니다. 그리고 「보통」은 혼합을 적용했다가 적용을 취소하는 원위치 옵션입니다. 이러한 것을 불투명도와 조합하여 멋진 혼합 기능을 적용할 수 있습니다.

또한 텍스트(T) 레이어의 색상을 변경하는 것은 색상표에서 단색을 선택하는 것이 일반적인 방법인데, 텍스트의 색상을 멋진 영상으로 채워 넣는 혼합 기능도 사용할 수 있습니다.

2. 손글씨로 작성한 자막에 혼합 기능 적용하기

01 혼합 기능 적용을 위해 타임라인에 사진을 한 장 삽입하고 설명을 위해 '아름다운 자연 경관'이라는 손글씨 자막을 넣어 보겠습니다.

02 타임라인에 있는 손글씨 레이어를 꾸욱 누르거나 미리보기 화면에 있는 자막 글자를 꾸욱 눌러주면 효과 적용 메뉴가 나타납니다. 「혼합」 메뉴를 클릭합니다. 「혼합」 메뉴의 하위 메뉴를 선택하기 전에 불투명도를 설정할 수 있습니다. 불투명도가 100%일 경우 자막의 원본 색상이 나타나고, 0%일 경우는 자막 자체가 보이지 않게 사라집니다. 불투명도는 다른 하위 메뉴를 선택해 보면서 조절하면 됩니다.

03 「오버레이」를 선택하고, 불투명도를 100%로 설정한 결과는 아래 화면과 같습니다.

04 「오버레이」 효과 적용을 마쳤으므로 「혼합」 메뉴 오른쪽 상단의 확인(⊙) 버튼을 클릭하면 완료됩니다.

3. 텍스트로 작성한 자막에 혼합 기능 적용하기

01 혼합 기능 적용을 위해 타임라인에 사진을 한 장 삽입하고 설명을 위해 '아름다운 자연 경관'이라는 글자를 「레이어」 메뉴에 있는 「텍스트」 메뉴로 작성하겠습니다.

이때 자막 글자에 윤곽선을 적용하겠습니다. 그 결과는 아래 화면과 같습니다.

02 타임라인에 있는 텍스트 레이어를 꾸욱 누르거나 미리보기 화면에 있는 자막 글자를 꾸욱 눌러주면 효과 적용 메뉴가 나타납니다. 「혼합」 메뉴를 클릭합니다.

「혼합」 메뉴의 하위 메뉴를 선택하기 전에 불투명도를 설정할 수 있습니다.

「불투명도」 메뉴를 클릭하고 상, 하로 되어 있는 불투명도 조절 바를 이용하여 불투명도를 적용시켜 주는데, 투명도가 100%일 경우 자막의 원본 색상이 나타나고 0%일 경우는 자막 자체가 보이지 않게 사라집니다. 설명을 위해 불투명도는 100%로 설정하겠습니다.

그러나 「혼합」 메뉴에 들어가도 불투명도를 적용하는 조절 바가 수평으로 있기 때문에 구태여 먼저 불투명도를 적용할 필요는 없습니다.

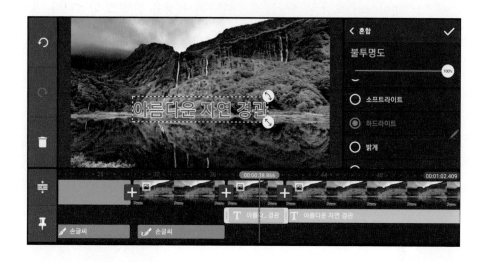

03 「혼합」 메뉴는 손글씨 효과 적용 메뉴에 있는 내용과 동일합니다. 「하드라이트」을 선택하고, 불투명도를 100%로 설정하겠습니다. 이제 「혼합」 메뉴 오른쪽 상단에 있는 확인(ⓥ) 버튼을 클릭하면 혼합 적용이 완료됩니다.

적용된 모습은 아래 화면과 같습니다.

4. 혼합 기능을 적용하여 텍스트 안에 영상 삽입하기

텍스트 레이어의 색상은 색상표에서 단일한 색상을 선택하게 됩니다. 물론 색상 스펙트럼이나 RGB 값을 적용하면 단일한 색상이라고 보기는 어렵지만, 쉽게 표현하자면 단일색상인 것입니다.

그래서 혼합기능을 적용하여 텍스트 안에 영상을 입혀서 멋진 도입부 영상을 만들어 보도록 하겠습니다.

01 타임라인에 흰색 이미지를 삽입합니다.

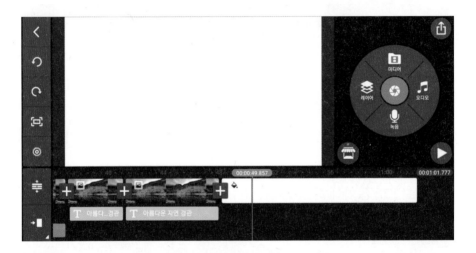

02 도입부분에 활용할 영상이므로 동영상 제목을 입력하도록 하겠습니다. '2021 KOREA LAB'이라고 입력하겠습니다. 폰트는 한국어 폰트 중 가장 볼륨감이 있는 「SCDream9」를 사용하고, 글자 색상은 검정색으로 하겠습니다.

03 플레이 헤드를 텍스트 제목이 시작되는 지점에 위치시키고, 「레이어」 메뉴 안에 있는 「미디어」를 클릭하여 텍스트 레이어 위에 올라갈 이미지를 선택하여 타임라인에 삽입합니다.(PIP 개념) 그리고 미리보기 화면을 보면서 새로 레이어로 삽입된 이미지가 텍스트를 충분히 덮을 수 있도록 위치와 크기를 조절합니다.

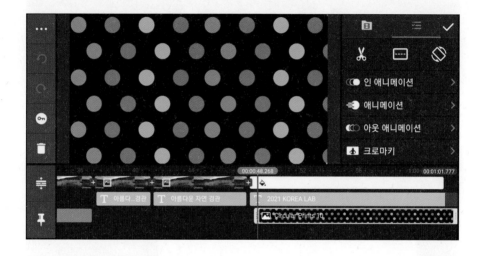

04 새로 삽입한 이미지 레이어를 꾹 누르고 편집 메뉴에서 「혼합」 메뉴를 클릭합니다.

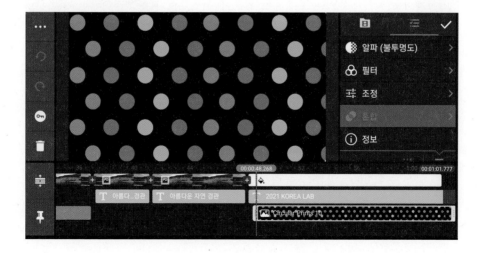

05 「혼합」메뉴에서 「스크린」을 클릭합니다.

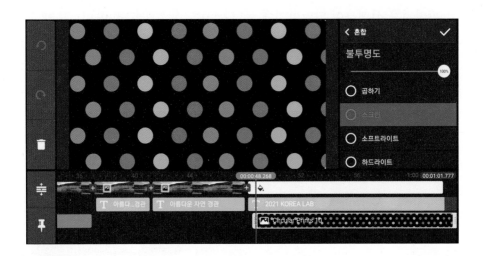

06 「혼합」메뉴에서 「스크린」을 클릭한 결과 화면입니다.

07 「스크린」효과를 마무리하기 위해서 「혼합」메뉴 오른쪽 상단에 있
는 확인(ⓥ) 버튼을 클릭하면 이제 멋진 도입 부분의 동영상이 완성
되었습니다.

TIP

슬립 기능

    슬립 기능이란 좌우로 움직여서 동영상의 시작점과 끝점을 변경하는 기능입니다. 슬립 기능을 이용하면 트림(컷 편집)된 길이 내에서 동영상 클립의 구간을 설정할 수 있습니다. 또한 클립 교체시 이미 타임라인에 추가되어 있는 클립의 길이를 유지하면서 원하는 구간으로 교체할 수 있습니다.

    타임라인에 삽입된 동영상을 탭(꾸욱 누름)하면 적색의 사각형 라인이 생성되면서 편집 메뉴 상단 가운데에 좌우로 벌리는 모양(丨↔丨)의 아이콘이 생성됩니다. 클립을 엄지와 검지 손가락으로 앞뒤로 밀어 위치를 조정하면 됩니다.

CHAPTER 06

오디오 메뉴를
활용한
오디오 편집(Ⅰ)

01 오디오 브라우저의 구성 요소

여기서는 오디오 브라우저의 구성 요소에 대하여 설명드리겠습니다.

1. 오디오 브라우저의 구성 요소

1) 오디오 브라우저 전체 화면 모드 켜기 (On)

KineMaster 앱의 홈 화면에서 「설정」 메뉴에 들어가서 「편집」 메뉴에 있는 「오디오 브라우저 전체 화면 모드」를 켜면 오디오 브라우저가 전체화면으로 보입니다.

×   설정

기기 성능 정보

KineMaster 초기화
앱이 처음 설치한 상태로 돌아갑니다. (프로젝트와 에셋은 제거되지 않습니다.)

편집

미디어 브라우저의 전체 화면 모드
꺼짐: 미디어 브라우저가 타임라인 위로 나타납니다.

오디오 브라우저 전체 화면 모드
커짐: 오디오 브라우저가 전체 화면으로 보입니다.

정렬

프로젝트 목록 정렬 기준
수정한 날짜

고급

그런데 타임라인에 사진이나 동영상 클립을 삽입해야만 편집 작업 영역에서 「오디오」 메뉴가 활성화되기 때문에 우선적으로 해야 할 일은 동영상 편집에 사용할 미디어 소스(사진 또는 동영상)를 타임라인에 불러오는 것입니다.

아무런 작업을 하지 않은 상태에서는 편집 메뉴에서 「미디어」 메뉴만 활성화되어 있습니다. 일단 사진이 삽입되면 편집 메뉴에 있는 「오디오」, 「레이어」, 「녹음」 메뉴가 활성화됩니다.

이것은 동영상 편집에서 가장 중요한 개념인데, 타임라인 패널에 있는 메뉴들이 활성화되기 위해서는 미디어 소스인 사진이나 동영상이 타임라인에 삽입이 되어야 이 미디어 소스들을 기초로 하여 나머지 작업이 이루어질 수 있기 때문입니다.

설명을 위해 사진 클립을 타임라인에 삽입하겠습니다.

이제 편집 메뉴에서 「오디오」 메뉴를 클릭하면 오디오 브라우저가 전체 화면으로 보입니다. 아래 화면의 오른쪽을 보시면 오디오 브라우저가 전체 화면으로 보이는 것을 확인할 수 있습니다.

오디오 브라우저는 ① 음악, ② 효과음, ③ 녹음, ④ 곡, ⑤ 앨범, ⑥ 아티스트, ⑦ 장르, ⑧ 폴더 등 총 8개의 범주로 구성되어 있습니다.

이 중에서 에셋 스토어에서 다운로드 받을 것은 ① 음악, ②효과음 이 두 가지입니다.

무료 사용자의 경우 최초 사용 시에는 에셋 스토어에 들어가면 아무 음악도 없고, 〈음악 에셋 받기〉를 클릭하고 음악을 다운로드 받아야 사용하실 수 있습니다.

① **음악** : KineMaster 앱에서 에셋 스토어를 통해 제공하는 음악이 있음

② **효과음** : 「한글」과 「영어」로 효과음 이름이 표기되어 있음

③ **녹음**

    KineMaster 앱으로 녹음한 음원이 저장되는 폴더

    예) KineMaster_Audio_2021-03-16 19.59.16 ------------0.12 (초)

④ **곡**

    ⓐ 본인이 소지한 스마트폰에 설치된 녹음용 소프트웨어로 녹음한 음원

    ⓑ 본인이 소지한 스마트폰에 저장한 음악 소스

⑤ **앨범**

    ⓐ 본인이 소지한 스마트폰에 설치된 녹음용 소프트웨어로 녹음한 음원

    ⓑ Kakao Talk에서 Download 받은 음원

    ⓒ E-Mail로 받은 음원 (예 : DaumMail)

    ⓓ 본인이 소지한 스마트폰에 음원용으로 만든 폴더에 저장된 음원

⑥ **아티스트**

    ⓐ 가수들이 노래 부른 것들

    ⓑ 본인이 스마트폰에 설치된 녹음용 소프트웨어로 녹음한 음원

⑦ **장르**

    ⓐ 〈unknown〉　ⓑ Cinematic New　ⓒ Traditional　ⓓ Vocal

⑧ 폴더

ⓐ 본인이 소지한 스마트폰에 음원용으로 만든 폴더에 저장된 음원

ⓑ Call : 전화 통화 녹음 음원

2) 오디오 브라우저 전체 화면 모드 끄기 (OFF)

KineMaster 앱의 홈 화면의 「설정」 메뉴에 들어가서 「편집」 메뉴에 있는 「오디오 브라우저 전체 화면 모드」의 선택 버튼을 하얀색으로 바꾸면 꺼진 것입니다.

「오디오 브라우저 전체 화면 모드」를 끄면, 오디오 브라우저가 타임라인 위로 나타납니다. 아래 화면은 「오디오 브라우저 전체 화면 모드」가 꺼진 상태입니다.

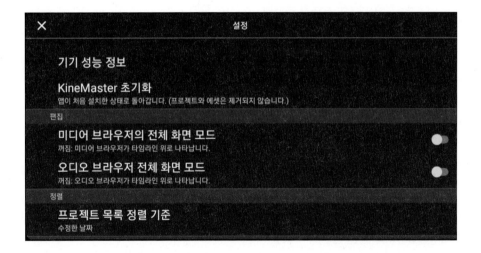

아래 화면처럼 오디오 브라우저가 타임라인 위로 나타납니다.

 TIP **오디오 브라우저에서 곡명 빠르게 찾는 방법**

오디오 브라우저의 맨 오른쪽을 보면 숫자, 한글 초성, 영어 알파벳 문자가 나타납니다. 소트(Sort) 기능을 가지고 있는 것입니다. 그러므로 맨 오른쪽 숫자나 문자를 눌러서 찾으면 쉽게 찾을 수 있습니다. 아래 화면은 음악 에셋에서 영문자 K로 시작하는 곡명들이 나타나 있습니다. 맨 오른쪽에 있는 영문자 K를 눌러서 찾은 결과입니다.

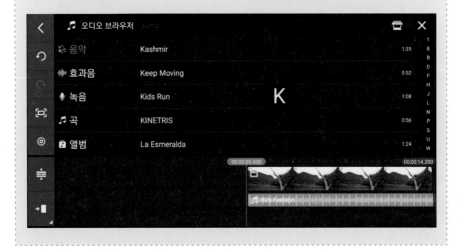

02 음악 에셋과 효과음 에셋

여기서는 편집 메뉴 중 「오디오」 메뉴를 클릭하였을 때 나타나는 「오디오 브라우저」에 있는 「음악」 에셋과 「효과음」 에셋에 대하여 설명드리겠습니다.

1. 음악 에셋

무료 사용자의 경우 오디오 브라우저를 열고 음악 에셋 폴더를 보면 음악 이 없고, 「음악 에셋 받기」 폴더만 보입니다.

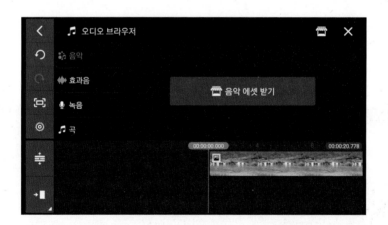

「음악 에셋 받기」 폴더를 클릭하면, ⓐ 팝, ⓑ 아티스트, ⓒ 어쿠스틱, ⓓ 어린이, ⓔ OST, ⓕ 클래식, ⓖ 댄스, ⓗ EDM, ⓘ 일렉트로니카, ⓙ 힙합, ⓚ 캐롤, ⓛ 재즈/블루스, ⓜ Lo-Fi, ⓝ 뉴에이지, ⓞ 알앤비/소울, ⓟ 락, ⓠ 월드, ⓡ 테마 등 총 18개 카테고리를 만들어 놓고, 해당 장르 카테고리 안에 음악 에셋을 제공하고 있는 것을 볼 수 있습니다.

1) 다운로드 방법

설명을 위해 「아티스트」 카테고리 안에 있는 음악 중에서 〈Waiting Inst., 무료 3.7 MB〉 음악을 다운로드 받아 보도록 하겠습니다.

01 해당 음악 오른쪽에 있는 「다운로드」 버튼을 클릭합니다. 종전에는 광고를 시청 후 다운로드할 수 있었는데, KineMaster 5.0 버전으로 업그레이드되면서 광고 시청 없이 곧바로 다운로드할 수 있도록 KineMaster 정책이 변경되었습니다.

02 「다운로드」 버튼을 클릭하면 아래 화면과 같이 바로 다운로드가 되고, 「설치됨」이라고 표시됩니다.

03 오른쪽 상단에 있는 「My⁽에셋⁾」 폴더를 열고 음악 폴더를 열어보면 방금 다운로드 받은 음악이 들어 있는 것을 확인할 수 있습니다. 「My⁽에셋⁾」 폴더를 열어보고, 불필요한 에셋은 삭제할 수 있습니다.

04 그리고 음악 에셋을 다운로드 받기 전에 미리 들어보고, 마음에 드는 음악을 다운로드 받으시기를 추천드립니다. 아래 화면처럼 미리 듣기를 할 수가 있으므로 재생 버튼을 눌러 들어보신 후 다운로드 여부를 결정하시는 것이 좋습니다.

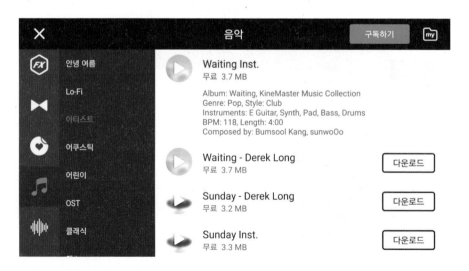

2) 오디오 브라우저에 다운로드 받은 음악이 보이는 모습

자, 음악 1개를 다운로드 받았으니까 이제 오디오 브라우저를 열고, 어떻게 다운로드한 음악이 보이는지 살펴보겠습니다. 아래 오른쪽 화면을 보시면 조금 전에 다운로드 받은 〈Waiting Inst., 무료 3.7 MB〉 음악 에셋이 보입니다.

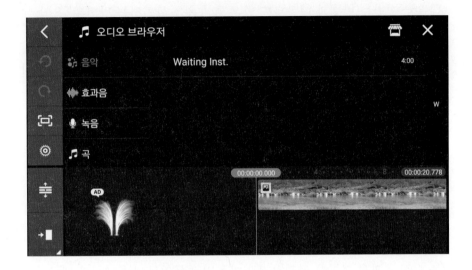

프리미엄 사용자나 무료 사용자나 음악 에셋을 다운로드 받고, 이용하는 것에는 차이점이 전혀 없습니다. 그리고 KineMaster社에서 제공하는 음원은 저작권에 대한 부담감 없이 자유롭게 사용하실 수 있습니다.

2. 효과음 에셋

효과음을 잘 활용하면 멋진 동영상 콘텐츠를 제작할 수 있습니다. 효과음 에셋 리스트는 아래 도표와 같습니다. 무료 사용자의 경우 오디오 브라우저를 열고 「효과음 에셋」 폴더를 보면 효과음이 없고, 「효과음 에셋 받기」 폴더만 보입니다.

다운로드 받는 방법과 다운로드 받은 효과음을 확인하는 방법은 「음악 에셋」 설명 내용을 참조해 주시기 바랍니다.

KineMaster 앱을 사용하여 동영상을 만든 경험에 의하면 '이 장면에 어떤 특정한 효과음을 넣기는 넣어야 하는데, 도대체 그런 효과음이 제공되고 있는지 자체를 알 수가 없어서 답답한 적이 여러 번 있었습니다.

영화를 제작하는 업체(영화제작사)에서는 효과를 담당하는 전문가가 따로 있으니까 문제될 것이 없지만, 이제 동영상 제작에 대해 어렴풋이 개념만 겨우 잡은 상태에서는 효과음을 사용한다는 것이 결코 쉬운 일은 아닙니다.

그래서 다소 무식한 방법이지만, 현재까지 KineMaster 앱에서 지원되고 있는 모든 효과음 목록을 작성하기로 마음먹고 독자들에게 편의를 제공하기 위해 애써서 작성한 도표입니다.

효과음이 있다는 것을 아는 것 자체가 시간을 절약해 줄 수 있고, 또 효과음이 없다면 본인이 직접 제작하거나 아니면 효과음을 따로 구해서 사용하면 되는 것입니다. 이 책을 곁에 두고 필요할 때마다 참고하신다면 보다 멋진 동영상 콘텐츠를 제작하실 수 있으리라 생각합니다.

효과음 에셋 구성 요소

기본 에셋 명칭	하위 에셋 명칭
앰비언스	비 잔잔함, 비 농촌지역, 비와 새소리, 파도 부서지는 소리 (1, 2), 시티 트래픽, 폭포, 바베큐, 계곡 (1, 2, 3)
관중 반응	스타디움 관중, 스튜디오 방청객 (무료, 1, 2) , 응원과 야유 (1, 2, 3, 4), 박수갈채, 웃음 무료, 웃음, 환호
자동차	긴급 사이렌, 와이퍼, 엔진 시동과 그 외, 출발과 정차, 다양한 차 소리들, 경적, 출발 준비
만화 & 재미	고전효과 (1, 2, 3) 8비트 효과 (1, 2, 3, 4), 코믹 악센트(1, 2, 3), 카운트 다운, 전환 1, 공상과학, 목소리(1, 2, 3, 4, 5, 6, 7, 8), 하품, 와우, 동물, 비명, 놀람, 웃음(웃음, 1, 2), 안도, 스모키(1, 2), 보잉, 팝, 심장 소리, 멍멍
문	서랍, 커튼, 블라인드, 문 고리, 꽝 닫기, 샤워 부스, 노크(1, 2), 닫기, 열기, 미닫이문 열기, 미닫이문 닫기, 삐걱이는 문과 바닥(1, 2), 문
판타지 필름	칼 슬라이딩, 칼 집어넣기, 칼 싸움(1, 2), 칼 뽑기, 말, 갑옷과 칼,
발자국	발자국 소리(1, 2, 3, 4, 5)
일반	라이터/기타, 가스 새는 소리, 가구 끌기, 새 지저귀는 소리, 뽀뽁이, 벨(1, 2, 3), 윈드벨, 실로폰, 뿅망치, 망치, 성냥, 마우스 클릭, 키보드 타이핑, 비, 병 따기, 길거리 현장음
기타 액센트	기타 하모닉스(1, 2), 기타 액센트(무료, 1, 2, 3, 4, 5, 6, 7, 8, 9, 10, 11), 기타 뮤트, 기타 피크 슬라이드, 기타 아르페지오, 기타 플러킹.
쿵, 휘익	시네마틱 트레일러(1, 2, 3, 4, 5, 6), 부수기, 극적인 전환(1, 2), 또 다른 극적인 전환 (1, 2), 휘익
도서관	연필(1, 2), 종이, 종이 구겨지는 소리, 도서관, 책 넘기는 소리
기계 & 도구	드릴/진동, 스위치, 톱질, 월풀, 작은 청소기, 스테이플러, 시계, 카메라, 쉐이커, 전화기 다이얼링, 핸드 드릴(1, 2), 토스터, 가스 레인지, 휴대용 가스 버너, 세탁기, 믹서기, 자전거와 자물쇠, 찰칵,
음악 효과	시네마틱 피아노, 칩튠 1, 시네마틱 인트로 1, 음악 효과(1, 2, 3, 4, 5, 6, 7, 8, 9), 드럼 그루브(1, 2), 알림 종, 드럼 롤
때리기 & 부수기	복싱 샌드백, 유리 깨지는 소리(1, 2), 펀치와 킥
스포츠	복싱 벨, 스포츠(1, 2), 다양한 호각 소리, 호각 소리
천둥	천둥
TV & 전자제품	버튼과 인터페이스(무료, 1, 2, 3, 4, 5, 6, 7, 8), 그 외의 전화기 소리, 전화기, 키톤-레트로, 키톤-클린, 일렉트릭(1, 2), 클릭, 노이즈, 전기 노이즈, TV 신호조정, TV 켜기/끄기, TV 신호 없음
성우	고양이, 웃음, 리액션(무료, 1), 동물소리(무료, 1)비명과 명령, 비명과 고성, 동물소리
물	다양한 물소리, 마시는 소리, 기타 물소리, 낙하, 끼얹기, 따르기, 탄산음료 따르기, 첨벙, 첨벙 무료, 분사, 보글보글, 물소리(1, 2)

동영상에서 소리 제거 및 음악 삽입하기

동영상을 촬영하게 되면 항상 소리가 함께 녹음이 됩니다. 그 소리가 연주곡이나 또는 자연의 소리(새소리, 물소리, 바람소리, 사람들 떠드는 소리, 경기장 관중 소리 등)로서 그대로 사용할 경우에는 문제가 되지 않습니다.

그러나 동영상에 자동적으로 삽입되어 녹음된 소리를 제거하고, 새로운 음원을 삽입 해야 할 경우도 많이 있습니다. 이러한 것에 대하여 설명드리겠습니다.

1. 동영상에서 소리 제거하기

01 주변 소음이 포함된 동영상을 타임라인에 한 개 삽입합니다.

02 동영상 클립을 꾸욱 눌러서 편집 메뉴에 있는 「오디오 추출」을 클릭합니다.

03 아래 화면과 같이 동영상에 포함되어 있던 오디오가 추출됩니다.

04 편집 메뉴 오른쪽 상단에 있는 확인(ⓥ) 버튼을 클릭하면 오디오 추출이 완료됩니다.

05 이제 추출된 오디오 클립을 제거하기 위해 추출된 오디오 클립을 꾸욱 눌러줍니다.

동영상에 있던 오디오가 추출되었지만, 제거 후 다시 동영상을 꾸욱 누르고 편집 메뉴에서 「오디오 추출」 메뉴를 클릭하면 몇 번이고 오디오는 계속 추출됩니다.

왜냐하면 한 번 오디오를 추출했다 하더라도 원본 동영상에는 계속 남아있기 때문입니다.

06 미리보기 화면 왼쪽에 있는 툴(Tool) 패널에서 휴지통 아이콘을 클릭합니다. 그러면 타임라인에 삽입되어 있던 추출된 오디오 음원이 삭제됩니다.

07 아래 화면은 동영상에서 오디오가 추출된 모습입니다.

2. 동영상에 음악 삽입하기

01 오디오가 추출된 동영상이 타임라인에 있는 상태로 시작해 보겠습니다. 재생버튼을 눌러 봅니다. 아무 소리도 나지 않으면 된 것이고, 소리가 나면 오디오 추출이 안 된 것입니다. 동영상에서 오디오가 추출되면 동영상 클립의 맨 앞부분 위쪽에 동영상을 표시하는 필름 모양이 있고, 바로 아래에 보면 스피커에 빗금을 그어 오디오가 추출된 것을 표시해 주고 있습니다.

02 음악을 삽입하겠습니다. 음악은 다양한 소스로부터 삽입이 가능한데 방법은 모두 동일합니다.

① KineMaster 앱의 「에셋 스토어」에 있는 「음악」을 다운로드 받아 사용하실 수 있습니다. 처음 사용자는 음악이 없습니다. 그러므로 음악을 다운로드 받아 사용하시면 됩니다.

② 동영상 촬영 시 포함된 음악은 추출해서 제거한 후 전문 오디오 녹음장비로 녹음한 음원을 삽입합니다. 만약 연주자가 악기를 가지고 직접 연주한 동영상일 경우에는 관악기이든지 타악기이든지 동영상과 새로 삽입한 음악의 시작 부분을 일치시키는 작업(Sync : 통상 입 맞추기 작업이라고 부름)이 필요합니다.

③ 본인이 전문 오디오 장비로 음성을 녹음(말하기)한 후 그 음원을 사용할 수 있습니다.

④ 기타 다양한 음원을 구해서 삽입할 수 있습니다. 다만, 저작권 침해 소지가 있는 음원은 사용하지 말아야 합니다.

음악을 삽입하기에 앞서 「프로젝트 설정」 메뉴에서 「마스터 볼륨 자동조절」 버튼을 클릭하여 빨간색 동그라미가 보이도록 설정합니다.

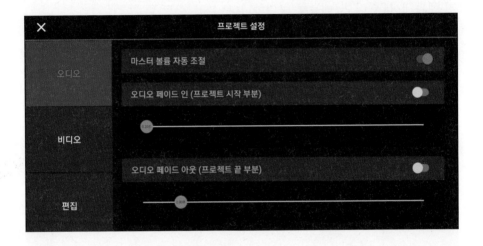

만약에 자동조절을 원하지 않을 경우 「마스터 볼륨 자동조절」 버튼을 활성화시키지 않고 하얀색 상태로 유지하면 됩니다. 이렇게 되면 프로젝트 마스터 볼륨을 여러분이 직접 조절해야 하는데, 이것이 불편하므로 그냥 「마스터 볼륨 자동조절」 버튼을 활성화시켜 놓도록 하겠습니다.

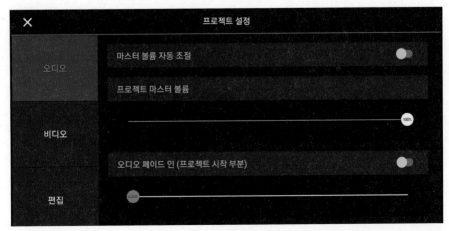

오디오 페이드 인(프로젝트 시작부분)과 오디오 페이드 아웃(프로젝트 끝부분)은 필요시 적용시키면 되는데, 일반적으로 이 부분은 특별한 경우에 조절하고 보통은 그냥 해제된 상태로 영상 편집 작업을 합니다.

03 이제 음악 에셋으로 가서 음악 한 개를 동영상에 삽입하도록 하겠습니다. 음악이 삽입될 시작 부분에 플레이 헤드를 위치시키고, 편집 메뉴에서「오디오」메뉴를 클릭합니다.

04 설명을 위해 오디오 브라우저에 있는「음악」에셋 중 12 Variations KV265(Alphabet Song)을 선택하면 음악이 자동적으로 재생됩니다. 무한 반복 재생되기 때문에 + 기호 우측에 있는 정지 버튼을 눌러 정지시키면 됩니다. 들어본 후 원하는 음악일 경우 + 버튼을 누르면 해당 음악이 동영상의 플레이 헤드 부분 타임라인에 레이어로 삽입됩니다. 그럼 이 음악을 선택하겠습니다. + 버튼을 클릭합니다.

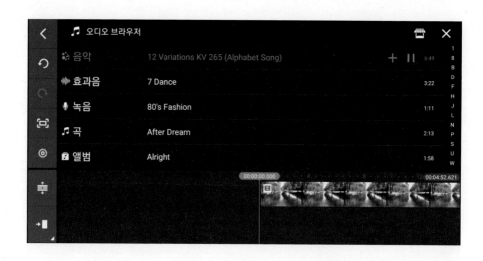

05 + 버튼을 클릭하면 바로 동영상 클립 아래에 음악이 삽입됩니다.

06 이제 「오디오 브라우저」 오른쪽 상단에 있는 확인(×) 버튼을 클릭
하면 완료됩니다.

04 동영상에 효과음 삽입하기

동영상에 효과음을 삽입하는 방법을 설명드리겠습니다.

1. 효과음에 대한 이해

동영상 편집에서 효과음은 콘텐츠 내용에 따라 차이가 있습니다. 예를 들어, 악기를 연주한 콘텐츠는 효과음이 필요 없습니다. 그러나 한 편의 단편 영화를 만든다고 가정한다면, 여기에는 정말로 다양한 효과음이 사용될 수 있습니다.

배경 음악이 동영상에 잔잔하게 흐르면서 중간 중간에 효과음을 삽입하는 것도 하나의 방법일 수 있고, 단순하게 해당 장면에 효과음만 삽입할 수도 있고, 소리가 전혀 안 나는 부분이 있을 수도 있습니다.

결국, 효과음이라는 것은 영상을 편집하는 사람의 능력과 자질, 경험 등 여러 가지 요소에 따라 그 결과가 나타나기 때문에 여러분들께서는 많은 동영상 콘텐츠를 시청하시면서 본인 취향에 맞게 효과음을 사용하시면 되겠습니다.

분명한 것은 효과음은 효과음이 꼭 필요한 부분에 요망하는 효과, 즉 기대하는 목적에 맞게 적절한 수준에서 사용해야 한다는 것입니다.

2. 동영상에 효과음 삽입

01 효과음을 삽입하고자 하는 동영상 위치에 플레이 헤드를 위치시킵니다. 원래 동영상에 포함된 야외 농막에서 들리는 자연의 소리는 오디오를 추출하지 않고, 그 상태에서 새로운 효과음을 삽입해 보겠습니다.

02 편집 메뉴에서 「오디오」를 클릭합니다.

03 「오디오 브라우저」가 나타나는데 「효과음」 에셋에서 「새 지저귀는 소리」 에셋 중에서 「Birds Singing」 효과음을 들어보겠습니다. 효과음을 선택하면 빨간색으로 변하면서 자동적으로 효과음이 재생됩니다. 재생을 정지할 수도 있고, 원하는 효과음이라면 +표시를 눌러주면 동영상 클립에 효과음이 삽입됩니다.

04 + 버튼을 클릭하여 「Birds Singing」 효과음을 삽입하겠습니다.

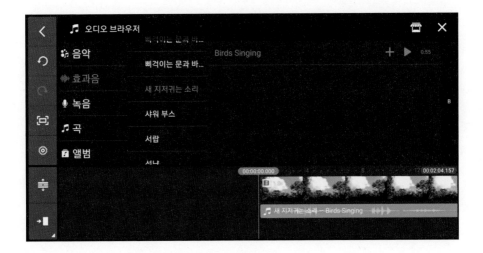

05 「오디오 브라우저」 오른쪽 상단에 있는 확인(×) 버튼을 클릭하면
효과음 삽입이 완료됩니다. 재생 버튼을 눌러보면 플레이 헤드가
있는 부분부터 동영상에 어울리게 새소리가 동영상 자체에 있는 바람소리
등과 아주 잘 어울리는 것을 확인할 수 있습니다.

05 믹서

동영상에 음악을 삽입한 후 믹서를 사용하기 위한 메뉴 설명과 믹서 적용법을 설명드리겠습니다.

1. 믹서에 대한 이해

믹서는 PC용 동영상 편집 프로그램이나 DAW, 또는 MuseScore와 같은 악보를 제작하는 사보 프로그램에 포함되어 있는 기능 중 하나입니다. MuseScore와 같은 사보 프로그램에서는 믹서가 Sound, 음량, Pan, MIDI 포트, 마스터 게인(볼륨), Mute Voice 등을 조정하는 역할을 합니다.

동영상을 편집하는데 음악이나 효과음의 삽입, 녹음된 음원의 음정 조절 등에서 믹서 기능이 필요한 것입니다. 통상 가수들이 앨범 제작시 믹싱(Mixing) 작업을 하는 것을 연상해 보시면 이해하기 쉽습니다.

동영상을 편집하면서 도중에 편집 메뉴에 있는「믹서」메뉴를 사용하여 소리를 크게 하기도 하고, 작게 하기도 할 수 있게 하는 것이 바로 믹서의 기능입니다. 특히 동영상이 길이가 긴 경우 특정 부분의 음악 소리를 크거나 작게 조절하여 화면에 나타나는 상황과 음악 소리가 잘 어울리게 하는 방법이 필요할 때가 있습니다.

KineMaster 앱은 이 앱에서 사용하는 오디오가 포함된 모든 요소들에 대하여 믹서 기능을 제공하고 있습니다. 즉, 동영상이나 레이어(동영상, 음성 녹음, 효과음, 오디오 등)에 대하여 믹서 기능을 적용할 수 있는 것입니다.

2. 믹서의 메뉴

01 타임라인에 원래 오디오가 포함된 동영상을 삽입하고, 동영상 클립
을 꾸욱 눌러 나타나는 편집 메뉴 중 「볼륨」을 클릭하겠습니다.

02 아래 화면과 같이 「믹서」 메뉴가 나타납니다.

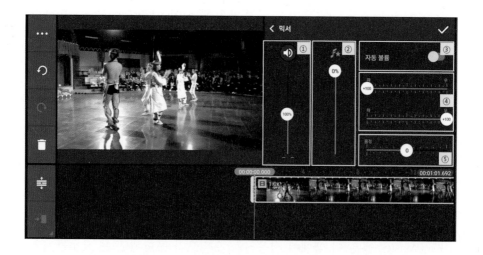

① 타임라인에 삽입되어 선택된(클릭이 된) 동영상에 들어있는 오디오(음악, 효과음, 녹음된 소
리 등)의 볼륨을 조절하는 곳입니다.

② Ducking : 0 ~ -100% (소리를 줄이므로 – 적용)

Ducking을 설정한 일정한 구간에서는 지정된 오디오(배경 음악, 효과음 등) 볼륨이 설정된 볼륨으로 줄어드는 것으로, Adobe 프리미어 프로를 사용할 때는 내레이션이 나오는 구간에 음악을 줄여주는 Ducking을 적용하는 경우가 종종 있습니다.

③ 자동 볼륨 : 편집 화면 영역의 툴(Tool)패널에 있는 「프로젝트 설정」에서 오디오의 「마스터 볼륨 자동 조절」과 동일한 기능으로 볼륨을 일정한 수준(Level)으로 자동적으로 유지시켜 주는 기능을 하는 곳입니다.

④ 좌/우 볼륨 조절(Pan) : 좌, 우 채널의 볼륨 밸런스를 가리키는 것으로 동영상에 포함된 오디오의 좌측이나 우측의 볼륨만 크게 혹은 작게 조절할 수 있는 기능을 하는 곳입니다.
  ○ 위쪽은 좌측 볼륨 조절 : 0 ~ +100까지 설정 가능
  ○ 아래쪽은 우측 볼륨 조절 : 0 ~ +100까지 설정 가능

⑤ 음정 : -6 ~ +6 : 동영상에 포함된 오디오의 음정을 조절해 주는 기능으로 남성 목소리의 음정을 올리면 여성 목소리처럼 높은 톤으로 바뀌고, 여성 목소리의 음정을 낮추면 남성 목소리처럼 낮은 톤으로 변합니다.
숫자가 높아질수록(+) 음정이 높아지고, 숫자가 낮아질수록(-) 음정이 낮아집니다.

3. 믹서의 적용(1) : 공연장

믹서는 한 마디로 오디오의 음정을 조절하는 기능을 합니다. 상세 볼륨 조절을 설명하기에 앞서 간단한 예로 믹서를 어떻게 적용하는지에 대하여 설명드리겠습니다.

01 타임라인에 동영상을 한 개 삽입합니다.

02 동영상 클립을 꾸욱 누르면 편집 메뉴가 나타납니다. 「볼륨」을 클릭합니다.

03 「볼륨」을 클릭하면, 「믹서」가 나타납니다. 볼륨을 '0'으로 하려면 왼쪽 맨위에 있는 마이크 아이콘을 누르면 아래 화면과 같이 볼륨이 작동하지 않는다는 표시가 나타납니다. 동영상을 재생시켜 보면, 소리가 전혀 들리지 않습니다.

04 이제 플레이 헤드를 앞으로 진행시킨 후 동영상 클립을 눌러서 「볼륨」을 다시 살리고(마이크 아이콘을 누름), 공연장의 현장 공연 음악과 사람들의 목소리(공연자들의 목소리, 관객의 목소리가 혼재된 상황)가 매우 크게 들리니까 적당한 볼륨으로 조절하겠습니다. 설명을 위해 볼륨은 가위표시 아이콘을 클릭(트림/분할 메뉴)하여 「플레이헤드에서 분할」을 클릭하여 동영상을 분할합니다. 편집 메뉴 오른쪽 상단에 있는 확인(ⓥ)을 클릭하면 분할이 완료됩니다.

그래야만 새로운 클립에 믹서를 적용하여 볼륨을 조절할 수 있는 것입니다. 여기서는 「볼륨」을 10%로 조절하겠습니다.

「음정」은 동영상에 포함된 오디오의 음정을 조절해 주는 기능으로 남성 목소리의 음정을 올리면 여성 목소리처럼 높은 톤으로 바뀌고, 여성 목소리의 음정을 낮추면 남성 목소리처럼 낮은 톤으로 변합니다.

그런데 설명을 위해 사용하는 동영상은 대만 공연장에서 라이브 공연(민속
춤)을 하는 영상이기 때문에 음정보다는 볼륨에 의해 조절하는 것으로 하면
됩니다.

만약에 사람의 음성이 주를 이루는 강연, 연설, 대담회, 발표회 등의 동영
상은 「볼륨」과 함께 「음정」을 적절하게 조절하는 기술이 필요합니다.

또한 동영상을 제작하면서 본인의 목소리 삽입하는 것을 꺼리는 경우나
혹은 대화할 때 본인 목소리를 좀 감추었으면 하는 사람은 뒤에서 설명할
「음성 변조」 기능을 사용할 수도 있고, 「믹서」 기능에서 「음정」을 높이거나 낮
추는 방법으로 톤(tone)을 조절하면 새로운 음정을 만들 수 있습니다.

따라서 「음정 조절」이나 「음성 변조」를 효과적으로 활용하면 개인의 사생
활 노출을 방지할 수 있습니다.

여기서는 「음정」을 −6으로 조절하겠습니다.

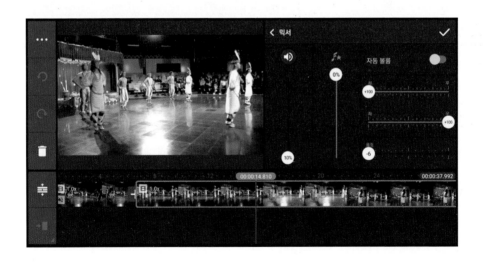

05 Ducking은 09. 「Ducking 적용하기」에서 별도로 설명하므로 여기
서는 생략하겠습니다. 그리고 오른쪽 가운데에 좌, 우 채널의 볼륨
밸런스를 조정하는 기능이 있는데 영상에 포함된 오디오의 좌측이나 우측
의 볼륨만 크게 혹은 작게 조절할 수 있는 기능입니다. 사실 고급 오디오 시

스템의 경우는 왼쪽과 오른쪽의 앰프가 동시에 수신자와 삼각점을 이루면서 가장 양호한 음향을 들을 수 있도록 설계하는 것이 기본 원칙이기는 한데, KineMaster 앱으로 그런 고급 수준의 음향을 조정하는 것은 쉽지 않기 때문에 여기서는 좌측 오디오 +100, 우측 오디오 +100으로 설정하도록 하겠습니다. 이제 「믹서」 효과 적용을 마무리하기 위하여 「믹서」 메뉴 오른쪽 상단의 확인(◎)을 클릭합니다.

4. 믹서의 적용(2) : 개인 목소리

이번에는 개인 목소리를 가지고 음정을 조절하는 방법을 설명드리겠습니다. 「음정」은 동영상에 포함된 오디오의 음정을 조절해 주는 기능으로 남성 목소리의 음정을 올리면 여성 목소리처럼 높은 톤으로 바뀌고, 여성 목소리의 음정을 낮추면 남성 목소리처럼 낮은 톤으로 변합니다. 「음성 변조」도 기본적으로는 이러한 음정을 변형시켜서 만드는 것이라고 이해하시면 됩니다.

01 목소리(음정)가 포함된 동영상을 타임라인에 삽입합니다.

02 타임라인에 삽입된 동영상 클립을 꾸욱 누르면 편집 메뉴가 나타나는데, 「볼륨」을 클릭합니다.

03 「믹서」 메뉴 중에서 사람의 목소리(음정)를 조절하는 것이 핵심이므로 본인이 원하는 음성 바꾸기 정도를 선택하기 위해 −6부터 +6까지 ±6단계를 하나씩 해보면서 조절 작업을 하면 되겠습니다. 설명을 위해 음정을 −6으로 설정해 본 모습입니다. 「믹서」 메뉴 오른쪽 상단의 확인(ⓥ)을 클릭하면 목소리가 조절된 것을 확인할 수 있습니다. 초저음의 톤으로 된 거의 로봇 수준의 목소리를 들을 수 있습니다.

04 이번에는 「음정」을 −3으로 조절해 본 모습입니다. 「믹서」 메뉴 오른쪽 상단의 확인(ⓥ)을 클릭하면 목소리가 조절된 것을 확인할 수 있습니다. 완전히 굵직한 톤으로 된 목소리를 들을 수 있습니다.

05 이번에는 「음정」을 +3으로 조절해 본 모습입니다. 「믹서」 메뉴 오른쪽 상단의 확인(ⓥ)을 클릭하면 목소리가 조절된 것을 확인할 수 있습니다. 밝고 맑은 톤으로 된 목소리를 들을 수 있습니다.

06 이번에는 「음정」을 +6으로 조절해 본 모습입니다. 「믹서」 메뉴 오른쪽 상단의 확인(ⓥ)을 클릭하면 목소리가 조절된 것을 확인할 수 있습니다. 여성 목소리 톤으로 바뀐 것을 확인할 수 있습니다.

06 상세 볼륨 조절

동영상에서 구간 구간마다 볼륨을 다르게 조절하는 상세 볼륨 조절에 대하여 설명드리겠습니다.

1. 상세 볼륨 조절에 대한 이해

상세 볼륨 조절이란 구간마다 볼륨을 다르게 조절하는 기능을 말합니다. 그러니까 어떤 특정한 부분은 음악이나 효과음, 말하는 음성 등의 오디오 볼륨을 높이고, 어떤 특정한 부분은 오디오 볼륨을 낮추는 등 구간마다 각기 볼륨을 다르게, 상세하게 조절하는 것입니다.

원하는 구간 구간마다 원하는 볼륨으로 오디오를 조절하는 것은 동영상 콘텐츠의 질(質)을 높여줄 수 있는 수단이 될 수 있습니다.

2. 상세 볼륨 조절 적용하기

01 타임라인에 동영상을 한 개 삽입하겠습니다. 이 동영상에는 연주한 음악과 야외행사에서 사회를 보는 필자의 음성이 담겨 있습니다. 이것을 가지고 상세 볼륨 조절 적용하는 방법을 설명드리겠습니다.

02 타임라인에 있는 동영상 레이어를 꾸욱 누르면 아래 화면과 같이
편집 메뉴가 나타나는데,「상세 볼륨」메뉴가 보입니다.

03 「상세 볼륨」메뉴를 클릭하면 아래 화면과 같이 동영상 레이어 중
앙 부분에 오디오 조절선이 생성됩니다.

04 오디오 볼륨을 조절하고 싶은 위치에 플레이 헤드를 위치시킨 후 「상세 볼륨」을 설정합니다. 그러면 볼륨 조절이 적용된 곳에는 동그란 포인트가 생성됩니다. 편의상 이것을 「상세 볼륨 조절점」이라고 부르도록 하겠습니다. 아래 화면을 보면 오른쪽에 상세 볼륨을 조절하는 메뉴 4가지가 있는데, 맨 위의 아이콘(흰색 동그라미에 +표시)은 상세 볼륨을 설정하는 것이고, 그 아래에 있는 아이콘(흰색 동그라미에 –표시)은 상세 볼륨 조절을 취소하는 것입니다. 그 아래 두 개의 아이콘은 상세 볼륨 조절점 간 앞, 뒤로 이동하는 것입니다. 설명을 위해 플레이 헤드를 위치시킨 후 「상세 볼륨 조절점」을 한 개 설정한 모습입니다.

05 「상세 볼륨」메뉴 오른쪽 상단에 있는 확인(⊻) 버튼을 클릭하여 이 부분에 상세 볼륨을 적용시킵니다.

06 오디오 볼륨을 조절하고 싶은 위치에 플레이 헤드를 위치시킨 후 두 번째로 「상세볼륨」을 조절합니다. 또다시 오디오 볼륨을 조절 하고 싶은 위치에 플레이 헤드를 위치시킨 후 세 번째로 「상세 볼륨」을 조절 합니다. 마지막으로 네 번째 오디오 볼륨을 조절하고 싶은 위치에 플레이 헤 드를 위치시킨 후 네 번째로 「상세 볼륨」을 조절합니다.

그러면 볼륨 조절이 적용된 곳마다 동그란 포인트가 생성됩니다. 즉, 조절 점이 총 4개가 생성되었습니다.

07 동일한 요령으로 「상세 볼륨」을 세 군데만 더 적용해 보겠습니다. 설명을 위해 총 7개의 「상세 볼륨」 위치를 적용해 본 모습입니다.

08 이제는 각 「상세 볼륨」을 설정한 곳마다 볼륨을 조정하는 작업을 하겠습니다. 이것은 「상세 볼륨점」을 설정할 때마다 함께 볼륨을 설정해도 되고, 지금과 같이 「상세 볼륨점」을 전체 구간에 몇 군데 먼저 사운드를 들어보면서 조절해도 됩니다. 물론 바로 다음에 설명드리는 내용대로 「상세 볼륨」 작업 간 오디오 조절선을 함께 이동하면서 작업을 해도 됩니다. 순서가 반드시 정해진 것은 아니니까 편하신 방법으로 작업을 진행하면 되겠습니다. 아래 화면은 각 「상세 볼륨점」마다 오디오 볼륨을 조절한 모습입니다.

09 이제 7개의 「상세 볼륨」 위치를 정하여 오디오 볼륨을 완료하고, 「상세 볼륨」 메뉴 오른쪽 상단에 있는 확인(ⓥ)을 클릭하면 상세 조절이 완료됩니다. 아래 화면은 「상세 볼륨」 조절을 마친 모습입니다.

3. 상세 볼륨 작업 간 오디오 조절선 이동요령

메뉴에 보면 상세 볼륨 작업을 진행하면서 조절선에 있는 조절점에서 다음 조절점으로 빠르게 이동하기 위해서 이동 버튼이 있습니다.

 버튼을 누르면 조절점 간 정확하고 빠르게 이동할 수가 있습니다.

4. 상세 볼륨 조절 취소하기

상세 볼륨을 지정한 곳을 취소하고자 할 때는 취소를 원하는 조절점 위치로 플레이 헤드를 위치시키면 ⟳ 버튼이 활성화되면서 취소할 수 있는 상태가 됩니다. 버튼을 누르면 상세 볼륨 조절을 했던 조절점이 없어집니다. 설명을 위해 플레이 헤드를 5번째 볼륨 조절점에 위치시켜 본 화면입니다.

5. 상세 볼륨 조절 추가하기

상세 볼륨을 지정한 상태에서 추가로 상세 볼륨 조절을 하려면 조절점과 조절점 사이 임의의 지점에 플레이 헤드를 위치시키면  버튼이 활성화 되고 버튼을 클릭하면 새로운 조절점이 생성됩니다.

따라서 상세 볼륨 조절은 1초나 그보다 더 짧은 간격으로도 얼마든지 적 용시킬 수가 있습니다.

07 잔향 효과

잔향 효과에 대하여 설명드리겠습니다.

1. 잔향 효과에 대한 이해

일상 생활에서 자연적으로 잔향 효과를 경험할 수 있는 장소로는 건물 복도 또는 목욕탕 등이 있습니다. 건물 복도나 목욕탕 등에서 소리를 내면 그 소리는 벽에 반사하여 원래의 소리와 반사한 소리(잔향)가 우리 귀에 모두 들립니다. 이때 벽면의 재질과 공간의 크기에 따라서 반사하는 잔향 음이 다릅니다. 이러한 공간감을 인위적으로 만드는 이펙트를 리버브(Reverb)라고 합니다.[1]

보다 쉽게 설명드리자면, 잔향 효과란 실내의 발음체에서 내는 소리가 울리다가 그친 후에도 남아서 들리는 소리를 말하는데, 실내 음향 효과를 내는 데 중요한 울림 현상으로 음악은 1.5~2.5초, 강연에서는 1~1.5초가 적당하다고 합니다.

따라서 소리를 발생하는 장소와 크기에 따라 잔향 효과 적용을 달리하는 것이 바람직합니다.

KineMaster 앱에서는 잔향 효과로 ① 목욕탕, ② 성당, ③ 동굴, ④ 경기장, ⑤ 교회, ⑥ 콘서트 홀, ⑦ 에코 룸, ⑧ 홈 딜레이, ⑨ 스프링 리버브, ⑩ 스튜

---

1. 최이진, 「최이진의 CUBASE PRO 9」, 도서출판 노하우, 2017, p.964.

디오 등 총 10종류의 잔향 효과를 제공하며, Normal로 설정하면 잔향 효과가 없는 상태가 됩니다.

아래 화면은 「엘프 919 반주기」에 적용된 잔향 효과(Reverb)를 적용하는 부분 기능키들의 모습입니다.

「엘프 919 반주기」는 장소 형태(Type)를 Room1, Room2, Hall1, Hall2, Hall3, Plate 등 6가지 종류로 설정할 수 있고, 각각의 장소에 대한 세부적인 잔향 효과는 오른쪽에 배치된 스위치를 조절하여 세팅할 수 있도록 설계되어 있습니다.

2. 잔향 효과 적용하기

01 타임라인에 음악이 삽입된 동영상 클립을 삽입하겠습니다.

02 동영상 레이어를 꾹 눌러주면 편집 메뉴가 나타나는데, 「잔향 효과」를 클릭합니다.

03 잔향 효과는 주로 장소를 기준으로 만들어져 있습니다. 원하는 장소에서 동영상에 삽입된 음악이나 효과음 등 오디오가 적당한 울림을 낼 수 있도록 장소를 선택합니다. 설명을 위해 「콘서트 홀」을 선택하겠습니다. 선택과 동시에 음향이 바로 재생됩니다. 중지하거나 다시 재생하여 들을 수 있는 버튼이 생깁니다.

04 이 장소, 저 장소를 선택해 본 후 가장 잘 어울리는 곳을 선택하면 되는데, 몇 가지를 적용해 본 결과 「스튜디오」를 최종적으로 선택하기로 결정하였습니다.

05 선택이 끝났으므로 「잔향효과」 메뉴의 오른쪽 상단에 있는 확인(ⓥ) 버튼을 클릭하면 잔향 효과 적용이 완료됩니다.

08 EQ

EQ는 이퀄라이저(Equalizer)의 약칭으로 전문적인 DAW 등에서는 아주 세밀한 조정이 가능하나 KineMaster 앱에서는 맛보기 정도로 효과가 나타난다고 보시면 되겠습니다.

1. EQ에 대한 이해

이퀄라이저는 저음이나 고음을 증가시키거나 감소시켜서 사운드의 음색을 조정하거나 곡 전체의 밸런스를 조정하는 목적으로 이용하지만, 녹음 과정에서 손실된 주파수를 보충하거나 간섭음, 치찰음 등의 잡음을 제거하는 목적으로도 이용할 수 있습니다. 물론 이러한 원인은 마이크의 종류와 위치 등 녹음 환경에 문제가 있는 경우가 많기 때문에 이 부분을 개선하려는 노력이 필요합니다.[1]

대부분의 레코딩 장비나 DAW(Digital Audio Workstation), 예를 들면 Cubase Pro11 또는 Pro Tools 등에는 이러한 이퀄라이저 기능이 매우 정교하게 작동되도록 설계되어 있습니다.

KineMaster 앱에서는 EQ 요소로 AM Radio, Bass Booster, Bass Reducer, Hip-hop, Jazz, Natural, Pop, R&B, Rock, Treble Booster, Treble Reducer, Voice 등을 통해 이퀄라이저 기능을 적용할 수 있습니다.

---

1. 최이진, 전게서, p. 936.

2. EQ 적용하기

01 타임라인에 음악이 삽입된 동영상 클립을 삽입하겠습니다.

02 동영상 레이어를 꾸욱 눌러주면 편집 메뉴가 나타나는데, 「EQ」를 클릭합니다.

03 설명을 위해 「Bass Reducer」를 선택하겠습니다. Bass Reducer는 베이스의 파워를 좀 줄여주는 것으로 보컬을 비롯한 중음대의 사운드가 더 맑게 전달되면서 본연의 깊은 음색을 느낄 수 있습니다.

조용한 음악을 주로 듣는 경우에는 EQ를 조절해서 Bass를 살짝 깔아주면 좋은 소리를 얻을 수 있는데, KineMaster 앱에서의 EQ 조절 기능도 이와 유사한 기능을 제공하고 있습니다.

04 선택이 끝났으므로 「EQ」 메뉴의 오른쪽 상단에 있는 확인(⊙) 버튼을 클릭하면 EQ 효과 적용이 완료됩니다.

Ducking 적용하기

Ducking이란 '오리 사냥', '물 속에 처박기', '흠뻑 젖기'라는 뜻입니다. 주로 내레이션 덕킹을 많이 하는데, 이것에 대하여 설명드리겠습니다.

1. Ducking에 대한 이해

Adobe 프리미어 프로로 영상 편집 작업을 할 때 내레이션이 나오는 부분에서 배경 음악을 줄여주기 위해 Ducking을 사용합니다. Ducking을 적용하는 방법은 다음과 같습니다. 먼저 내레이션을 대화로 지정해 주고, 배경 음악을 Music으로 설정한 후 Ducking을 체크한 후, Duck Against를 대화로 선택해 줍니다.

Ducking					✅
Duck against:	💬	🎵	✳	🎙	🎚
Sensitivity:				○	7.0
	Low			High	
Duck Amount:				○	-23.0 dB
	Less			More	
Fades:				○	600 ms
	Fast			Slow	
		Generate Keyframes			

그리고 Generate Keyframes를 클릭하면, Audio 화면에 Ducking 효과가 적용된 것을 확인할 수 있습니다.

내레이션이 나오는 부분의 음악을 줄여주는 방법으로 Ducking을 적용하는 것입니다.

요약하자면, Ducking을 설정한 특정 구간에서는 지정된 배경 음악의 볼륨이 자동적으로 줄어드는 것입니다. 그러므로 본래의 영상 오디오가 크게 들리면서 그때의 배경 음악은 잔잔하게 들리도록 하는 것이 Ducking의 핵심입니다.

2. Ducking 적용하기

01 Ducking을 적용하기 위하여 타임라인에 첫 번째 동영상을 삽입하고 「Birds Singing」이라는 효과음을 넣도록 하겠습니다. 이어지는 두 번째 동영상은 필자가 가족과 소프라노색소폰과 클라리넷으로 합주한 〈초연〉이라는 연주곡 동영상을 삽입하겠습니다. 이 동영상에는 연주 음악이 삽입되어 있습니다.

02 효과음 「Birds Singing」 레이어를 꾸욱 누르고, 나타나는 편집 메뉴에서 「Ducking」을 클릭하면 Ducking이 활성화되면서 오른쪽의 흰색 동그라미 아이콘이 빨간색 아이콘으로 바뀌면서 녹색의 레이어가 회색으로 변경됩니다.

03 플레이 헤드를 〈초연〉 동영상 앞에 위치시킨 후 〈초연〉 동영상 클립을 꾸욱 눌러서 나타나는 메뉴 중에서 「볼륨」을 클릭합니다. 「볼륨」을 선택하면 「믹서」 기능을 적용할 수 있습니다.

04 「믹서」가 열립니다. 맨 왼쪽은 주 볼륨 조절 바(Bar)입니다. 그 옆에 있는 바는 Ducking 음량을 조절하는 것입니다. Ducking 음량의 기본값(Default)은 '0%'입니다. 〈초연〉 연주가 이루어지는 구간에서는 배경음 으로 사용한 효과음 〈Birds Singing〉 소리를 −80% 로 설정하겠습니다.

05 동영상 속의 연주가 더욱 깨끗한 음질로 들릴 수 있도록 하기 위해 서 「믹서」 메뉴 오른쪽 상단에 위치한 「자동 볼륨」을 활성화(빨간색 원 으로 바뀜)할 수도 있습니다. 아래 화면은 「자동 볼륨」을 활성화한 상태의 모습 입니다.

06 Ducking 적용을 마치려면 「믹서」 메뉴 오른쪽 상단에 있는 확인(Ⓥ) 을 클릭하면 됩니다.

10 오디오 끝까지 반복, 트림 및 분할

동영상에 삽입되어 있는 오디오를 끝까지 반복하고, 트림하고 분할하는 내용을 설명 드리겠습니다.

1. 오디오 편집 메뉴에 대한 이해

KineMaster 앱의 「오디오」 편집 메뉴는 타임라인에 삽입된 「오디오 레이어」를 꾹욱 누르면 미리보기 화면 우측에 나타납니다.

「오디오」 편집 메뉴는 아래 화면과 같이 구성되어 있습니다.

① 믹서 : 오디오 클립 전체 볼륨 설정, 자동 볼륨, 좌/우측 볼륨 조절, 음정 설정

② EQ : AM Radio, Bass Booster, Bass Reducer, Hip-hop 등

③ 상세 볼륨 : 구간 구간마다 각기 다른 볼륨 설정

④ 잔향 효과   ⑤ 음성 변조   ⑥ Ducking

⑦ 반복   ⑧ 끝까지 반복   ⑨ 트림 / 분할

2. 오디오 끝까지 반복

1) 오디오 끝까지 반복에 대한 이해

유튜브 동영상을 보면 '다비치 노래모음 20곡 Best 명곡 반복 재생'이라는 제목과 함께 재생 시간이 무려 1시간 16분 50초짜리인데 2년 전 기준으로 조회수가 117만 회라고 나옵니다. 그 외에도 '3시간 반복 재생', '광고 없이 연속 재생' 등 반복 재생을 음악에서는 무척 많이 활용하고 있습니다.

KineMaster 앱에서 제공하는 오디오 반복 기능은 한 곡을 동영상 길이에 맞춰 삽입을 하고, 「끝까지 반복」 기능을 설정해 주면 동영상 클립 길이만큼 반복 재생되는 기능입니다.

2) 오디오 끝까지 반복 적용

01 타임라인에 동영상을 삽입합니다. 동영상 촬영시 포함된 오디오는 추출한 상태이며 오직 화면으로만 구성된 동영상으로 삽입하겠습니다. 5분 11.987초 길이입니다.

02 배경 음악은 효과음 에셋에서 'Heavy Rain'을 선택해서 삽입하겠습니다. 재생 시간은 1분입니다.

03 그러므로 동영상 길이는 5분 11.987초이고, 삽입된 배경 음악은 1분짜리니까 1분 이후 동영상에는 오디오가 없는 상태입니다. 아래 화면을 보시면 이해하실 수 있을 것입니다.

04 오디오 레이어를 꾸욱 눌러준 상태에서 편집 메뉴에 있는 「반복」 메뉴를 먼저 클릭해 줍니다(빨간색으로 변함). 그러면 바로 아래에 위치한 「끝까지 반복」 메뉴가 활성화 됩니다.

반드시 「반복」 메뉴를 먼저 클릭해 주어야만 「끝까지 반복」 메뉴가 나타난다는 것을 꼭 기억하시기 바랍니다.

05 이제 「끝까지 반복」을 클릭합니다.

06 「오디오」 편집 메뉴에서 오른쪽 상단의 확인(Ⓥ) 버튼을 클릭해 주면, 아래 화면에서 보시는 바와 같이 동영상 클립 전체 길이인 5분 11.987초까지 배경 음악인 'Heavy Rain' 오디오 레이어가 생성되었습니다.

재생 버튼을 눌러보면, 배경 음악이 끝까지 반복되는 것을 확인할 수 있습니다.

3. 오디오 트림 / 분할

오디오 클립을 트림하거나 분할하는 방법은 사진 클립이나 동영상 클립, 텍스트 레이어, 손글씨 레이어, 스티커 레이어, 효과 레이어 등을 트림하거나 분할하는 방법과 동일합니다.

따라서 오디오 클립이라고 해서 특별히 다르지는 않다는 것입니다.

다시 말씀드리면, 음악이나 효과음, 녹음 음원 등 모든 오디오 클립을 트림하거나 분할하는 방법은 동일합니다.

동영상에 오디오 파일이 포함되어 있을 경우에는 동영상 클립을 꾸욱 누르고 편집 메뉴에서 「오디오 추출」을 누르고 오른쪽 상단의 확인(Ⓥ) 버튼을 누르면 동영상 클립 아래에 오디오 클립이 추출되어 나타납니다. 즉, 모든 동영상에는 오디오가 자동적으로 포함되어 있기 때문에 오디오 트림 또는 분할을 위해서는 오디오를 추출하는 것이 선행되어야 한다는 것입니다.

오디오가 추출되어 있는 동영상이라면 별도로 오디오 클립을 타임라인에 삽입하고 오디오 트림 및 분할 작업을 진행하면 됩니다.

01 오디오가 포함된 동영상 클립을 삽입하고, 동영상 클립을 꾸욱 눌러서 나타나는 편집 메뉴에서 「오디오 추출」메뉴를 클릭하겠습니다.

02 오디오 클립이 추출된 화면입니다.

03 자르고 싶은 오디오 클립 위치에 플레이 헤드를 갖다 놓고, 오디오 클립을 꾸욱 눌러줍니다. 그러면 오디오 클립에 노란색 테두리가 생기면서 편집 메뉴가 나타납니다. 편집 메뉴에서 「트림/분할」을 클릭합니다.

04 「트림/분할」 메뉴에서 「플레이헤드에서 분할」을 클릭합니다.

05 「플레이헤드에서 분할」을 클릭하면 아래 화면과 같이 오디오 클립이 분할된 모습이 나타납니다.

06 「트림/분할」 메뉴 오른쪽 상단에 있는 확인(ⓥ) 버튼을 클릭합니다. 이제 트림과 분할이 완료되었습니다.

【응용】

01 이제 오른쪽에 있는 오디오 클립을 제거하고, 새로운 오디오 클립으로 교체하면 또 다른 모습의 동영상 콘텐츠가 만들어질 수 있습니다. 오른쪽 오디오 클립을 꾸욱 누르고 왼쪽 툴(Tool) 패널에 있는 쓰레기통을 클릭하면 오른쪽 오디오 클립이 삭제됩니다.

02 이제 오디오 클립에 삭제된 부분에 새로운 오디오 클립을 삽입하기 위해 플레이 헤드를 오디오 클립이 삭제된 지점에 놓고, 새로운 오디오 클립을 오디오 에셋에 가서 찾아서 삽입합니다. 새로운 오디오로「음악」에셋에서 'Come with Me'를 선택하여 삽입해 본 모습입니다.

CHAPTER 07

녹음 메뉴를
활용한
오디오 편집(Ⅱ)

01 녹음하기

KineMaster 앱으로 녹음하는 것에 대하여 설명드리겠습니다.

1. 녹음 기능에 대한 이해

아래 화면은 홈 화면에서 「새로 만들기」를 클릭한 후, 화면 비율(16:9), 사진 맞추기(화면 채우기), 사진 길이(4.5초)를 설정한 뒤 「새 프로젝트」 화면 오른쪽 상단의 「다음」 버튼을 클릭하여 나타난 편집 작업 영역의 모습입니다.

오른쪽 동그란 모양의 편집 메뉴에 보면 「미디어」 메뉴만 활성화되어 있고, 「오디오」, 「레이어」, 「녹음」 메뉴는 비활성화되어 있습니다.

그 이유는 앞에서 이미 설명드린 바와 같이 동영상 편집을 위해서는 타임라인 패널상에 있는 타임라인에 사진이나 동영상 클립이 삽입되어 있는 상태에서 레이어 개념으로 또 다른 사진 클립이나 동영상 클립(PIP), 효과, 스티커, 텍스트, 손글씨, 녹음 클립, 오디오 클립이 순서를 가지고 층을 쌓으면서 올려질 수 있기 때문입니다.

2. 녹음하기

01 녹음을 하기 위해서는 먼저 타임라인에 사진 클립이나 동영상 클립을 한 개 삽입해야 합니다. 설명을 위해 타임라인에 동영상 클립을 한 개 삽입하고, 녹음을 하는 위치를 맨 앞부분으로 정하고, 그 위치에 플레이 헤드를 위치시키겠습니다.

02 편집 메뉴에 있는 「녹음」 버튼을 클릭합니다. 그러면 「녹음 준비 완료」라고 하는 문구가 보이고, 「시작」 버튼이 있습니다. 여러분이 소지하고 계신 스마트폰이 이제부터 기기 자체에 내장된 마이크를 통해 주변 소리를 감지하기 시작합니다. 아직 녹음 「시작」 버튼을 누르지 않았는데도 불구하고 목소리를 내보니까 필자의 목소리를 자동 감지하여 볼륨 바(Bar)가 움직이는 모습이 화면상에 보이고 있습니다.

이때 볼륨 바(Bar)의 위치가 가운데 부근에 위치하면 가장 이상적인 볼륨 수준이 되고, 가운데보다 낮으면 조금 더 큰 목소리로 녹음하시고, 가운데보다 높으면 조금 더 작은 목소리로 녹음을 하시면 됩니다. 그러나 이러한 방법으로 녹음을 수차례 해 본 결과 입력되는 볼륨이 그렇게 크지는 않습니다.

03 스마트폰에 이어폰을 연결하여 녹음을 해도 되고, 아니면 스마트폰에 있는 마이크 부분에 입을 가까이 갖다 대고 녹음 준비상태를 체크한 후,「시작」 버튼을 누르고 필요한 내용을 녹음해도 됩니다. 물론 말을 하거나, 주변에서 일어나는 현장 상황을 녹음할 수도 있습니다. 녹음 기능이 스마트폰에 따로 있기는 하지만, KineMaster 앱의 녹음 기능은 녹음을 하면 바로 오디오 클립으로 편집 중인 동영상에 삽입된다는 장점이 있습니다. 그리고 녹음된 소스는 에셋 스토어의「오디오 브라우저」의 하위 폴더인「녹음」 폴더에 자동적으로 저장이 됩니다. 예를 들면, 'KineMaster_Audio_2021-05-01 13.51.27'와 같은 형식으로 저장이 되는 것입니다.

녹음을 하기 전에 편집 메뉴에서「믹서」 메뉴에 있는 주 음성 볼륨을 200%로 설정하고,「음정」은 '0'에 설정하고 녹음하실 것을 추천드립니다. 그냥 녹음 메뉴에 있는 볼륨 바(Bar)만 보면서 하는 것은 실제로는 볼륨이 크게 녹음이 되지 않기 때문입니다. 다음 화면은 녹음 전 볼륨 설정 장면입니다.

04 이제「시작」버튼을 눌렀습니다. 녹음 중에는 목소리가 갈색 레이어로 나타나다가 녹음이 종료되면 노란색 테두리에 보라색으로 동영상 클립 바로 아래에 목소리 레이어가 삽입이 됩니다.

녹음된 목소리가 타임라인에 레이어로 추가됨과 동시에 스마트폰에 해당 녹음 음원이 파일 형태로 자동적으로 저장됩니다.

녹음 중에는「정지」버튼이 활성화되어 언제든지 녹음을 정지할 수 있습니다. 녹음이 끝나면「정지」버튼을 클릭합니다. 그리고 편집 중인 프로젝트의 마지막 부분까지「정지」버튼을 누르지 않고 계속 녹음을 진행할 경우에는 프로젝트 마지막 부분에서 자동적으로 녹음이 정지됩니다. 아래 화면은 녹음을 동영상 클립 마지막 부분까지 진행하니까 자동적으로 녹음이 종료된 모습입니다.

05 녹음이 잘못되었으면 다시 녹음하면 되겠습니다. 일단 녹음을 마쳤으므로 편집 메뉴 오른쪽 상단에 있는 확인(ⓥ) 버튼을 클릭합니다.

음성 변조

KineMaster 앱으로 녹음한 음성을 변조하는 것에 대하여 설명드리겠습니다.

1. 음성 변조에 대한 이해

음성 변조란 본인의 목소리를 노출하지 않아야 하는 경우(신원 보장 등)나 노출을 싫어하는 사람들이 사용할 수 있는 유용한 기능입니다. 방송 프로그램을 보면 가끔씩 음성을 변조한 목소리를 들을 수 있습니다.

구글 Play 스토어에 가서 '음성 변조'라고 검색하면 음성 변조기가 여러 가지 있는데, 이런 프로그램과 유사한 기능이라고 보시면 되겠습니다.

KineMaster 앱에서 제공하는 음성 변조 메뉴는 ⓐ 이중인격, ⓑ 외계인, ⓒ 다람쥐, ⓓ 코러스, ⓔ 혼란, ⓕ 으르렁, ⓖ 몬스터, ⓗ 악당, ⓘ 익스트림 에코, ⓙ 슬라이스, ⓚ 재미, ⓛ 아이, ⓜ 남자, ⓝ 떨림, ⓞ 라디오, ⓟ 로봇, ⓠ 컴퓨터, ⓡ 블랙홀, ⓢ 두 목소리, ⓣ 여자 등 총 20가지 종류가 있으며, 변조한 목소리에서 정상적인 목소리로 원위치하려면 「Normal」 메뉴를 클릭하면 됩니다.

2. 음성 변조

01 타임라인에 사진 클립 1개를 삽입하겠습니다. 그리고 목소리를 녹음한 음성 클립을 삽입하겠습니다. 사진 클립을 녹음을 원하는 길이만큼 길게 확대시킨 후 녹음하면 됩니다. 동영상 클립은 원본 동영상 길이 이상으로는 확대가 불가능하지만, 사진 클립은 얼마든지 확대가 가능하므로 녹음 분량이 많은 경우에는 사진 클립을 타임라인에 삽입한 후 녹음을 하고, 이 음원을 가지고 변조를 하면 매우 편리합니다.

02 타임라인에 삽입된 오디오 레이어를 꾸욱 누르고, 편집 메뉴에서 「음성 변조」를 클릭합니다.

03 「음성 변조」 메뉴에서 변조를 원하는 유형을 선택하여 클릭하면, 변조가 적용된 소리가 동영상이 재생되면서 바로 들립니다. 설명을 위해 「여자」를 선택하겠습니다.

04 음성 변조를 마쳤으므로 편집 메뉴 오른쪽 상단에 있는 확인(⊙) 버튼을 클릭합니다. 여자 목소리로 변조된 음성을 들을 수 있습니다.

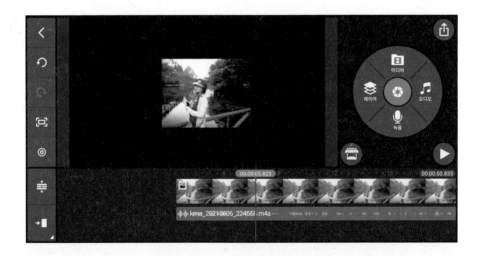

PART 04

영상 편집 기술: 중급편

CHAPTER 01

효과
적용기법

효과 에셋 구성 요소

효과 에셋 구성 요소에 대하여 설명드리겠습니다.

1. 효과 에셋 구성 요소

효과 에셋은 ① 예술적, ② 블러, ③ 컬러, ④ 왜곡, ⑤ 글리치, ⑥ 렌즈, ⑦ 마스크, ⑧ 노이즈, ⑨ 변형 등 총 9개의 카테고리(범주)로 구성되어 있습니다.

효과 에셋 구성요소

효과 에셋 카테고리	효과 에셋의 종류
예술적	위글, 나선형 효과, 엠보스, 플리커, 호러 액션, 셔플 스크린, 타일 아트, 라인 시프트, 입체 효과, 포커스 블러 줌, 줌 미러, 아스키 아트, 줌 포커스, 스테인드 글라스, 픽셀 아트, 보노로이 다이어그램, 디스플레이 보드, 나선형 프랙탈, 스케치, 그물눈, 타일, 수채화, 포스터 물감, 네온 사인, 스케치 2.0, 만화
블러	모션 블러, 렌즈 포커스, 오버랩 줌, 모자이크, 포커싱 블러, 소용돌이 흐림, 모자이크 흐림, 포커스 블러 2.0, 방사형 흐림
컬러	스펙트럼, 홀로그램, 블레이즈, 네온 윤곽선, 컬러 체인저, 색상 분리 효과, 팝 아트, 열 화상 카메라 2.0, 색상 균형, 색상 반전, 선명 효과, 그라디언트 맵, 하프톤, 열 화상 카메라, 자동 HDR
왜곡	왜곡, 스캔 리더, 브이알 360, 멜팅 포인트, 파도 2.0, 아지랑이, 파동, 물결, 소용돌이 2.0, 바운스, 신기루, 잔물결, 핀치/돌출 효과
글리치	픽셀 변형, 크로마틱 글리치, VHS 되감기, VHS 드래킹, VHS 픽셀 소팅, 디지털 오류, 레트로
렌즈	비네트, 야간 투시경, 라인 분할 효과, 원형 분할 효과, 클론, 크로마틱 무브, 화면 분할 효과, 모자이크 타일, 반짝이는 효과, 라이트 플레어, 어안 렌즈, 돋보기 렌즈, 고스팅, 큐빅 프리즘, 방사형 빛, 만화경, 거울
마스크	모양 마스크, 평행 마스크, 선형 마스크
노이즈	노이즈, 모래 바람, 스캔 웨이브
변형	기울이기, 레이어 변형 효과

PC용 전문 영상 편집 프로그램들은 다양한 효과를 제공하고 있습니다. KineMaster 앱도 이러한 효과들을 9개의 카테고리로 분류하여 에셋으로 제공하고 있습니다.

효과 적용하기

효과 에셋 중에서 매우 멋진 효과들을 몇 가지 설명드리겠습니다.

1. 매혹적인 예술 작품으로 만들어 주는 강력한 미러 효과 3종

1) 라인 분할 효과

라인을 기준으로 화면을 분산/분할시켜 줍니다.

01 에셋 스토어에서 「효과」 에셋의 하위 에셋인 「렌즈」로 들어가면 「클론」, 「원형 분할 효과」, 「라인 분할 효과」가 있습니다.

02 먼저 「클론」, 「원형 분할 효과」, 「라인 분할 효과」 에셋을 다운로드 받는 것이 가장 먼저 해야 할 일입니다. 왜냐하면 최초 사용자의 경우, 효과(FX) 메뉴를 클릭해 보면 「기본 효과」밖에 없기 때문입니다.

이해를 돕기 위해 먼저 편집 메뉴에서 「레이어」 메뉴를 클릭하고 효과(FX) 메뉴를 클릭해 보겠습니다.

아래 화면은 효과(FX) 메뉴를 클릭하는 장면을 보여드리는 것입니다.

03 효과(FX) 메뉴를 클릭해 보면 아래 화면과 같이 「기본 효과」밖에 없습니다.

04 화면 오른쪽 상단에 있는 기와집 아이콘(에셋 스토어)을 클릭하면 에셋 스토어의 「효과」 에셋으로 바로 들어갑니다. 여기에서 「렌즈」 에셋을 클릭합니다. 「렌즈」 에셋에 들어가야 「라인 분할 효과」 에셋을 다운로드할 수 있기 때문입니다.

05 「라인 분할 효과」 에셋을 다운로드해 보도록 하겠습니다. 라인 분할 효과를 클릭하면 다음과 같은 화면이 나타납니다.

06 「라인 분할 효과」 에셋이 나타나며 〈다운로드〉 버튼이 있습니다. 에셋에 보면 왼쪽에 동영상이 보이고 재생 버튼이 있습니다. 재생 버튼을 누르면 에셋의 내용이 어떤 것인지를 확인할 수 있습니다.

일단 〈다운로드〉 버튼을 클릭하겠습니다. 클릭하면 선택한 에셋이 바로 다운로드되고 〈설치됨〉이라고 나타납니다. 계속해서 「원형 분할 효과」와 「클론」도 동일한 요령으로 함께 다운로드 받겠습니다.

07 화면 왼쪽 상단에 보면 뒤로 가기 아이콘 (〈)이 있습니다. 이것을 클릭하면 이전 단계인 「효과」 에셋으로 되돌아갑니다. 이곳에서 「원형 분할 효과」도 다운로드 받겠습니다.

08 화면 왼쪽 상단에 보면 뒤로 가기 아이콘(《)이 있습니다. 이것을 클릭하면 이전 단계인「효과」에셋으로 되돌아갑니다. 이곳에서「클론」도 다운로드 받겠습니다.

09 이제 에셋 스토어 화면의 오른쪽 상단 끝부분에 보면 〈my〉라는 폴더 표시가 보입니다. 이것을 클릭하면 지금까지 다운로드 받은 에셋들이 카테고리별로 나타나 있습니다. 아래 화면에 보시면 방금 다운로드 받은「클론」,「원형 분할 효과」,「라인 분할 효과」에셋이 저장되어 있는 것을 확인할 수 있습니다.

KineMaster 앱은 〈my〉 폴더를 통해 다운로드 받은 에셋을 관리하도록 하고 있습니다. 그러니까 필요없는 에셋은 이곳에서 삭제하면 되는 것입니다.

10 그러면 지금부터 「라인 분할 효과」를 적용하는 방법을 개략적으로 먼저 설명드리겠습니다. 「라인 분할 효과」는 라인을 기준으로 화면을 분산/분할시켜 주는 기능입니다.

사진 클립이나 동영상 클립을 타임라인에 삽입하고, 「라인 분할 효과」를 적용해 볼 위치에 플레이 헤드(재생 헤드)를 위치시킵니다. 설명을 위해 사진 클립의 맨 앞 부분에 플레이 헤드를 위치시키겠습니다.

그리고 나서 편집 메뉴에서 「레이어」메뉴의 「효과(FX)」 메뉴를 클릭하면 「효과」 메뉴의 하위 메뉴로 ⓐ 클론 ⓑ 원형 분할 효과 ⓒ 라인 분할 효과 ⓓ 기본 효과 등 4가지가 나타납니다.

여기서 「라인 분할 효과」를 클릭합니다.

11 「라인 분할 효과」를 클릭하면 「라인 분할 효과」 에셋의 하위 에셋으로 「라인 분할 효과」 에셋이 1개 나타납니다. 하위 에셋은 이처럼 1개만 있는 경우도 있고, 여러 개의 하위 에셋이 존재하는 에셋도 있습니다.

이제 「라인 분할 효과」를 적용하기 위해 오른쪽에 있는 하위 에셋인 「라인 분할 효과」 에셋을 클릭하겠습니다. 「라인 분할 효과」 에셋을 클릭하면 에셋에 빨간색의 원형 표시가 나타납니다. 그리고 미리보기 화면에 보면 흰색의 점선으로 된 정사각형 박스가 나타납니다.

이 박스 크기를 조절(맨 오늘쪽 하단의 직선 양방향 화살표)하고, 방향을 조절(맨 오른쪽 상단의 곡선 양방향 화살표)하고, 손가락으로 탭(꾸욱 누름)하면서 위치를 조절하면서 라인 분할 효과를 적용합니다.

요약하자면, 점선의 정사각형 박스를 가지고 ⓐ 크기, ⓑ 방향, ⓒ 위치를 조절하면서「라인 분할 효과」를 적용시키면 되는 것입니다.

처음 해보시는 것이지만 이렇게도 해보고 저렇게도 해보면 어느새 '「라인 분할 효과」가 이렇게 적용하면 되는 것이구나' 하고 개념을 정립하실 수 있을 것입니다.

「라인 분할 효과」는 수직선 라인을 형성하는데 수직선의 각도를 자유자재로 바꿀 수 있습니다.(검지와 중지 손가락으로 벌렸다 오무렸다 하면서 조절)

설명을 위해 검지와 중지 손가락을 이용하여 수직선 라인을 조절하여 두 사람으로 만들어 보았습니다.

「라인 분할 효과」작업을 마무리하려면 편집 메뉴의 오른쪽 상단에 있는 확인(ⓥ)을 클릭하면 됩니다.

아래 화면은 적용이 완료된 모습입니다.

12 그러면 지금부터 「라인 분할 효과」를 적용하는 방법을 구체적으로 설명드리겠습니다.

「라인 분할 효과」를 적용하기 위해서는 먼저 타임라인에 있는 청색 박스에 노란색 테두리가 있는 「라인 분할 효과」 레이어를 클릭합니다. 그러면 미리 보기 화면 우측에 편집 메뉴가 나타나는데 여기에서 「설정」(톱니바퀴 모양 아이콘) 을 클릭하고, 여러 가지 속성을 적용하면 됩니다.

「라인 분할 효과」에 적용할 수 있는 속성은 ⓐ Separate, ⓑ Mode, ⓒ Distance, ⓓ Angle, ⓔ Border, ⓕ Speed 등 6가지가 있습니다.

ⓐ Separate (분리선)

0~20까지 조절 가능하며, 0은 원형 그대로, 20은 라인 간격을 최대한 좌우 로 20개의 세로선으로 쪼개서 분리시키는 것입니다.

Separate를 0으로 맞출 경우는 원본 이미지(동영상) 그대로 나타납니다. 그 러므로 Separate를 '0'으로 설정할 경우에는 Mode, Distance, Angle, Border 속성은 적용이 되지 않습니다. 왜냐하면 라인(Line)을 기준으로 분할 효과를 나타내는 것이므로 라인(Line)이 원형 그대로일 경우는 다른 속성이 작동하지 않는 것입니다.

(a) Separate (분리선)를 적용하기 위하여 타임라인에 사진을 삽입하겠습니다. 라인 분할 효과를 잘 보여줄 수 있도록 세로로 된 조형물 사진을 삽입하고, 편집 메뉴에서 「레 이어」 메뉴에 있는 「효과(FX)」 메뉴를 클릭하겠습니다.

(b) 「효과」 메뉴에서 「라인 분할 효과」 에셋을 클릭한 후 하위 에셋으로 「라인 분할 효과」 에셋을 클릭하겠습니다. 이제 선택이 되었으므로 여러 가지 속성을 적용하기 위해서 편집 메뉴 오른쪽 상단에 있는 확인(⊘)을 클릭하겠습니다.

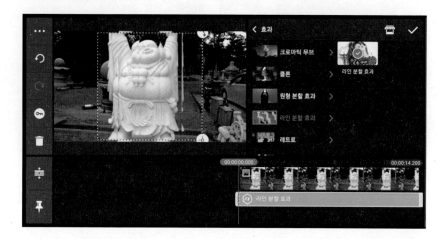

(c) 미리보기 화면에는 점선의 정사각형 박스가 깜박이면서 보이고 있는데, 편집 메뉴에서 「설정」을 클릭합니다.

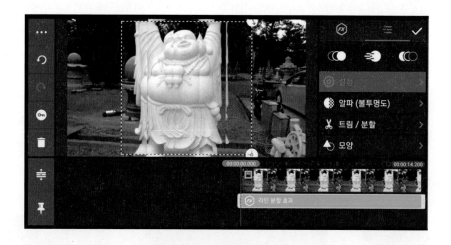

(d) 아래 사진은 Separate를 1로 설정한 것인데, 화면 속을 보시면 세로로 4개의 검은 세로선이 나타납니다. Saperate를 2로 설정하면 세로로 된 검은선이 6개, Saperate를 3으로 설정하면 세로로 된 검은선이 8개 생깁니다. 바(Bar)를 움직이면

적색의 큰 글씨로 숫자를 보여줍니다. 최종적으로 적용을 하려면 우측 상단에 있는 ⓥ 표시를 클릭하면 됩니다.

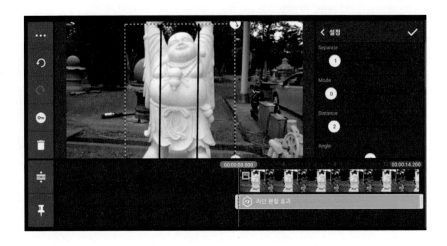

ⓑ Mode(상태) : 0~1

카메라에서 촬영 모드는 Auto모드(인텔리전트 오토 모드), P모드(프로그램 오토 모드), A 모드(조리개 우선 모드), S모드(셔터 스피드 우선 모드), M모드(수동 촬영 모드)로 구분됩니다.

KineMaster 앱에서는 모드 '0'은 원형 그대로, 모드 '1'은 우측으로 라인이 비틀어진 분산 효과를 나타내는 것입니다.

아래 화면 왼쪽은 모드 '0', 오른쪽은 모드 '1'을 설정한 모습입니다. 두 화면을 비교해 보면, 오른쪽 화면은 우측으로 라인이 비틀어진 분산 효과를 보여주고 있습니다.

ⓒ **Distance**(거리) **: 0~50**

Distance(거리) '0'은 원형을 유지하는 것이고, Mode를 '0'으로 설정한 상태에서는 Distance(거리)가 커지면 좌우로 동일한 모습의 조각상이 여러 개로 나타납니다. 예를 들면, Mode를 '0'으로 설정한 상태에서는 Distance(거리)를 40으로 설정하면 조각상이 5개가 나타납니다. Mode를 '1'로 설정한 상태에서는 Distance(거리)가 커지면 왼쪽 팔은 아래로, 오른쪽 팔은 위로 올라가는 모습으로 나타납니다. 아래 화면은 Mode를 '0'으로 설정한 상태에서는

Distance (거리)를 40으로 설정한 모습인데 조각상이 5개로 나타나게 됩니다.

ⓓ **Angle** (각도) **: −90 ~ +90**

Angle(각도)은 세로로 된 라인의 각도를 의미하는 것으로 + 방향으로 숫자가 커지면 시계 방향으로 조각상 모형이 분할되고, - 방향으로 숫자가 커지면 반시계 방향으로 조각상이 분할됩니다.

다음 화면은 Angle(각도)을 +60으로 설정하여 시계방향으로 라인 분할 효과를 적용한 결과 모습입니다.

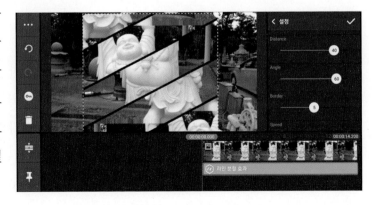

ⓔ **Border**(경계선) **: 0~10**

세로 경계선의 굵기입니다. '0'은 경계선이 아주 희미하게 나타나고, '6',
'7', '8', '9', '10'으로 갈수록 세로 경계선이 굵게 나타납니다. 때로는 경계선

을 '0'으로 설정
할 경우도 있습
니다. 아래 화면
은 Separate를 '3',
Border(경계선)을
'10'으로 설정한
모습입니다.

ⓕ **Speed**(속도) **: 0~100**

속도 속성을 조절해 주면 분할된 영역이 줌 인, 줌 아웃됩니다.

☞ 「라인 분할 효과」 위치 : 〈에셋 스토어〉-〈효과〉-〈렌즈〉

2) 원형 분할 효과

단계적으로 생성된 원형 고리 모양으로 스크린 영역을 분산/분할시켜 줍
니다.

01 사진 클립이나 동영상 클립을 타임라인에 삽입하고, 「원형 분할 효
과」를 적용해 볼 위치에 플레이 헤드(재생 헤드)를 위치시킵니다. 설명
을 위해 사진 클립의 맨 앞 부분에 플레이 헤드를 위치시키겠습니다.

편집 메뉴에서 「레이어」 메뉴를 클릭하고 「효과(FX)」 메뉴를 클릭하면 「효
과」 에셋들이 나타나는데, 여기서 「원형 분할 효과」를 클릭합니다.

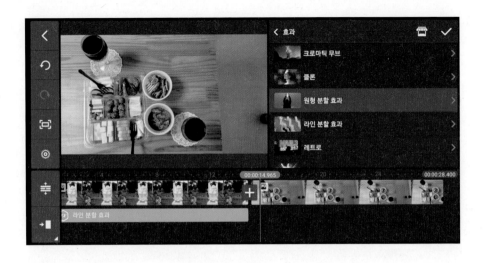

02 「원형 분할 효과」의 하위 에셋으로 「원형 분할 효과」가 있는데, 이것을 클릭하면 에셋 중앙 원형 안 체크 표시가 빨간색으로 변하면서 「편집 작업 영역」에서 타임라인에 있는 사진(동영상) 바로 아래에 노란색 테두리 박스 안에 청색 바탕에 흰색 글씨로 '⟨FX⟩ 원형 분할 효과'라고 하는 레이어 클립이 생성됩니다.

03 우측 상단의 ⓥ 표시를 클릭하면「미리보기 화면」에 보이는 사진(동영상) 중앙에 점선으로 된 정사각형의 박스가 깜박이면서 나타납니다.

04 아래 화면은 정사각형으로 형성된 깜박이는 박스(조절선)를 작게 만들어서 토마토가 들어있는 흰색 컵에 대해서「원형 분할 효과」를 적용해 보았습니다. 전체 화면 중 특정 물체에 대하여「원형 분할 효과」를 적용한 것입니다. 아래 화면은 작업을 마치고 편집 메뉴 오른쪽 상단에 있는 확인(ⓥ)을 클릭한 결과 모습입니다.

「설정」을 클릭해 보면, 위에서 적용한 「원형 분할 효과」는 다음과 같이 세팅되어 있는 것을 확인할 수 있습니다. 숫자로 일일이 적용시키는 것이 아니고 수작업으로 하고, 그 결과를 확인한 것입니다. 아래 화면을 보시면 속성 적용 결과를 확인할 수 있습니다.

ⓐ Separate : 5   ⓑ Mode : 0   ⓒ Distance : 52

ⓓ Center Size : 20   ⓔ Center X : 50   ⓕ Center Y : 50

ⓖ Shape(0 = Circle(원), 1 = Ellipse(타원) : 1   ⓗ Speed : 0

속도 속성을 조절해 주면 분할된 영역이 줌 인, 줌 아웃됩니다.

☞ 「원형 분할 효과」 위치 : 〈에셋 스토어〉-〈효과〉-〈렌즈〉

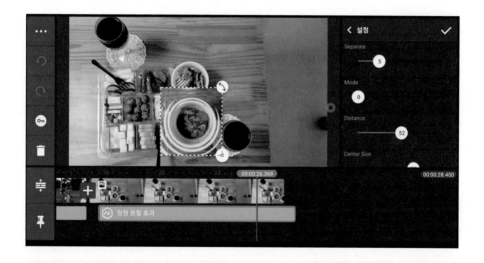

TIP
　효과 적용을 위해서 반드시 「설정」 메뉴에서 각 속성 값을 정해주어야만 하는가요?

　「라인 분할 효과」나 「원형 분할 효과」, 「클론」 효과를 반드시 설정에서 정해주어야 하는 것은 아니고, 점선으로 된 정사각형의 깜박이는 박스(조절선)를 상하좌우로 움직이면서 원하는 효과를 설정할 수도 있습니다. 조절선을 가지고 설정한 후 〈설정〉에 들어가 보면 각 속성별 수치가 적용되어 있음을 확인할 수 있습니다. 따라서 효과 적용을 위해서 반드시 「설정」에서 속성 값을 주어야 하는 것은 아닙니다.

3) 클론 효과

특정 영역을 복제하여 신비로운 연출을 가능하게 합니다.

클론(Clone)이란 똑같은 것, 복제품이라는 뜻인데, 영상 편집에서도 특정 영역을 복제하여 다양한 효과를 연출할 수 있습니다. 타임라인에 있는 「클론 효과」 레이어를 클릭하면 미리보기 화면 우측에 편집 메뉴가 나타나는데, 여기서 「설정」(톱니바퀴 모양의 아이콘) 메뉴를 클릭하고, 다음과 같은 속성들에 대하여 속성 값을 적용시킬 수 있습니다.

① Number of Clone(제공되는 복제 개수), ② Brightness(밝기), ③ Strength(강도), ④ Distance(거리), ⑤ Angle(각도), ⑥ Speed(속도) 등 총 6가지 속성을 활용하여 복제된 영역을 다양하게 변화시킬 수 있습니다.

Speed(속도) 속성을 조절해 주면 복제된 영역을 회전시킬 수 있습니다.

01 타임라인에 클론 효과를 적용할 사진 클립을 삽입합니다. 그리고 「레이어」 메뉴에서 「효과」 메뉴를 클릭하면 편집 메뉴에 「효과」 메뉴가 나타납니다. 「클론」 에셋을 클릭하고, 하위 에셋인 「클론 효과」 에셋을 클릭하면 에셋 중앙의 원형 안 체크 표시가 적색으로 변하면서 「편집 작업 영역」에서 타임라인에 있는 사진(동영상) 바로 아래에 노란색 테두리 박스 안에 청색 바탕에 흰색 글씨로 〈FX 클론 효과〉라고 하는 클립이 생성됩니다.

그리고 미리보기 화면에 깜박이는 점선의 정사각형 조절선이 생성됩니다.

02 「효과」 메뉴 오른쪽 상단에 있는 확인(ⓥ)을 클릭하면 타임라인에 노란색 테두리가 제거된 청색의 사각형으로 된 「FX 클론 효과」 레이어가 생성된 것이 보입니다.

　이제 「FX 클론 효과」 레이어를 꾸욱 누르거나 또는 미리보기 화면에 있는 사진을 꾸욱 누르면 사진 클립에 정사각형의 점선으로 된 깜박이는 박스(조절선)가 다시 나타나고, 타임라인에 있는 레이어가 노란색 테두리의 청색 사각형으로 바뀝니다. 그리고 타임라인 패널 상단 오른쪽에 「클론 효과」 적용을 위한 편집 메뉴가 나타납니다.

03 정사각형의 점선으로 된 깜박이는 박스(조절선) 중앙을 손가락으로 터치하면 미리보기 화면의 4분면에서 적색 실선으로 중앙 지점에 십자선이 만들어지며 가로 중앙선, 세로 중앙선도 생성됩니다. 이것은 사진(동영상)의 중앙점, 가로의 중앙선, 세로의 중앙선을 알아서 원하는 모양의 복제를 몇 개 만들 것인지 결정하기 용이하게 하기 위해서 만든 일종의 참조선이라고 볼 수 있습니다.

04 편집 메뉴에 있는 「설정」(톱니바퀴 모양 아이콘) 메뉴를 클릭합니다. 아래 화면은 클론의 수(Number of Clone)를 8로 설정하여 스타벅스 컵을 8개 복제한 것인데, 밝기(Brightness) 등 기타 속성은 임의로 설정한 것입니다.

〈설정〉을 클릭해 보면, 임의로 만든 클론 효과는 다음과 같이 세팅되어 보여줍니다.

ⓐ Number of Clone : 8 ⓑ Brightness : 5 ⓒ Strength : 60

ⓓ Distance : 25 ⓔ Angle : 1 ⓕ Speed : 0

☞ 「클론」효과 위치 : 〈에셋 스토어〉-〈효과〉-〈렌즈〉

2. 「컬러 체인저」 에셋, 내가 원하는 색상만 바꿀 수 있습니다

「효과」 메뉴에 있는 「컬러 체인저」 에셋은 바꾸고 싶은 컬러에만 변화를 줄 수 있는 기능을 가지고 있습니다. 컬러에 변화를 줄 수 있는 속성은 총 13가지이며, 다양한 속성을 조정하여 최고 수준의 정밀한 색 표현이 가능합니다.

타임라인에 사진(동영상) 클립을 삽입하고, 편집 메뉴에서 「레이어」 메뉴를 클릭하고, 「효과」 메뉴를 클릭하면 「컬러 체인저」 에셋이 있습니다. 만약 「컬러 체인저」 에셋이 없으면 에셋 스토어에 들어가서 「효과」 에셋을 클릭한 후, 「컬러」 에셋을 클릭하면 그 안에 「컬러 체인저」 에셋이 있습니다. 다운로드 하면 곧바로 사용하실 수가 있게 됩니다.

「컬러 체인저」 에셋을 선택한 후 「효과」 메뉴 오른쪽 상단의 확인(ⓥ)을 클릭하면 미리보기 화면에 정사각형의 깜박이는 조절선이 나타나고, 오른쪽에 편집 메뉴가 나타납니다. 여기서 「설정」 메뉴를 클릭하면 13가지의 속성들이 나타납니다. 이 속성들을 조절하여 원하는 색상만을 바꿀 수 있는 것입니다.

(1) Color

색깔을 지정합니다. 여기서는 적색으로 지정하고 ⓥ를 클릭합니다.

편집 작업 영역 타임 라인 트랙에 만들어진 노란색 테두리에 청색 글씨가 써진 컬러 체인저 클립을 클릭하고 「설정」으로 들어가서 속성들을 정해주면서 원하는 컬러로 변경을 시키면 됩니다.

(2) Color Offset (컬러의 상대적 위치 또는 상쇄) : 0~360

0은 원본 사진(동영상) 컬러이며, 숫자가 커질수록 원본 이미지(동영상)가 사라집니다.

360을 설정하니까 노란색으로 사각형 박스가 색깔이 변경되었습니다.

(3) Hue (색조) : -180 ~ +180

색조는 왼쪽 −180에서부터 오른쪽 +180 방향으로 흰색 조절점을 움직이면 노란색, 녹색, 청색, 보라색, 분홍색, 노란색 순으로 색깔이 변경됩니다.

(4) Saturation (채도) : -100 ~ +100

Saturation (채도)을 100으로 맞추면 녹색으로 바뀝니다.

(5) Lightness (밝기) : -100 ~ +100

(6) Contrast (대비) : -100 ~ +100

(7) Vibrance (색의 밝고 짙은 정도) : -100 ~ +100

(8) Shadow (그림자) : -100 ~ +100

(9) Highlight (강조) : -100 ~ +100

(10) Gain (신호 증폭의 정도, 신호의 상대적인 강도) : -100 ~ +100

(11) Lift (필요 없는 부분을 선택하여 추출하는 편집 방법) : -100 ~ +100

(12) Gamma (사진 감광) : -100 ~ +100

(13) Temperature (온도) : -100 ~ +100

☞ **위치 : 에셋 스토어 → 효과 → 컬러 → 컬러 체인저**

내가 원하는 색상만 바꾸는 방법을 예를 들어 설명드리겠습니다.

01 타임라인에 색상을 바꿀 사진 클립을 한 개 삽입하겠습니다.

02 무료 사용자는 「레이어」 메뉴를 클릭하고 「효과」 메뉴에 들어가 보면, 「기본효과」만 설치되어 있으므로 기와집 모양의 에셋 스토어를 클릭하고 들어가면 효과 에셋으로 연결이 됩니다. 우측에 보면 「컬러」라는 에셋이 있으며, 하위 에셋에 보면 「컬러 체인저」라는 에셋이 있습니다.

03 클릭하면 〈다운로드〉 버튼이 나타납니다. 다운로드 버튼을 클릭하면 바로 다운로드가 되고 〈설치됨〉이라고 나타납니다.

04 화면 상단 맨 왼쪽에 뒤로 돌아가기 〈〈 〉 버튼을 클릭합니다. 이어서 화면 상단 맨 왼쪽에 있는 × 표시를 클릭하면 편집 작업 화면으로 돌아갑니다.

05 플레이 헤드(재생 헤드)를 맨 앞 부분에 위치시킨 상태에서 편집 메뉴의 「레이어」 메뉴를 클릭하고 「효과」 메뉴를 클릭합니다.

그러면 「효과」 에셋이 나타납니다. 조금 전에 다운로드 받은 「컬러 체인저」가 보입니다.

06 하위 에셋에 있는 「컬러 체인저」를 클릭하면, 「컬러 체인저」 에셋 중앙에 적색원으로 체크 표시가 됩니다. 편집 화면 오른쪽 상단의 확인(ⓥ)을 클릭하면 편집 작업 화면으로 들어갑니다.

컬러를 변경하기를 원하는 위치의 타임라인에 청색 바탕에 노란색 테두리를 한 〈FX 컬러 체인저〉 클립이 생성됩니다.

07 미리보기 화면에 정사각형의 점선으로 된 깜박이는 박스(조절선)가 보입니다. 이제 미리보기 화면의 사진 중에서 칠판 색깔을 바꿔 보 겠습니다. 속성 조절 전에 먼저 사진(동영상) 중에서 컬러를 변경할 부분을 점선 으로 된 깜박이는 박스(조절선)를 조절하여 선택하는 것이 필요합니다. 그리고 13가지 속성을 조합하여 원하는 색깔로 칠판 색상을 변경해 본 결과입니다.

08 (응용을 위한 원본 사진) 이 사진 클립을 가지고 응용 1, 응용 2 프로젝 트를 만들어 보겠습니다.

09 (응용 1 프로젝트) 원본 사진 클립을 가지고 간판 색상을 빨간색으로 바꾸어 본 모습입니다.

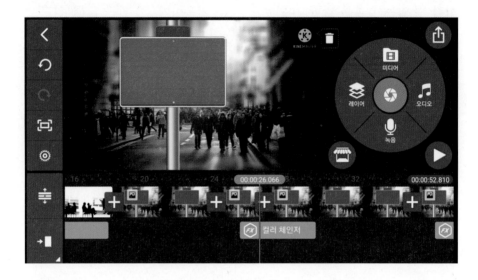

10 (응용 2 프로젝트) 원본 사진 클립을 가지고 간판 색상을 흰색으로 바꾸고, 기본 사진의 배경색도 바꾸어 본 모습입니다.

3. 변형, 내가 원하는 만큼 사진이나 동영상을 비틀 수 있습니다

1) 변형은 사진 또는 동영상의 네 꼭짓점의 위치를 이동시켜 모양을 변경시킬 수 있는 효과를 말합니다. 변형은 ① 기울이기, ② 원근 1, ③ 원근 2, ④ 왜곡 위치 등 4가지 옵션으로 가능합니다.

에셋 구분	변형의 구분	속성
효과	기울이기	Angle X(−90~+90), Angle Y(−90~+90), Zoom(−90~+90), Background Color, Mix Original(0, 1)
	원근 1	Slope X(−100~+100), Slope Y(−100~+100), Extent X(−100~+100), Extent Y(−100~+100), Position X(−100~+100), Position Y(−100~+100), Rotation(−180~+180), Background Color, Mix Original(0, 1)
(레이어 변형 효과)	원근 2	Left Top X((−100~+200), Left Top Y(−100~+200), Right Top X(−100~+200), Right Top Y(−100~+200), Right Bottom X(−100~+200), Right Bottom Y(−100~+200), Left Bottom X(−100~+200), Left Bottom Y(−100~+200), Zoom(−90~+90), Background Color, Mix Original(0, 1), Border Size(0~+10)
	왜곡 위치	Left Top X((−100~+200), Left Top Y(−100~+200), Right Top X(−100~+200), Right Top Y(−100~+200), Right Bottom X(−100~+200), Right Bottom Y(−100~+200), Left Bottom X(−100~+200), Left Bottom Y(−100~+200), Zoom(−90~+90), Background Color, Mix Original(0, 1), Border Size(0~+10)

각각의 옵션 안에서 컬러 선택 및 각도, 줌, 위치 등 5개~12개의 조절 가능한 속성들을 제공합니다. 다양한 속성을 조정하여 자유로운 모양 변형이 가능합니다.

특히 변형 후 빈 공간에 색을 채우고 「저장 및 공유」를 한 동영상은 다른 프로젝트에서 크로마키를 함께 사용하면 더욱 다양하게 활용할 수 있습니다.

☞ 「기울이기」 위치 : 에셋 스토어 → 효과 → 변형 → 기울이기

　「원근 1」, 「원근 2」, 「왜곡」 위치 : 에셋 스토어 → 효과 → 변형 → 레이어 변형 효과

2) 내가 원하는 만큼 사진이나 동영상을 비트는 방법을 예를 들어 설명드리겠습니다.

01 타임라인에 사진 클립을 한 개 삽입하겠습니다. 사진을 촬영할 때 약간 삐뚤게 촬영한 원본을 가지고 와서 비틀어보겠습니다.

02 먼저 「기울이기」를 해보겠습니다. 기울이기는 「레이어」 메뉴를 클릭하고 「효과」 메뉴를 클릭한 후 「기울이기」 에셋을 선택합니다.

03 「기울이기」에셋의 하위 에셋인 「기울이기」에셋을 클릭하면 적색 원이 체크되면서 편집 작업 영역의 타임라인에 적색 테두리 안에 청색 글씨로 「기울이기」효과 레이어가 생성되고, 미리보기 화면에 정사각형의 점선으로 된 깜박이는 박스(조절선)가 생깁니다.

04 편집 메뉴에서 「설정」메뉴를 클릭합니다.

05 「기울이기」효과를 적용하도록 하겠습니다. 사진 자체가 약간 좌측으로 쏠려서 불안한 모습인데 이것을 각종 속성들의 바(Bar)를 움직여가면서 조절하면 되겠습니다.

요령은 먼저 Angle X 바를 움직여서 종탑을 수직으로 만듭니다(-5 적용).

그 다음에는 Zoom을 이용하여 Angle X를 조절하면서 생긴 검은 부분을 커버하도록 종탑을 앞으로 당겨줍니다(+24). 그런데 종탑을 Zoom In을 하다 보니 종탑 아래 평면부분이 일그러져 있습니다. 이것은 Angle Y를 이용하여 조절이 가능합니다(-8). 그러므로 X축, Y축, 그리고 Zoom을 이용하면 비뚤게 찍은 사진도 똑바로 촬영한 것처럼 수정이 가능한 것입니다.

06 이제 앞에서 설명드린 바 있는 「팬 & 줌」기능을 적용하여 종탑의 모양이 공제선보다 좀 아래에 안정감 있게 배치되도록 조정해 주면 작업이 완료되겠습니다. 「팬 & 줌」메뉴 오른쪽 상단에 있는 확인(ⓥ)을 클릭합니다.

4. 완전히 새롭고 강력한 마스크 효과를 사용할 수 있습니다.

1) 마스크(Mask) 효과란?

마스크 효과란 화면에서 원하는 부분을 잘라내서 구멍을 내거나 그 부분만 보이지 않게 하는 것을 말합니다.[1]

2) 마스크의 종류

마스크의 종류는 크게 ① 모양 마스크, ② 선형 마스크, ③ 평행 마스크의 3가지 종류가 있습니다.

3) 속성

위치, 크기, 각도, 페더, 두께 등 10여 종류의 속성들이 제공됩니다. 특히 내부 빈 공간, 반전 속성을 사용하면 최고의 Instagram 동영상을 만들 수 있습니다.

---

1. 김민제, 「베가스 프로 11 & 12」, 가메출판사, 2014, p.206.

4) 배경색

배경색을 선택하여 만든 동영상은 다른 프로젝트에서 크로마키 기능에 활용하면 멋진 동영상 제작이 가능합니다.

☞ 「모양 마스크」위치 : 에셋 스토어 → 효과 → 마스크 → 모양 마스크
　「선형 마스크」위치 : 에셋 스토어 → 효과 → 마스크 → 선형 마스크
　「평행 마스크」위치 : 에셋 스토어 → 효과 → 마스크 → 평행 마스크

5) 모양 마스크

모양 마스크를 적용하려면 최초 사용자의 경우에는 에셋 스토어에 들어가서 「효과」에셋에서 「마스크」에셋으로 들어가서 모양 마스크 에셋을 다운로드 받습니다.

「모양 마스크」에셋에는 원, 크로스, 자유, 하트, 육각형, 팔각형, 오각형, 사각형, 별, 삼각형 등 총 10가지의 모양 마스크가 있습니다. 원하는 마스크를 선택하여 사용하면 됩니다.

01 모양 마스크 적용을 위해 타임라인에 마스크를 적용할 사진을 한 장 삽입하겠습니다.

02 「레이어」메뉴를 클릭하고「효과」메뉴를 클릭한 후「모양 마스크」
에셋을 클릭합니다.

03 「모양 마스크」중에서「원」에셋을 선택하면 적색원으로 표시가 되
면서 편집 작업 영역의 타임라인에 노란색 테두리 안에 청색글자
로「원」효과 레이어가 생성되고, 미리보기 화면에는 깜박이는 검은색 바탕
의 정사각형 조절선이 아래 화면처럼 생깁니다.

04 이 조절선을 상하좌우로 조절하여 원하는 원 모양의 마스크 범위를 결정합니다.

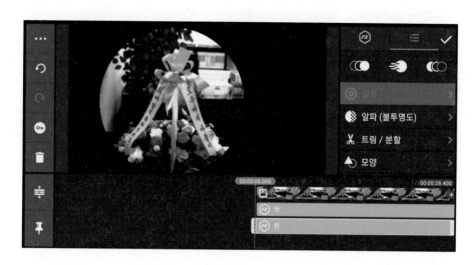

05 「설정」에 들어가서 여러 가지 속성을 정하여 주면 마스크가 완성됩니다. 모든 작업이 완료되면 「설정」메뉴 오른쪽 상단에 있는 확인 (ⓥ)을 클릭하면 모양마스크 적용이 완료됩니다.

【 「설정」 메뉴에 있는 속성의 내용 】

(1) Size(마스크의 크기) : 0 ~ 100

(2) Feather(선택 영역의 경계선의 선명하거나 흐릿한 정도): 0 ~ 100

　　Feather 0은 원래 사진(영상)에 설정된 뚜렷한 경계선이 나타나는 것이고, Feather

　　100은 경계선 라인이 사라지는 것입니다.

(3) Hole(원) : 0 ~ 50

　　Hole 0은 원래 사진(영상)에 설정된 그대로이고 숫자가 50쪽으로 가까이 갈수록 검

　　은색 원이 점점 커지며, 50이 되면 약간의 테두리가 있는 검은색 원이 됩니다.

(4) Angle(각도) : -180 ~ +180

(5) Scale X : -100 ~ +100

　　원이 X축으로 이동하면서 타원형으로 바뀝니다.

(6) Scale Y : -100 ~ +100

　　원이 Y축으로 이동하면서 타원형으로 바뀝니다.

(7) Position X : 0 ~ 100

　　원이 X축선 상에서 맨 왼쪽부터 맨 오른쪽으로 수평 이동합니다.

(8) Position Y : 0 ~ 100

　　원이 Y축선 상에서 맨 아래쪽으로부터 맨 윗쪽으로 수직 이동합니다.

(9) Background Color(배경색)

　　Background Color는 팔레트(Pallette)에서 선택하고 ⓥ 표시를 클릭하면 선택한 색상

　　으로 배경색이 변경됩니다.

(10) Invert(전도, 뒤집는 것) : 0 ~ 1

　　Invert는 원래 모양을 뒤집는 것을 말합니다.

6) 선형 마스크

　선형 마스크를 적용하려면 최초 사용자의 경우에는 에셋 스토어에 들어

가서 「효과」 에셋의 「마스크」 에셋으로 들어가서 선형 마스크 에셋을 다운

받습니다.

01 선형 마스크 적용을 위해 타임라인에 마스크를 적용할 사진을 한 장 삽입하겠습니다.

02 만약 컷 편집 중이라면 원하는 곳에 플레이 헤드(재생 헤드)를 위치시 키고, 「레이어」 메뉴에서 「효과」를 클릭하면 화면에 보이는 것처럼 「효과」 에셋이 나타납니다. 「선형 마스크」 에셋에는 선형 마스크 에셋이 1개 있습니다.

03 설명을 위해「선형 마스크」를 선택하면 적색원으로 표시가 되면서 편집 작업 영역의 타임라인에 노란색 테두리가 있는 청색박스 안에 흰색 글자로「선형」효과 레이어가 생성되고 검은색 바탕의 정사각형 조절면이 미리보기 화면에 보이는 것처럼 생깁니다.

04 「효과」메뉴 우측 상단의 확인(⊘) 표시를 클릭하면「미리보기 화면」에 검은색 정사각형의 바탕화면이 있는 조절선이 나타납니다. 선형이므로 이 조절선을 상하좌우로 조절하여 원하는 선형 모양의 마스크 범위를 결정하고,「설정」에 들어가서 여러 가지 속성을 정하여 주면 됩니다.

05 설명을 위해 편의상 선형 마스크를 전체 화면 하단부분에 적용할 수 있도록 화면 하단으로 검은 사각형 박스의 조절선을 이동시키겠습니다.

06 Background Color를 변경시켜 보겠습니다. 편집 메뉴에서 「설정」을 클릭하고, Background Color를 클릭하여 원하는 색상을 선택하면 미리보기 화면의 하단부에 있는 선형 마스크 색상이 바뀝니다.

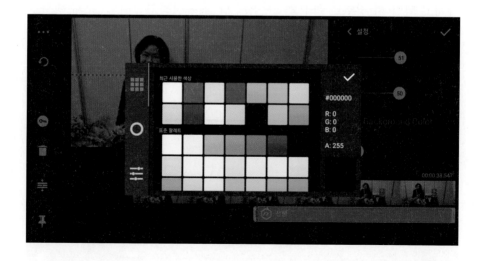

07 이제 속성을 모두 선택하고 우측 상단의 ⓥ 표시를 클릭하면 아래 화면과 같이 선형 모양의 마스크가 생성됩니다. 재생 버튼을 클릭해 보시면 선형 모양의 마스크가 만들어진 것을 확인할 수 있습니다.

응용 이제 선형 마스크 부분에 글자를 입력해서 마무리하겠습니다. '교직 정년퇴임식을 마치고 귀가하여 (2020.2.10.)'라고 입력하겠습니다. 편집 메뉴 오른쪽 상단의 확인(ⓥ)을 클릭하고 종료합니다.

　사랑하는 아내가 37년 간의 힘들었으나 보람이 있었던 교직생활을 무사히 마치고 퇴임 시 정부로부터 '녹조근정훈장'을 수상하였습니다. 교내 행사로 진행된 퇴임식이라 필자가 함께 참석해서 축하해 주지도 못한 가운데 집에 도착하여 기뻐하는 아내의 모습을 사진으로 이렇게 담아서 퇴임기념 영상을 제작해 보았습니다.

【 「설정」 메뉴에 있는 속성의 내용 】

(1) Feather(선택 영역의 경계선의 선명하거나 흐릿한 정도): 0 ~ 100

  Feather 0은 원래 사진(영상)에 설정된 뚜렷한 경계선이 나타나는 것이고, Feather

  100은 경계선 라인이 사라지는 것입니다.

(2) Angle(각도) : -180 ~ +180

  각도를 조절하면 검은색 선형 박스가 상하로 시계방향, 반시계방향으로 돌려집니다.

(3) Position X : 0 ~ 100

  선형이 X축선 상에서 맨 왼쪽부터 맨 오른쪽으로 수평 이동합니다.

(4) Position Y : 0 ~ 100

  선형이 Y축선 상에서 맨 아래쪽으로부터 맨 위쪽으로 수직 이동합니다.

(5) Background Color(배경색)

  Background Color는 색상을 선택할 수 있는 팔레트(Pallette)에서 선택하고 ⓥ 표시를

  클릭하면 선택한 색상으로 배경색이 변경됩니다.

(6) Invert(전도, 뒤집는 것) : 0 ~ 1

  Invert는 원래 모양을 뒤집는 것을 말합니다.

7) 평행 마스크

  평행 마스크를 적용하려면 최초 사용자의 경우에는 에셋 스토어에 들어

가서 「효과」 에셋에서 「마스크」 에셋으로 들어가 평행 마스크 에셋을 다운

받습니다.

01 평행 마스크 적용을 위해 타임라인에 마스크를 적용할 사진을 한 장
삽입하겠습니다.

  그리고 평행 마스크를 적용하고자 하는 위치를 사진 클립의 맨 앞 부분으

로 정하고 이곳에 플레이 헤드(재생 헤드)를 위치시키겠습니다.

  만약 컷 편집 중이라면 평행 마스크를 적용하고자 하는 특정 위치에 플레

이 헤드(재생 헤드)를 위치시키면 됩니다.

02 「레이어」메뉴를 클릭하고 「효과」메뉴를 클릭한 후 「평행 마스크」 에셋을 클릭합니다.

03 설명을 위해 「평행 마스크」의 하위 에셋인 「평행」에셋을 선택하면, 적색 원으로 표시가 되면서 편집 작업 영역의 타임라인에 노란색 테두리가 있는 청색 박스 안에 흰색 글자로 「평행」 효과 레이어가 생성되며,

검은색 바탕의 정사각형 조절면이 미리보기 화면에 보이는 것처럼 생깁니다.

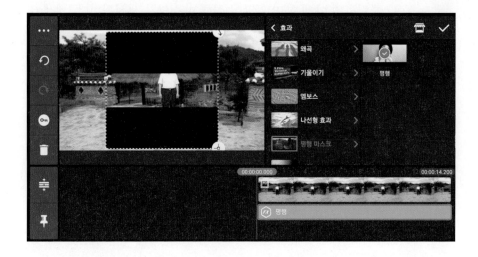

04 「효과」 메뉴 우측 상단의 확인(⊙) 표시를 클릭하면 「미리보기 화면」에 검은색 정사각형의 바탕화면이 있는 조절선이 나타납니다. 평행 마스크이므로 이 조절선을 상하좌우로 조절하여 원하는 평행의 마스크 범위를 결정하고, 「설정」에 들어가서 여러 가지 속성을 정하여 주면 마스크 가 완성됩니다.

05 이제 속성을 모두 선택하고, 「효과」 메뉴 우측 상단의 확인(ⓥ) 표시를 클릭하면 아래 화면과 같이 평행 마스크가 생성됩니다. 재생 버튼을 클릭해 보시면 평행 마스크가 만들어진 것을 확인할 수 있습니다. 재생 버튼을 길게 누르면 전체 화면으로 보실 수 있습니다.

【 「설정」 메뉴에 있는 속성의 내용 】

(1) Size (크기) : 0~ 100

　Size 0은 검은색 조절면이 경계선이 없이 붙어버리는 것이고, 숫자가 커질수록 평행 마스크의 간격이 상하로 벌어집니다. 100일 경우 조절면 자체가 사라집니다.

(2) Feather(선택 영역의 경계선의 선명하거나 흐릿한 정도): 0 ~ 100

　Feather 0은 원래 사진(영상)에 설정된 뚜렷한 경계선이 나타나는 것이고, Feather 100은 경계선 라인이 사라지는 것입니다.

(3) Angle(각도) : -180 ~ +180

　각도를 조절하면 검은색 선형 박스가 상하로 시계방향, 반시계방향으로 돌려집니다.

(4) Position X : 0 ~ 100

　평행 마스크가 X축선 상에서 맨 왼쪽부터 맨 오른쪽으로 수평 이동합니다.

(5) Position Y : 0 ~ 100

평행 마스크가 Y축선 상에서 맨 아래쪽으로부터 맨 위쪽으로 수직 이동합니다.

(6) Background Color(배경색)

Background Color는 색상을 선택할 수 있는 팔레트(Pallette)에서 선택하고 ⓥ 표시를

클릭하면 선택한 색상으로 배경색이 변경됩니다.

(7) Invert(전도, 뒤집는 것) : 0 ~ 1

Invert는 원래 모양을 뒤집는 것을 말합니다.

03 혼합 기능을 활용한 효과 적용

효과 에셋을 이용하는 방법 이외에 편집 메뉴의 혼합 기능을 활용하여 효과를 적용하는 방법을 설명드리겠습니다. 이미 만들어진 동영상을 가지고 새로운 배경 화면 사진(영상)을 삽입한 후 혼합 기능을 적용하는 것입니다.

1.「혼합」기능에 대한 이해

「혼합」기능은 타임라인에 삽입한 영상 레이어와 배경 화면 사진(영상)을 겹쳐서 혼합시키는 기능을 말합니다. 따라서 혼합이 적용된 레이어와 배경 화면 사진(영상)이 화면의 필셀, 색상 값에 따라 각기 다른 혼합 기능을 나타내게 되는 것입니다.

「혼합」메뉴는 ① 보통, ② 오버레이, ③ 곱하기, ④ 스크린, ⑤ 소프트라이트, ⑥ 하드라이트, ⑦ 밝게, ⑧ 어둡게, ⑨ 색상 번 등 총 9개의 기능을 제공하고 있습니다.

그리고 적용했던「혼합」기능을 취소하여 원본 영상으로 원위치하려면「혼합」메뉴에 있는「보통」을 선택하면 됩니다.

혼합 기능을 적용함에 있어서 넣고자 하는 배경 사진(영상) 색상이 어떤 것인지에 따라「혼합」메뉴에서 적용할 수 있는 기능이 달라지게 되는데 혼합 기능 적용하기에서 자세하게 설명드리도록 하겠습니다.

2. 「혼합」기능을 활용한 효과 적용

01 타임라인에 배경화면이 될 사진 클립을 흰색, 검정색, 노란색, 녹색, 빨간색 등 5가지 단일 색상의 배경을 삽입하겠습니다. 그리고 편집 메뉴에서 「레이어」메뉴를 클릭한 후 「미디어」메뉴를 클릭하여 'Home Alone' 영화 필름의 일부를 타임라인에 레이어로 삽입하겠습니다. 그리고 'Home Alone' 영화 필름 레이어를 꾸욱 눌러서 미리보기 화면의 점선의 사각형 조절 박스를 조정하여 화면에 영상이 꽉 차도록 확대하겠습니다.

02 편집 메뉴에 있는 「혼합」메뉴를 클릭합니다.

03 흰색 배경 화면 사진의 경우는「혼합」메뉴 중에서「곱하기」기능이 'Home Alone' 필름의 이 부분에 잘 어울리는 것으로 나타나서「불투명도」를 조절(0~100%)하여 혼합 기능 적용을 해 보았습니다. 불투명도를 74% 적용한 모습입니다.「하드라이트」기능도 적용하면 잘 어울립니다.

04 검은색 배경 화면 사진의 경우는「혼합」메뉴 중에서「스크린」기능이 'Home Alone' 필름의 이 부분에 잘 어울리는 것으로 나타나서「불투명도」를 조절(0~100%)하여 혼합 기능 적용을 해 보았습니다. 불투명도를 100% 적용한 모습입니다.「밝기」기능도 적용하면 잘 어울립니다.

05 빨간색 배경 화면 사진의 경우는 「혼합」 메뉴에 있는 「하드라이트」,
기능이 'Home Alone' 필름의 이 부분에 잘 어울리는 것으로 나타
나서 「불투명도」를 조절(0~100%)하여 혼합 기능 적용을 해 보았습니다. 불투
명도를 100% 적용한 모습입니다.

CHAPTER 02

장면 전환
적용기법

장면 전환 에셋 구성 요소

장면 전환 에셋 구성 요소에 대하여 설명드리겠습니다.

1. 장면 전환 에셋 구성 요소

장면 전환 에셋은 ① 3D, ② 액션, ③ 아날로그, ④ 컬러, ⑤ 교차/분할, ⑥ 그래픽, ⑦ 물결, ⑧ 픽셀, ⑨ 슬라이드 등 총 9가지 카테고리로 구성되어 있습니다.

장면 전환 에셋 구성 요소

카테고리	장면 전환 에셋의 종류
3D	갤러리 뷰, 3D 멀티뷰, 하트 파티클, 안개, 골든 플로우, 스컬스, 출입 금지, 축구공, 포스트 잇!, 종이 뭉치, 파티클 In & Out, 이모지볼, 갤럭시 포레스트, 3D 브레이크, 눈의 결정, 3D 큐브 회전, 슈퍼 루프, 메모리 앨범, 나무 조각 2, 나무 조각 1, 비디오 파편, 리퀴드 페탈, 다른 차원의 공간, 도트 파티클, 큐빅 스핀, 책 넘김 전환, 말아 넘기기, 종이 찢기, 패널 교환, 3D 접는 효과, 3D 큐빅 브레이크, 눈바람, 3D 바둑판 무늬, 단풍잎, 링 오브 파이어, 3D 책 넘김, 3D 폴딩 스크린
액션	줌 슬라이드, 롤링 전환, 스피드 블러 회전, 스텝 어사이드, 줌 스위치, 점프 시프트, 스핀 전환, 새로운 페이지, 다이나믹, 블러드 스플래시, 호러 스토리, 파이어 붐, 일렉트릭 번, 프레임 줌, 크로마틱 줌, 라이팅 글리치, 줌 리플렉션, 어반 룩스, 슈퍼퀵 줌, 에코, 가속 회전 전환, 흔들림 반동 전환, 눈의 깜빡임, 흔들림 전환, 사각형 줌 인 & 줌 아웃, 일래스틱, 스피디 워프, 스톱 모션, 비행기, 펑키 무브, 드롭 스위치, 프리즘 글리치, 플래시 무브, 스핀 블러 전환, RGB 트위스트, 라이트 블러, 핀치/돌출 전환, 가속 회전 전환, 가속 전환, 프레임 시프트, 모션 전환
아날로그	디지털 글리치, 포토 슬라이드, 필름 슬라이드 쇼, 빈티지 슬라이드, 글리치 에러, 윈도우 에러 2.0, TV 글리치, 윈도우 에러, 프레임 글리치, 에러 글리치, 채널 에러, 컴퓨터 에러, VHS 레트로, VHS 아날로그, 채널 시프트, RGB 글리치, RGB 스캔라인, 신호 오류

카테고리	장면 전환 에셋의 종류
컬러	네온 시프트, 스케치 페이드, 스케치 전환, 프로즌, 미스테리 사건 2, 미스테리 사건 1, 필름 번, 렌즈 플레어 2, 퀵 슬라이드, 화이트 글로우, 렌즈 플레어 1, 할로윈 글리치, 빛 번짐 전환, 다이나믹 플래시
교차 / 분할	슬라이서, 화면 분할 슬라이드, 라인 교차 전환, 플래시 전환, 패스트 전환, 컬러풀 분할, 퍼즐, 화면 교차 전환, 분할 거울, 프리뷰 롤, 번개, 슬라이드 오프너, 크로스라인, 조각 분할, 크림슨 분할 전환, 분할 전환
그래픽	스티커 커버업, 수동 초점 모드, 하트 투 하트, 하늘 위로, 클릭, 눈송이, 별빛 속으로, 달러 전환, 카운드 전환, 폴라로이드, 슬레이트, 카메라 셔터, 벚꽃 송이, 박쥐 떼
물결	RGB 물결, 물결 스와이프 전환, 리퀴드 와이프, 리퀴드 마스크, 물 파장 전환, 리플 워프, 소용돌이 전환, 그래픽 왜곡, 스펙트럼 웨이브, 물결, 잉크 번짐 전환, 물 파장, 물결 전환
픽셀	리마인드 씬, 픽셀 스와이프, 모자이크 체인지오버, 블라인드 라이트, 모자이크 셔플, 디스플레이 글리치, 모자이크 블러, 픽셀 줌, 라인 스트림 2, 라인 스트림, 픽셀 스트라이프, 팝핑 모자이크, 글리치
슬라이드	익스텐드, 스피드 블러, 다음 페이지로, 페이지 전환, 브러시 팝, RGB 인스타일, 스위트 타임, 알파 매트, 스크린 시프트, 글로우 라인, 심플 와이프, 컬러풀 전환, 브러쉬 드로잉, 골든 라이트, 삼각 슬라이드, 모자이크 시프트, 보케 시프트, 타워 전환, 2D 시프트, 페이퍼 전환, 스캔 스와이프, 스피디 그리드, 아웃 스프레드 분할, 글라스 스와이프, 포커스 & 디스플레이, 소프트 와이프, 화이트 슬라이드, 지오메트릭 포커스, 트라이앵글 모션, 메시지 데모, 그라데이션 슬라이딩, 스티키 라인, 브러쉬 스트로크, 네온 서클, 골드 라이트, 시네마틱 슬라이드, 클린 오프너, 라운드 와이프, 라인 와이프, 페인트 브러쉬, 이퀄라이저, 스크래치 보드, 코너 와이프, 일렉트로닉, 러브 와이프, 컬럼 페이드, 박스 슬라이드, 라이트 보드, 스텝 슬라이드, 앵귤러, 지퍼, 섹션 와이프, 루마페이드, 라이트 스캔, 3D 블라인드, 팔레트 와이프, 페인트 와이프, 지오메트릭 와이프 2.0, 디지털 커튼, 블록 와이프, 그리드, 소프트 와이프

PC용 전문 영상 편집 프로그램에는 다양한 장면 전환 효과가 있습니다. KineMaster 앱도 이러한 효과들을 적용하여 장면 전환 에셋으로 제공하고 있습니다.

장면 전환 적용하기

장면 전환 적용하기에 대하여 설명드리겠습니다.

1. 장면 전환 적용 개념

　장면 전환은 사진 클립이나 동영상 클립이 2개로 분리가 된 상태에서 적용이 가능합니다. 왜냐하면 장면이 전환된다는 것의 의미는 클립 한 개를 넓은 의미에서 한 장면으로 보고 이 클립을 분할한 후에 한 장면에서 다음 장면으로 전환 시키는 것을 말합니다.

　그러므로 장면 전환을 원하는 위치에 플레이 헤드를 위치시킨 후「트림/분할」메뉴 중「플레이 헤드에서 분할」메뉴를 이용하여 사진 클립이나 동영상 클립을 분할해주어야만 +표시가 나타나면서 여러 가지 종류의 장면 전환 에셋을 사용할 수가 있는 것입니다.

2. 장면 전환 적용하기

01 　장면 전환은 사진이나 동영상으로 가족 앨범을 만든다든가, 각종 기념행사 동영상을 만들 경우에 장면이 전환될 때 그냥 넘기기가 아쉬울 때 다양하게 장면 전환 효과를 적용할 수 있습니다.

장면 전환 효과의 다양한 예를 설명드리기 위해서 타임라인에 필자 가족을 중심으로 한 앨범을 제작하는 샘플을 만들어서 보여드리겠습니다.

먼저 앞 부분에 사진 클립을 한 장 삽입하겠습니다. 본 주제에 맞게 제목이나 자막은 사용하지 않겠습니다.

02 두 번째 동영상 클립이 시작되는 부분에 플레이 헤드를 위치시키겠습니다. +표시가 있는 부분입니다.

03 +표시 부분을 꾸욱 눌러주면 +표시 부분이 빨간색으로 변하면서 「장면 전환」 에셋이 나타납니다.

「3D 장면 전환 효과」 에셋을 클릭한 후 하위 에셋 중에서 「3D 줌 회전」 에 셋을 클릭하면 미리보기 화면으로 장면 전환 효과를 반복해서 계속 보여줍 니다. 이것을 보면서 여러 가지 하위 에셋 중에서 한 개를 선택하면 됩니다. 「3D 줌 회전」 에셋을 클릭하고, 「장면 전환」 메뉴 오른쪽 상단의 확인(⊙)을 클 릭합니다.

04 다음에 있는 +표시 부분을 꾸욱 눌러주면 +표시 부분이 빨간색으 로 변하면서 「장면 전환」 에셋이 나타납니다. 「다중 화면 효과」 에 셋을 클릭한 후 하위 에셋 중에서 「비디오 타일스」 에셋을 클릭하면 미리보기 화면으로 장면 전환 효과를 반복해서 계속 보여줍니다. 이것을 보면서 여러 가지 하위 에셋 중에서 한 개를 선택하면 됩니다. 「비디오 타일스」 에셋을 클 릭하고, 「장면 전환」 메뉴 오른쪽 상단의 확인(⊙)을 클릭합니다.

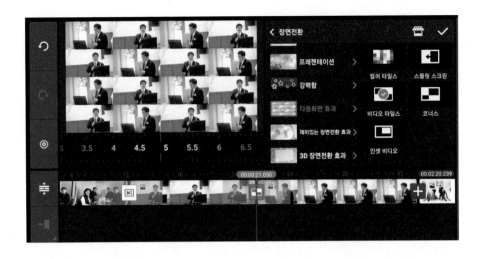

05 다음에 있는 +표시 부분을 꾸욱 눌러주면 +표시 부분이 빨간색으로 변하면서 「장면 전환」 에셋이 나타납니다. 「3D 접는 효과」 에셋을 클릭한 후 하위 에셋 중에서 「02」 에셋을 클릭하면 미리보기 화면으로 장면 전환 효과를 반복해서 계속 보여줍니다. 이것을 보면서 여러 가지 하위에셋 중에서 한 개를 선택하면 됩니다. 「02」 에셋을 클릭하고, 「장면 전환」 메뉴 오른쪽 상단의 확인(⊙)을 클릭합니다.

06 다음에 있는 +표시 부분을 꾸욱 눌러주면 +표시 부분이 빨간색으로 변하면서 「장면 전환」 에셋이 나타납니다. 「타원 전환」 에셋을 클릭한 후 하위 에셋 중에서 「04」 에셋을 클릭하면 미리보기 화면으로 장면 전환 효과를 반복해서 계속 보여줍니다. 이것을 보면서 여러 가지 하위 에셋 중에서 한 개를 선택하면 됩니다. 「04」 에셋을 클릭하고, 「장면 전환」 메뉴 오른쪽 상단의 확인(⦶)을 클릭합니다.

07 다음에 있는 +표시 부분을 꾸욱 눌러주면 +표시 부분이 빨간색으로 변하면서 「장면 전환」 에셋이 나타납니다. 「심플 와이프」 에셋을 클릭한 후 하위 에셋 중에서 「01」 에셋을 클릭하면 미리보기 화면으로 장면 전환 효과를 반복해서 계속 보여줍니다. 이것을 보면서 여러 가지 하위 에셋 중에서 한 개를 선택하면 됩니다. 「01」 에셋을 클릭하고, 「장면 전환」 메뉴 오른쪽 상단의 확인(⦶)을 클릭합니다.

08 다음에 있는 +표시 부분을 꾸욱 눌러주면 +표시 부분이 빨간색으로 변하면서 「장면 전환」 에셋이 나타납니다. 「텍스트 전환 효과」 에셋을 클릭한 후 하위 에셋 중에서 「복고풍 터미널 타입」 에셋을 클릭하면 타이틀 입력 상자가 나타납니다. 여기에 '행복한 우리집'이라는 글자를 입력합니다. 이제 동영상 편집을 마무리하기 위해 「텍스트 전환효과」 메뉴 오른쪽 상단의 확인(⊙)을 클릭합니다.

09 「장면 전환 효과」를 적용하면 사진(동영상) 클립과 클립이 연결되는 + 표시 부분에 하이라이트 표시가 되면서 미리보기 화면 하단에 보면 장면 전환이 이루어지는 시간을 초 단위로 설정할 수 있습니다.

미리보기 화면 중앙에 빨간색으로 된 기준선이 고정되어 있으며, 검은색의 시간 설정 바(Bar) 부분에 손가락을 대고 좌, 우로 움직여서 장면 전환 요망시간을 설정하면 됩니다.

응용 지금까지 동영상을 편집하면서 사진 클립이나 동영상 클립이 이어지는 부분에 장면 전환 효과를 적용하는 방법을 필자의 가족 앨범을 간단하게 만들면서 설명드렸습니다. 장면 전환 효과는 매우 다양하기 때문에 장면 장면이 바뀌는 부분에 적절한 효과를 잘 선택하여 적용하면 되겠습니다.

동영상 자체를 가지고 클립을 분할해 가면서 장면 전환 효과를 적용할 수도 있고, 본 예제처럼 사진 클립을 가지고 연결되는 부분에 대해 장면 전환 효과를 적용할 수도 있습니다. 물론 모든 연결부분마다 장면 전환 효과를 모두 적용해야만 하는 것은 아닙니다.

마지막으로 가족 앨범 동영상을 편집했으므로 제가 작곡한 '살아온 인생' (연주곡 버전) 음원을 삽입하도록 하겠습니다.

CHAPTER 03

스티커
적용기법

스티커 에셋 구성 요소

스티커 에셋 구성 요소에 대하여 설명드리겠습니다.

1. 스티커 에셋 구성 요소

「스티커」 에셋은 ① 모션, ② 액션, ③ 기념일, ④ 꾸미기, ⑤ 프레임, ⑥ 사랑, ⑦ 아이콘, ⑧ 라인 드로잉, ⑨ 리액션, ⑩ 여행 & 레저, ⑪ 계절, ⑫ 특수 효과, ⑬ 텍스트 라벨 등 총 13개 카테고리로 구성되어 있습니다.

스티커 에셋 구성 요소

카테고리	스티커 에셋의 종류
모션	원형 폭죽, 지오메트리 스팟, 스플래시 애니메이션, 다양한 도형 모션 그래픽, 모션 그래픽 스티커 2, 다이나믹 모션, 뉴트로 팝핑, 모션 그래픽 스티커, 칸딘스키 스팟, 패턴 애니메이션, 스피드 라인 1
액션	대결 모드, 밀리터리 스티커 모음, 레이더, 데인저 존, HUD 타겟, ERROR!, 폴리스 라인, 권투 시합, 접근 금지, Sci-Fi 인터페이스, PvP, 레벨 업, 조준용 십자선
기념일	부처님 오신 날, 행복한 디데이, 해피뉴이어 01, 해피 뉴이어 02, 크리스마스 파티, 큐트 호러, 깜찍한 호러, 행복한 할로윈데이, 행복한 어린이날, 라마단과 이드 알피트르, 송끄란, 미라지, 졸업을 축하해!, 해피 벌스데이!, 네온 발렌타인, 새해 복 많이 받으세요, 2020년 새해, HAPPY NEW YEAR 2020, 빈티지 크리스마스, 크리스마스 파티, 산타클로스의 하루, X-MAS, 마울리드, 할로윈 축제, 생일 축하해!, 행복한 추석, 성 파트리치오 축일, 2019 설날, 설날, 황금 돼지의 해, 새해 애니메이션, 안녕, 2019, 메리 크리스마스!, 해피 할로윈, 죽은 자들의 날, 행복한 홀리, 설날 스티커 모음, 2018 평창 올림픽, 인도 공화국의 날, 안녕, 2018, 크리스마스의 추억, 메리 크리스마스, 추수감사절, 할로윈, 디왈리, 추석, 중추절, 노동절, 투르 드 프랑스, 미국 독립기념일, 아버지의 날, 생일 축하 파티, 어머니의 날, 어린이날, 행복한 부활절, 부활절, 브라질 카니발, 발렌타인데이 스티커 모음, 달콤한 발렌타인데이, 안녕,2017

카테고리	스티커 에셋의 종류
꾸미기	컬러 글리티, 오늘의 두들 스타일 1, 화이트 스파클, 소셜 스케치, 러블리 베어, SNS 파티, 레트로 이모지, 반짝반짝 모음집, 여행 테마, 소셜 그루브, TV시그널, 파스텔 아이콘, 액션 효과, 건강한 식습관, 스튜디오 조명, 화려한 스포트라이트, 여기를 탭하세요, 하이틴 스타일 2, 하이틴 스타일 1, 반짝이는 스티커, GO TEAM, 스포트라이트 2, 화려한 헤더 스티커, 사랑스러운 반려동물 1, 사랑스러운 반려동물 2, 데일리 루틴 02, 데일리 루틴 01, 애니멀즈 01, 애니멀즈 02, 카운트 다운 1, 러블리 미니 스티커, 큐티 이모지 1, 다양한 핸드 사인 스티커, 굿 아이디어, 다양한 코스튬, 소셜 아이콘 2.0, 소셜 아이콘 1.0, 애니메이션 이모지 2.0, 애니메이션 이모지 1.0, 큐트 아이콘, 빈티지 두들 스타일, 야옹, 참! 잘했어요, 로딩 2.0, 요정 날개, 레트로 픽셀, 12 별자리, 스터디 라이프, 집사 일기, 사랑스런 나의 반려견, 보케 2, 국기 2, 스파클러 라이트, 꽃이 필요한 순간, 귀여운 미니 스티커 2, 터치 스크린, 폭포, 글램 스티커, 만화 캐릭터, 스크랩북 스티커, 빈티지 스티커, 국기, 함께 극복해 나가요!, 비즈니스맨, 학교 수업, 스트로베리 러브, LED 카운트다운, 플래티넘 카운트다운, NO SIGNAL, VHS 글리치 2, VHS 글리치 1, 스위트랜드, 귀여운 손동작 모음, 귀여운 데코 스티커, 여행의 기록, 다이어리 꾸미기, 스포트라이트 1, 블랙 & 화이트, 풍선 파티, 보케, 하이틴, 뉴트로 무드, 트로피컬 어드벤처, 뉴트로 팬시 스티커, 3D 카운트다운, 스프레이 그래픽, 불꽃축제 2, 풍선, 나의 귀여운 반려동물, 별빛 로맨스, 외계인과 UFO, 오싹 블러드, 종이 그래픽, 픽셀 애니메이션, 스탬프, 형형색색 나비, 전구 가랜드, 병맛 스티커(중국어), 구독과 좋아요, 프리덤, 무지개 월드, 그림 일기, 귀여운 픽셀 스티커, 병맛 스티커(한국어), 고대 로마 기둥, 로딩바, 종이 조각, 무한한 빛, 무지개 스케치, 알로하, 해저 탐험, 사이버 월드 1995, 파파라치, 스웨그, 비눗방울, 라이브 뉴스, 귀여운 미니 스티커, 깃털, 천사와 악마, 소풍, 무지개 유니콘, 인터페이스 :1995, 포스트잇, 스크린 글리치, 레이저, 봄의 꽃, 신호 없음, 삼바 타임, 브러시 스티커 세트, 꽃가루, 커튼콜, 몬스터 메이커, 달러, 불꽃축제, 불 타오르는 도형, 스모키,오싹한 흔적, 별자리 스티커 세트, 오늘의 날씨, 네온 트로피컬, 재밌는 소품 모음, 총알 구멍, 픽셀 이모티콘, 월드 스탬프, 정글 탐험, 과일, 반짝반짝, 봄날의 꽃밭, 꽃 리스, 스팀 애니메이션, 만화 폭탄, 팝핑 스타, 폭죽, 조리기구, 버블 애니메이션, 재밌는 스티커 모음, 음식 스티커 모음, 팝 애니메이션, 워터 스플래쉬
프레임	글리터 프레임, 두들 라인 노트, 3D 스마트폰 패키지, 다양한 프레임 패키지, TV 팝, 큐트 두들 프레임, 폴라로이드 사진, 스크랩북 프레임, 큐트 데코 프레임, 글리터 스티커 모음, 브이로그 스크랩북, 감성 폴라로이드, 러블리 페이퍼 프레임, 감성적 우주, 포스터 프레임, 팬시 컷 프레임, 레트로 프레임, 네츄럴 프레임, 뷰 포커스, 패턴 그래픽 프레임, 그리드 프레임, 포토 카드 프레임, 뉴트로 팬시 페이퍼, 인 러브, 필름 프레임, 심플 그래픽 프레임, 시네마틱 오프닝, 시네마틱 프레임, 폴라로이드 스티커, 프레임 분할 스티커, 네온 프레임, 데일리 룩 북 프레임, 버블 팝 프레임, 평화로운 주말 프레임, 여행일기 프레임, 스피트 라인 2, 헬로 선샤인 프레임, 목련꽃 프레임, 비밀 정원 프레임, 팝 아트 코믹스 프레임, 낙서 프레임, L.O.V.E 스티커북, 패턴 그래픽 프레임, 컬러 프레임, 아트 프레임, 불 타오르는 프레임, 뷰파인터, 3D 스티커 프레임, 카운트다운, 다양한 액자 스티커 세트
사랑	3D에 빠진 하트, 하트 퍼레이드, LOVE IT, 떠 다니는 마음, 우리의 사랑, 사랑에 빠진 순간, 3D 하트, 하트 폭죽, 하트 퍼레이드, 하트 샤워, 프로포즈, 팝핑 하트, 깨져버린 하트, 팝핀 하트
아이콘	경제 전문가, 3D 이모지, SNS 픽셀 스티커, 기상 예보, 화살표 애니메이션, 로딩 아이콘 모음, 에코 히어로, 커서 클릭, 다양한 커서 모음, 로딩 중입니다, 다양한 화살표 스티커, 3D 화살표, 그래픽 심볼, 인포그래픽 아이콘 모음, 날씨, 오늘의 미팅, 화살표 애니메이션, 여행 이야기 2, 운동 아이콘, 활기찬 하루, 로딩중, 비디오 아이콘, 화살표 스티커 세트, 주의 표지판, 기본 화살표 모음, 기본 날씨 아이콘, 기본 도형

카테고리	스티커 에셋의 종류
라인 드로잉	오늘의 두들 스타일 2, 나의 블로그, #야옹이그램, 집순이와 집돌이의 하루, 낙서 아이콘 애니메이션, 귀여운 라인 그래픽, 커피 타임, 분필 낙서, 타투 스티커, 핸드 드로잉, 형광펜, 핸드 드로잉 애니메이션, 모던 일상 아이콘
리액션	이모지 페이스, 코믹 리액션, 큐티 베어, 카툰 캐릭터 눈 모음, 일상생활, 레트로 텍스트, 페이스 이모션, 만화 캐릭터 눈, 다양한 표정 모음, 다함께 박수, 만화 리액션 2, 3D 실버 이모티콘, 환호하는 사람들, 리액션 모음, 만화 리액션 1, 다양한 리액션 모음, 이모티콘, 다양한 만화 리액션, 예능 영상 효과, 감정 표현 스티커, 일본어 말풍선 스티커, 재밌는 말풍선
여행 & 레저	오늘의 무비타임, 홈트레이닝, 헬스루틴, 데일리 라이프, 다이어트 일기, 행복한 소풍, 낚시왕, 캠핑 타임, 작지만 확실한 행복, 나만의 시간, 영화 속으로, 잼 세션, 여행 이야기
계절	파스텔 다꾸 스티커, 안녕, 가을, 비치 바이브, 썸머 바이브, 봄의 시작, 사계절, 여름 이야기, 어느 봄날, 화창한 봄, 벚꽃 2, 봄 소풍, 벚꽃 1, 눈 꽃이 내리면, 낙엽 2, 낙엽 1, 뜨거운 여름
특수 효과	소환, 라이트포인트, 별똥별 쇼, 글로우 스타, 다양한 배경 효과, 우주 공간 속으로, 트윙클, 라이팅 이펙트, 네온 글로우 라인, 비 내리는 오후, 판타지 공간, 레이저 광선, 백그라운드 루프, 스피드 트레이스, 스타 매직, 오로라 1, 오로라 2, 게임 캐릭터 효과, 거미 소굴, 안개, 깨진 유리창, 스타트랙:이동, 우주 속으로, 스파클러 2, 스파크, 액체 폭발, 글리터, 스파클러, 폭발, 일렉트릭 쇼크,에너지 히어로, 페인트 스플래쉬, 일렉트릭, 화력, 애니모션, 파워, 초능력
텍스트 라벨	빈티지 레터링 콜라주, 원형 배지 1, 캘리그라피(영어), 고마워요, 코믹 버블, 말풍선, 그래피티 아트, 오늘의 수업, 다양한 말풍선 스티커, 크리스마스 텍스트, 할로윈데이, 키네마스터 워터마크 2, 홈 카페, 드립 어드벤쳐, 픽셀티콘, 플래너 키트, 웨딩, 빈티지 라벨, 키네마스터 워터마크 1, 중국 먹방 여행, 중국 여행, 다양한 자막 바, 8비트 픽셀 스티커, 우아한 배너 모음, 할인 태그, 심플 자막 바, 메이크 업, 여행 브이로그, 쿠킹 클래스, 네온 그래픽 배너, 봄 꽃 스티커 세트, 컬러풀 배너 모음, 낙서 스타일의 말풍선, 꽃 라벨, 텍스트 엠블럼, 이모지 네임택, 캘리그라피(한국어)

이러한 스티커 에셋은 너무 과도하게 사용할 경우 동영상 콘텐츠의 질(質)을 저하시킬 수도 있습니다.

적절하게 사용하는 것을 추천드립니다.

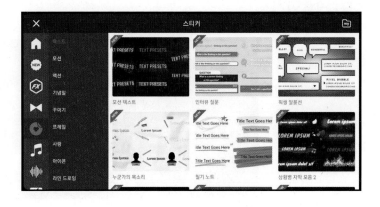

02 스티커 적용하기

스티커 적용하기에 대하여 설명드리겠습니다.

1. 스티커의 개념

스티커는 사진이나 동영상을 아기자기하게 꾸며 줄 수 있는 도구라고 볼 수 있습니다. 이러한 스티커는 움직임이 포함된 스티커와 움직임이 없는 스티커로 구분해 볼 수 있습니다. 그리고 스티커는 제목이나 자막, 동영상 그 어디에라도 붙일 수 있습니다. 용어의 뜻 그대로 스티커입니다. 다만 움직이는 동영상에 스티커를 붙여서 활용하려면 스티커를 붙이는 위치와 크기, 방향, 스티커 효과를 발휘하는 시간 등을 잘 고려하여 스티커를 붙여주어야 합니다.

2. 스티커 적용하기

01 스티커를 적용하기 위해 타임라인에 동영상 클립을 한 개 삽입하겠습니다.

02 스티커를 적용할 부분에 플레이 헤드를 위치시킨 후 편집 메뉴에서 「레이어」를 클릭한 후, 스티커를 클릭합니다.

03 「스티커」를 클릭하면 아래 화면과 같이 「스티커」 에셋을 선택할 수 있는 스티커 선택 메뉴가 나타납니다. 설명을 위해 북한강 수면 위에서 불꽃축제를 할 수 있도록 「불꽃축제」 스티커를 선택하여 클릭하겠습니다.

04 「불꽃축제」에셋을 클릭하면 아래 화면과 같이 불꽃축제 하위 폴더에 불꽃축제 스티커가 나타납니다. 하나하나 선택해서 미리보기 화면에서 나타나는 장면을 본 다음 가장 적절한 불꽃축제 스티커를 선택합니다.

05 강물 위에서 불꽃이 터지는 것을 연출하는 것이므로 몇 개의 스티커를 사용해서 설명드리겠습니다.

① 강물 위에서 잘 보이게 색상을 선택합니다. 8개의 하위 에셋 중에서 빨간색을 선택하겠습니다. 선택한 에셋이 적색 원으로 나타나며, 타임라인 동영상 클립 아래에 불꽃축제 레이어가 빨간색 테두리로 나타나고, 미리보기 화면 중앙에 반복적으로 선택한 에셋의 모습을 보여줍니다.

② 불꽃이 터지면서 점점 커지는 형상이므로 처음 크기를 작게 조절하겠습니다. 불꽃 크기와 방향은 깜박이는 흰색 사각형 박스(조절점)를 이용하여 조절하겠습니다. 우선 불꽃 스티커 1개를 만들겠습니다. 화면 정중앙 위치에 작은 크기로 시작하도록 위치와 크기를 조절하였습니다.

③ 불꽃 색상 한 가지로는 효과가 적기 때문에 이번에는 노란색 불꽃 에셋을 한 개 선택합니다. 아래 화면과 같이 「불꽃축제」 스티커를 적용해 보았습니다. 움직이는 스티커이므로 위치나 크기, 각도 등 여러 가지를 잘 고려하여 효과를 극대화시키는 것이 중요합니다.

④ 이번에는 「불꽃축제 2」에셋을 클릭하여 다른 모양의 불꽃 축제 모습을 연출해 보겠습니다.

⑤ 「불꽃축제 2」에셋 중에서 아래에서 위로 쏘아 올리는 불꽃을 선택하겠습니다. 쏘아 올리는 범위를 좀 넓게 조절하겠습니다. 그리고 1회 쏘아 올리면 끝나는 스티커이므로 한 번 더 선택하여 총 2회에 걸쳐 쏘아 올리도록 하겠습니다.

⑥ 「불꽃축제 2」 에셋 중에서 5개의 불꽃을 아래에서 위로 쏘아 올리는 불꽃을 선택하겠습니다. 그리고 한 번 더 선택하여 총 2회에 걸쳐 쏘아 올리도록 하겠습니다.

⑦ 지금까지 「불꽃축제」, 「불꽃축제 2」 에셋을 활용하여 북한강 수면 위에서 불꽃놀이 하는 것을 연출하였습니다. 계속해서 몇 가지 스티커 에셋을 동영상에 붙여서 보여드리겠습니다. 「우주 속으로」 스티커입니다.

⑧「카운트다운」 스티커입니다.

⑨「커튼콜」 스티커입니다.

　지금까지 스티커 효과를 적용하는 방법에 대하여 살펴보았습니다. 편집하는 영상에 잘 어울릴 만한 스티커를 적당한 위치에 적당한 개수만큼만 적용하실 것을 추천드립니다.

CHAPTER 04

PIP
적용기법

01 PIP의 개념

PIP 개념에 대하여 설명드리겠습니다.

1. PIP의 개념

PIP(Picture in Picture)는 타임라인에 삽입된 사진 클립이나 동영상 클립 위에 레이어 개념으로 다시 사진이나 동영상을 삽입하는 기법을 말합니다.

예를 들면, TV 모니터 화면에서 본 화면과 별도로 작은 화면을 동시에 표시할 수 있는 기능이 바로 PIP 기능입니다.

이것을 화면 속 화면(PIP) 기능이라고도 합니다. 이와 같은 기능을 가진 TV에서는 배경이 되는 쪽을 모 화면, 작게 표시되는 쪽을 PIP라 합니다. 이 기능을 이용하면 어떤 프로그램을 보고 있으면서 동시에 다른 채널의 내용을 확인할 수 있지만, 화면 일부가 은폐되는 것이 단점이 됩니다. 가로 세로비가 16:9인 대형 TV모니터에서 가로 세로비가 4:3의 일반 화면 방송을 화면 일부에 작은 화면으로 표시하는 것도 일종의 PIP라고 볼 수 있습니다.

아래 화면을 보면 전체 화면 속에 사진 한 장이 또 삽입되어 있는 것을 확인할 수 있습니다. 이것이 Picture in Picture입니다. 스마트폰의 저장 공간과 기능에 따라 차이가 있을 수 있지만 사진 클립이나 동영상 클립 위에 사진 또는 동영상을 레이어로 여러 개 삽입할 수 있습니다.

또한 레이어로 삽입된 사진이나 동영상에 대하여「크롭」메뉴를 통해 모양

마스크(18가지 종류)를 설정할 수 있으며, 「알파(불투명도)」 조절을 통해 짙고 옅은 색상을 표현할 수 있습니다. 「조정」 메뉴를 통해 밝기, 대비, 채도, 활기, 온도, 하이라이트, 그림자, 게인, 감마, 리프트, 색조를 조절할 수 있습니다.

02 PIP 적용하기

PIP 적용에 대하여 설명드리겠습니다.

1. PIP 적용

01 타임라인에 「미디어」메뉴를 이용하여 동영상 클립을 한 개 삽입하
겠습니다.

02 이제 「레이어」 메뉴에 있는 「미디어」 메뉴를 클릭합니다.

03 「미디어」 메뉴를 클릭하면 사진이나 동영상을 선택할 수 있는 「미디어 브러우저」가 열립니다.

04 사진을 한 장 레이어로 삽입하겠습니다.

05 깜박이는 흰색 사각형의 조절 박스(조절점)에 있는 곡선의 양방향 화살표(방향 조절)와 직선의 양방향 화살표(크기 조절)를 이용하여 크기와 방향을 조절하고, 조절 박스를 드래그하여 원하는 위치로 이동할 수 있습니다. 여기서는 사진을 오른쪽으로 배치해 보겠습니다. 그리고 「인 애니메이션」 메뉴에서 「오른쪽에서 나타나기」를 2초를 설정하도록 하겠습니다.

06 이번에는 오른쪽에 배치된 사진에 별 모양의 마스크를 적용시키겠습니다.

07 이번에는 반대쪽, 즉 왼쪽으로 사진을 이동시키고, 「크롭」 메뉴에서 마스크를 선택(흰색 원형이 빨간색 원형으로 바뀜)하고, 다각형 모양을 선택합니다.

「페더」를 바(Bar)를 이용하여 '50'으로 맞추면 다각형 마스크가 사라지면서 주변의 경관과 잘 어울리게 됩니다.

08 이번에는「회전/미러링」메뉴로 시선 방향을 반대로 바꾸고,「화면 분할」메뉴를 이용하여 전체 화면으로 바꾼 모습입니다.

09 이번에는「필터」메뉴를 통해「선명한」에셋의「V05」에셋을 선택하여 색상을 조절하겠습니다.

10 마지막으로 인물을 중앙에 배치하고, 「아웃 애니메이션」 메뉴에서 「확대」를 적용한 후, 배경 음악으로 KineMaster에서 제공하는 배경 음악 'Moonlight Sonata, 1st. Mov'(베토벤의 월광소나타 1악장)를 삽입하겠습니다. 이제 모든 작업을 마쳤으므로 편집 메뉴의 오른쪽 상단에 있는 확인(⊙) 버튼을 클릭하여 PIP 기법 적용을 마무리합니다.

응용 이번에는 동영상 위에 동영상을 올려보겠습니다. 동영상 위에 동영상을 올려놓으면 동영상 위에 있는 동영상도 동일하게 재생이 됩니다. 계룡대로 가는 KTX 열차에서 차창 밖으로 촬영한 영상을 타임라인에 삽입하고, 「레이어」 메뉴의 「미디어」 메뉴를 클릭한 후 「미디어 브라우저」를 열고 'Home Alone' 영화 필름의 극히 일부분을 삽입하였습니다.

PART 05

영상 편집 기술: 고급편

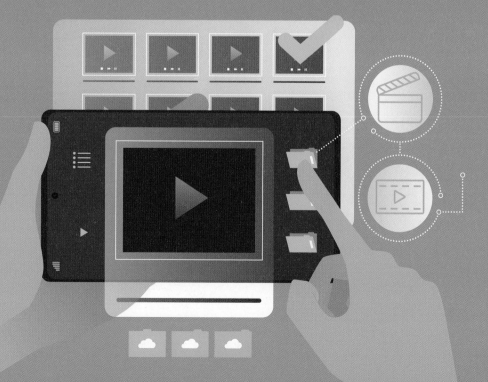

CHAPTER 01

리버스
기능

리버스의 개념

리버스의 개념에 대하여 설명드리겠습니다.

1. 리버스의 개념

리버스(Reverse)는 '거꾸로 움직이는', '거꾸로 된'이라는 뜻을 가진 용어입니다. 일반적으로 거꾸로 재생되는 동영상을 만드는 것이라고 생각하면 이해하기 쉽습니다.

다른 말로 표현하면 '거꾸로 영상 되돌리기'라고 표현할 수 있겠습니다.

영상 편집을 하면서 리버스 기능을 사용하면 스마트폰의 갤러리에 별도의 〈Reversed〉라는 폴더가 생겨서 그 안에 리버스를 적용하기 전과 적용한 후의 동영상이 자동적으로 저장됩니다.

리버스 개념이 적용 가능한 프로그램으로 Sony Vegas Pro13이나 Adobe 프리미어 프로 등에도 이 기능이 있습니다.

Adobe 프리미어 프로에서는 「클립 속도/지속 시간」 메뉴에서 「뒤로 재생」을 클릭하면 리버스 기능이 적용됩니다.

리버스 기능은 영상이 길면 길수록 리버스 동영상을 만드는 데 시간이 많이 걸리게 됩니다.

구글의 Play 스토어에서 '동영상 역재생'이라고 입력하고 검색하면 역재생 앱이 많이 있습니다.

예를 들면, 역방향 재생 동영상(Bizo Mobile), 역 비디오 뒤로(Photo Collage), 역 재생-역재생 앱(GOMIN MOBILE), 역방향 재생 비디오(Better AppsSoft), 리버스 비디오 편집기(Lambent Labs) 등 매우 다양한 역재생을 위한 앱들이 있습니다.

리버스 개념을 적용할 수 있는 예를 몇 가지 들어보겠습니다.

1) 쏟아지는 물줄기를 다시 되돌릴 수 있습니다.

2) 어린 아기가 앞으로 걸어오는 것을 뒷걸음질하게 만들 수 있습니다.

3) 앞으로 걸어가는 강아지를 뒷걸음질하게 만들 수 있습니다.

4) 프로파일러(Profiler)가 용의자가 찍힌 CCTV 영상을 리버스 기능을 통해 이동 경로를 추적하는 데 이용할 수 있습니다.

5) 음료수를 용기에 따르는데 거꾸로 음료수가 줄어드는 모습이 보이게 만들 수 있습니다.

02 리버스 적용하기

리버스를 적용하는 방법에 대하여 설명드리겠습니다.

1. 리버스 적용하기

01 리버스를 적용할 수 있는 동영상 클립을 준비합니다. 설명을 위해 필자가 투명한 유리병에 주전자로 물을 넣는 장면을 촬영하였습니다. 물을 넣으면 유리병의 아랫부분부터 물이 위쪽으로 차오르게 되어 있습니다. 그러나 동영상을 거꾸로 돌린다고 생각해 보면 유리병의 물이 점점 줄어들게 되는 것입니다. 이것이 리버스입니다.

필자가 미리 준비한 리버스용 동영상을 타임라인에 삽입하겠습니다.

02 타임라인의 동영상 클립을 꾸욱 누르면 편집 메뉴가 나타납니다. 「리버스」 메뉴를 클릭합니다.

03 편집 메뉴에서 「리버스」를 클릭합니다. 그러면 아래 화면과 같이 리버스가 바로 진행됩니다.

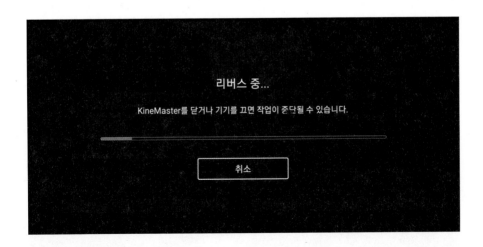

04 리버스가 종료되면 '리버스 완료' 문자가 잠깐 떴다가 사라집니다.

05 이제 편집 메뉴의 오른쪽 상단에 있는 확인(ⓥ) 버튼을 클릭하면 리버스 적용이 종료됩니다.

06 이제 리버스 결과를 확인해 보겠습니다. 구간별 재생 버튼을 통해 리버스 결과를 확인해 보겠습니다.

34.930초 부분의 재생 모습입니다.

07 44.726초 부분의 재생 모습입니다.

08 54.450초 부분의 재생 모습입니다.

CHAPTER 02

크로마키
기능

01 크로마키의 개념

크로마키의 개념에 대하여 설명드리겠습니다.

1. 크로마키의 개념

크로마키(Chroma-key)는 두 개의 영상을 하나로 합성하는 기술을 말합니다. 즉, 화상 합성을 위한 특수한 기술로 두 가지 화면을 따로 촬영하여 한 화면으로 만드는 합성 기법을 의미하는 용어입니다. KineMaster 앱은 동영상 레이어나 사진 등 이미지 레이어 모두 사용할 수 있습니다.

크로마키 기술을 적용하기 위해서는 합성할 피사체를 단색판을 배경으로 촬영한 후, 그 화면에서 배경색을 제거해야 합니다. 이렇게 피사체만 남게 되는 원리를 이용한 것입니다.

이때 배경이 되는 단색판을 크로마키 천이라고 하는데, 청색천과 녹색천을 가장 많이 사용하고 있습니다.

주의할 점은 청색 눈을 가진 사람은 청색천을 사용하면 배경색을 제거하는 데 어려움이 생기기 때문에 서양 사람들의 경우 녹색천을 주로 사용합니다.

한국 사람의 경우는 청색천이나 녹색천을 모두 사용해도 큰 문제가 없습니다. 다만 주의할 점은 본인이 사용하는 크로마키 배경천 색상과 동일하거나 유사한 계열의 옷을 착용하지 말아야 합니다. 즉, 녹색 배경천을 사용할 경우에는 크로마키 촬영에 착용하는 옷 색상을 녹색 계열은 피해서야 하는 것입니다.

PC 전용 영상 편집 프로그램에서는 수준 높은 크로마키 기능을 제공하는데, KineMaster 앱도 어느 정도 수준이 있는 크로마키 기술을 적용할 수 있도록 개발되어 있습니다.

크로마키 촬영을 할 때는 크로마키 천을 충분한 사이즈로 사용하는 것이 좋습니다. 왜냐하면 사이즈가 작을 경우, 배경 화면에 크로마키 촬영한 것을 올려놓고 배경을 제거하면 좌우측으로 검은 부분이 나타나게 되기 때문입니다.

그러므로 가로, 세로 길이가 충분한 크기의 크로마키 천을 사용하여 촬영을 하는 것이 좋습니다. 아래 화면은 현재 인터넷에서 판매되고 있는 크로마키 천의 종류들입니다. 가격이 2~5만 원 정도로 제품 종류에 따라 차이가 천차만별입니다만 그렇게 비싸지는 않습니다.

크로마키 적용하기

크로마키 기술을 적용하는 방법에 대하여 설명드리겠습니다.

1. 크로마키 적용하기

01 편집 메뉴의 「미디어」 메뉴를 이용하여 미디어 브라우저에서 크로마키의 바탕이 될 동영상을 찾아서 타임라인에 삽입합니다.

02 편집 메뉴의 「레이어」 메뉴를 클릭하고, 「미디어」 메뉴를 이용하여 크로마키 촬영을 한 동영상을 타임라인에 삽입합니다.

사무실에서 녹색 크로마키 천을 사용하여 촬영을 하였습니다. 가로 3m,

세로 3m짜리로 충분하게 좌우가 나올 수 있는 배경천을 사용하였습니다.

크로마키 천도 필요하지만, 설치대가 별도로 필요합니다. 앞에서 「크로마키의 개념」 설명 부분에 제시한 사진 중 맨 왼쪽 사진을 보면, 크로마키 천과 함께 별도로 설치대를 판매하고 있는 것을 알 수 있습니다. 일반적으로 알루미늄 재질로 제작되어 있고, 중간에 연결봉에 의해 길이를 필요한 만큼 연장하여 설치하면 됩니다. 그러나 간단한 촬영을 할 경우에는 맨 오른쪽 사진과 같은 제품을 구입하여 사용하시면 되겠습니다.

03 크로마키 촬영 영상이 미리보기 화면을 꽉 채우도록 깜박이는 흰색의 사각형을 이용하여 조절합니다.

조절을 끝내고 편집 메뉴 오른쪽 상단의 확인(✓)을 클릭합니다.

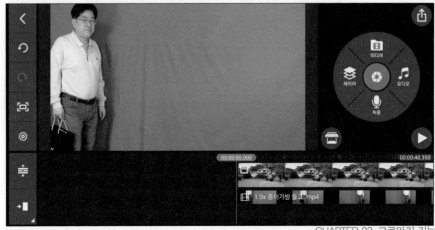

04 크로마키 촬영 동영상 클립을 꾸욱 누르고, 편집 메뉴에서 「크로마키」 메뉴를 클릭합니다.

05 이제 「크로마키」 메뉴에서 「적용」을 클릭하여 활성화시키면 크로마키 기술을 적용할 수 있습니다.

크로마키 「적용」은 흰색 동그라미가 빨간색 동그라미로 바뀌면서 가능하게 됩니다. 크로마키 적용은 ⓐ 키 색상(여기서는 녹색), ⓑ 미세 조정, ⓒ 마스크 모드가 있습니다.

06 「키 색상」은 크로마키 천을 녹색을 사용했다고 보여주는 것이므로 신경 쓸 것이 없습니다. 「미세 조정」 메뉴를 클릭합니다.

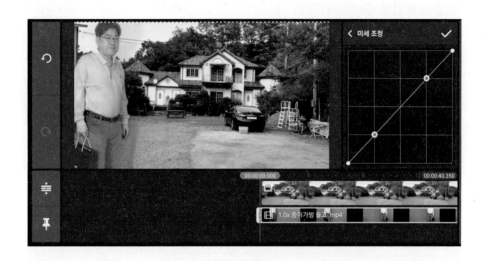

07 조절점을 상하좌우로 움직여가면서 미리보기 화면의 피사체가 선명하게 잘 보일 때까지 미세하게 조절을 하면 됩니다. 이 부분이 경험과 요령이 필요한 부분입니다. 여러 가지 시도를 거쳐 가장 양호한 상태로 만들었습니다.

08 편집 메뉴 오른쪽 상단의 확인(✓) 버튼을 클릭하면 크로마키 기법 적용이 완료됩니다. 이제 재생버튼을 눌러보면 멋지게 합성된 동영상을 확인할 수 있습니다.

09 크로마키 기법이 적용된 동영상을 재생해 본 화면의 일부분 모습입니다.

10 크로마키 기법이 적용된 동영상을 재생해 본 화면의 일부분 모습입니다.

11 「마스크 모드」는 마스크를 적용하여 흰색과 검은색 배경으로 보여줍니다. 「마스크 모드」를 활성화하면 보다 투명하게 처리해 주어야 할 부분은 검은색으로 나타나고, 남길 부분은 흰색으로 나타납니다.

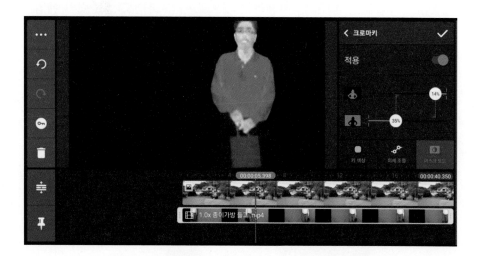

03 크로마키 템플릿 제작 및 활용하기

크로마키 템플릿을 제작하는 방법과 활용하는 방법에 대하여 설명드리겠습니다.

1. 템플릿의 개념

템플릿(Template)은 템플레이트라고도 불리는데 소스 코드, 기본 장면 따위와 같이 사용자가 자주 복사하고 사용하는 일련의 파일들을 이르는 말입니다.

각종 도형이나 문자, 기호 따위를 그리는 데 사용하는 아크릴이나 플라스틱 소재의 제도용 보조 용구도 템플릿이라는 용어를 사용하고 있습니다. 흔히 파워포인트 작업을 할 때 많이 사용하는 것으로 아래 화면도 템플릿의 예입니다. 이러한 틀은 매번 만들기가 불편하고, 시간도 많이 들기 때문에 통상 대학교 등에서는 표준 템플릿을 사용하여 과제물 제출시 사용하기도 합니다.

2. 크로마키 템플릿 제작 및 활용하기

본인의 영상에 사용할 크로마키 템플릿을 만들고 저장해서 손쉽게 나만의
크로마키 동영상을 만들어 활용하는 것을 설명드리겠습니다.

01 KineMaster 앱 홈 화면에서 「새로 만들기」를 클릭하고, 「새 프로젝
트」 화면에서 「화면 비율」은 '16:9', 「사진 배치」는 '화면 채우기', 사진
길이는 '4.5초', 장면 전환 길이는 '5초'로 설정하고 새 프로젝트 화면 오른쪽
상단에 있는 「다음」을 클릭하면 편집 작업 영역이 나타납니다.

「미디어 브라우저」에서 청색 단색 이미지 배경을 불러와서 타임라인에 삽
입합니다.

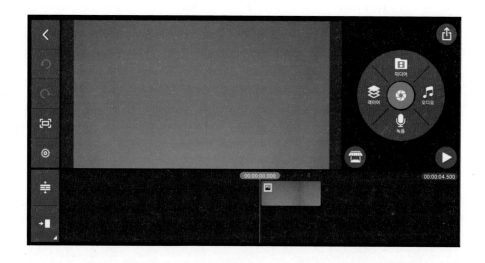

02 편집 메뉴의 「레이어」 메뉴를 클릭하고 「미디어」를 클릭합니다.

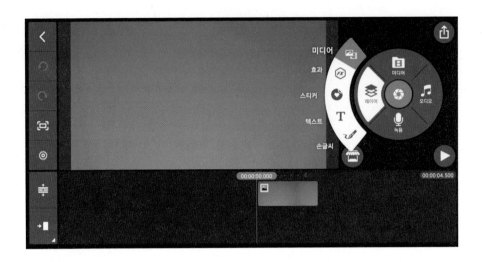

03 내 크로마키 영상에 사용할 이미지를 불러와서 타임라인에 레이어로 삽입하고, 미리보기 화면에서 위치와 크기를 조절합니다. 조절이 끝나면 편집 메뉴 오른쪽 상단의 확인(ⓥ)을 클릭합니다.

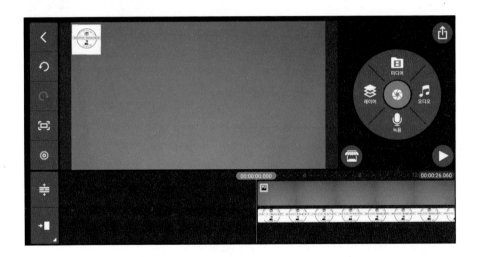

04 나만의 크로마키 영상 컨셉은 화면 왼쪽 상단 코너에 로고(Logo) 한개를 삽입하고, 화면 중앙 하단에 영상의 주제어를 입력하는 자막을 넣도록 만드는 것으로 결정하였습니다.

자막을 텍스트(T) 메뉴나 손글씨 메뉴로 삽입할 수도 있지만, 여기서는「스티커」중에서 자막을 삽입하기에 좋은 스티커 종류 중 한 개를 사용하도록 하겠습니다. 편집 메뉴에서 「레이어」 메뉴를 클릭한 후 「스티커」 메뉴를 클릭하면, 스티커 에셋이 나타납니다. 이중에서 ① 심플 자막바, ② 다양한 자막바, ③ 8비트 픽셀 스티커, ④ 플래너 키트, ⑤ 픽셀티콘 등이 자막을 넣기에 좋은 스티커입니다. 설명을 위해 「플래너 키트」 중에서 한 개를 선택하여 삽입하겠습니다. 「스티커」 메뉴 오른쪽 상단의 확인(ⓥ)을 클릭합니다.

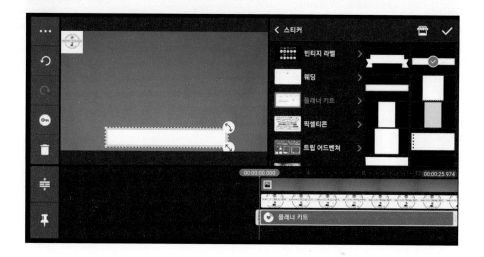

05 편집 메뉴 오른쪽 상단의 확인(ⓥ)을 클릭합니다. 이제 나만의 영상 컨셉을 위한 크로마키 틀(Frame)은 완성되었습니다. 편집 작업 영역의 맨 왼쪽 툴(Tool) 패널에서 「캡처」아이콘을 클릭합니다.

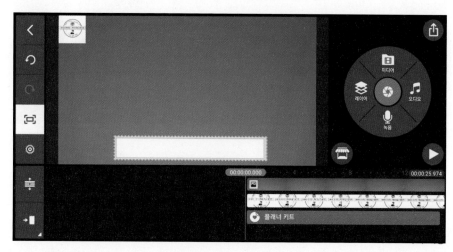

06 「캡처」아이콘 메뉴 중에서 「캡처 후 저장」을 눌러 크로마키 틀 화면을 저장하겠습니다.

07 '캡처된 화면이 kmc_20210811_153930.jpg로 저장되었습니다'라는 문구가 나타났다가 사라집니다.

방금 캡처된 화면이 저장된 것입니다.

08 그러면 이제 편집할 소스 영상을 불러오겠습니다. 「미디어」 메뉴를 클릭하고 「미디어 브라우저」에서 동영상 클립을 한 개 타임라인에 삽입하겠습니다.

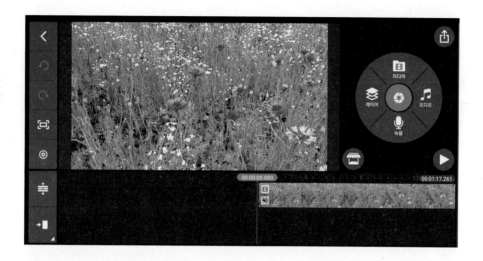

09 다음에는 편집 화면의 「레이어」 메뉴를 클릭하고, 「미디어」 메뉴를 클릭한 후, 조금 전에 캡쳐하여 저장해 둔 크로마키 틀 사진을 타임라인에 삽입합니다. 그리고 크로마키 틀 레이어를 클릭하고, 편집 메뉴에서 「화면 분할」 메뉴를 클릭합니다.

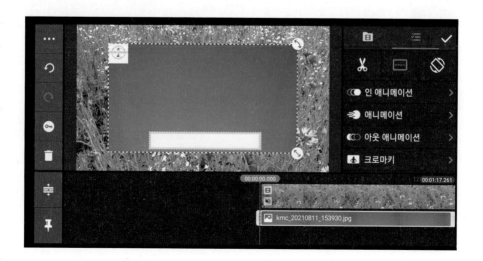

10 「화면 분할」 메뉴는 편집 메뉴의 상단 중앙에 위치하고 있습니다. 아래 화면은 화면 분할 메뉴의 여러 가지 옵션을 보여주는 모습입니다. 이 중에서 「Off」 우측에 있는 큰 직사각형 모양이 화면 전체에 맞추는 옵션입니다.

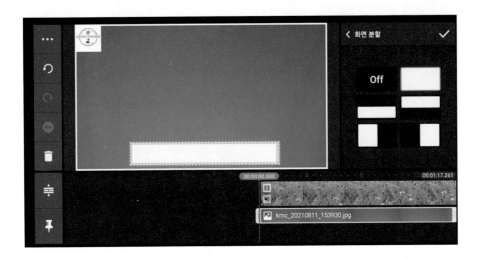

11 화면 전체 크기를 맞춘 후 편집 메뉴 오른쪽 상단의 확인(⊙)을 클릭합니다. 아래와 같이 편집 작업 영역이 나타납니다.

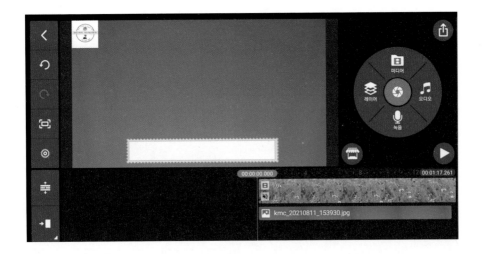

12 크로마키 틀(Frame) 레이어를 꾸욱 누르면 편집 메뉴가 나타납니다. 「크로마키」 메뉴를 클릭합니다.

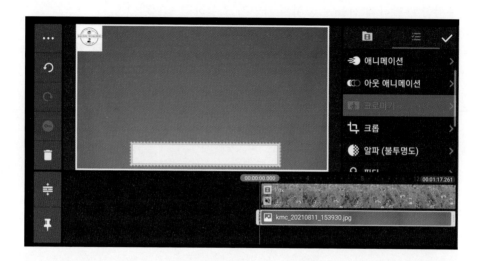

13 「적용」을 활성화합니다. 그러면 「마스크 모드」가 나타나는데, 좌우상 하로 흰색 동그라미 2개를 가지고 움직여가면서 로고(Logo)와 「플래 너 키트」 자막 바가 잘 보이도록 조절합니다. 아래 화면은 조절을 마친 모습 입니다.

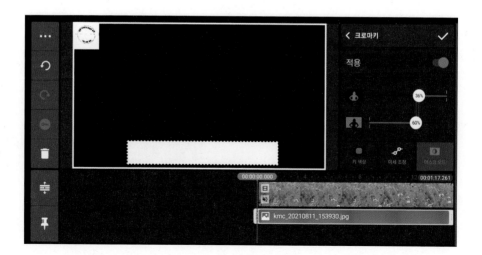

14 「미세 조정」 메뉴를 클릭하여 아래 화면처럼 로고(Logo)와 자막 바가 잘 보이도록 미세 조정을 추가적으로 실시합니다. 미세 조정도 좌 우상하로 빨간색 점을 이동시켜 가면서 조절하면 됩니다.

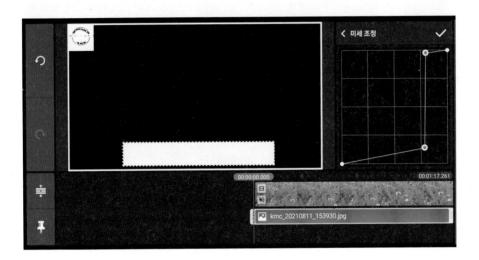

15 모든 작업을 마쳤으므로 「미세 조정」 메뉴 오른쪽 상단에 있는 확인 (ⓥ)을 클릭합니다.

아래 화면은 크로마키가 적용된 최종 화면 모습입니다. .

16 이제「레이어」메뉴를 클릭하고 텍스트(T)를 클릭한 후, 화면 중앙 하단의 자막 입력부분에 '양재천의 들꽃: 촬영 K.H. Jeon'이라고 입력하겠습니다. 입력된 글자를 자막 박스에 넣어서 맞추고 폰트는 빨간색 색상으로「한국어」,「티몬 몬소리체」로 입력하겠습니다. 입력을 완료하고 편집 메뉴 오른쪽 상단의 확인(⊙)을 클릭합니다.

17 「오디오」메뉴를 클릭하고「오디오 브라우저」에서「음악」에셋 중 'Tomorrow'를 삽입하고, 오디오 브라우저 화면의 오른쪽 상단 확인(×)을 클릭하여 작업을 마무리합니다.

CHAPTER 03

영상
속도
조절

영상에서 속도의 개념

영상에서 속도의 개념에 대하여 설명드리겠습니다.

1. 영상에서 속도의 개념

PC 전용 전문 영상 프로그램 Adobe 프리미어 프로에는 ① 원하는 구간만 영상 속도 조절하기(타임 리맵핑), ② 영상 전체 속도 조절하기, ③ 슬로우 모션 만들기 등 속도를 조절하는 기능들이 있습니다.

물론 Sony Vegas 등 다른 유명한 프로그램에도 영상 속도를 조절하는 기능이 모두 있습니다.

유튜버들이 애용하는 손떨림 방지 기능이 뛰어난 GoPro Hero 9 Black 카메라의 경우 타임 랩스 기능이 장착되어 있어 동영상을 빠르게 움직이게 함으로써 콘텐츠를 재미있게 제작하기도 합니다.

슬로우 모션도 여러 분야에서 광범위하게 활용되는 동영상 편집 기법입니다. 슬로우 모션은 만약 속도 비율을 50%로 낮추면 속도가 느려진 만큼 더 많은 프레임 화면을 필요로 하고 있기 때문에 슬로우 모션용 동영상을 촬영할 때는 프레임을 30fps보다는 60fps로 세팅하는 것이 유리합니다.

동영상에서 속도와 재생 시간은 연결되어 있기 때문에 만약 속도가 빨라지면 그만큼 동영상 길이가 짧아지게 되고, 속도가 느려지면 그만큼 동영상의 길이도 길어집니다. 그래서 전문 프로그램에서는 속도, 또는 재생 시간만 변경할 수도 있습니다.

속도는 100%는 정상 속도, 150%는 1.5배, 200%는 2배, 300%는 3배 등으로 이해하시면 되겠습니다.

아래 화면은 삼성「갤럭시노트 20 Ultra」제품의 동영상 촬영 기능을 보여주고 있습니다. 슈퍼 슬로우 모션, 슬로우 모션, 하이퍼 랩스 기능이 바로 속도와 관련된 동영상 촬영기능입니다.

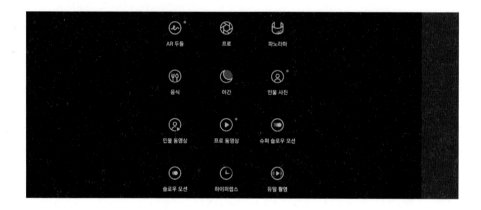

02 영상 속도 조절하기

영상에서 속도를 조절하는 방법에 대하여 설명드리겠습니다.

1. 영상 속도 조절하기

01 영상 속도를 조절하고자 하는 동영상 클립을 타임라인에 삽입합니다.

02 타임라인에 있는 동영상 클립을 꾸욱 누르면 노란색 테두리가 생기면서 편집 메뉴가 나타납니다. 「속도」메뉴를 클릭합니다.

03 「속도」메뉴를 클릭하면 아래 화면과 같은 속도 조절 옵션들이 나타납니다.

ⓐ 속도 : 1배속(1X), 4배속(4X), 8배속(8X) 등 3가지 옵션 중에서 4배속이나 8배속을 선택, 1배속은 정상 속도(원위치)입니다.

0.125배속. 0.5배속, 1배속, 1.5배속 등 세부적인 배속을 설정할 수 있으며, 16배속까지 설정 가능합니다.

ⓑ 음 소거 : 음을 소거

ⓒ 음정 유지 : 동영상 속도가 빨라지거나 느려지면 음정(오디오)이 함께 빨라지거나 느려져서 원래 음정(오디오)을 듣기 어려운데, 이러한 문제를 어느 정도 해결해 주는 기능입니다.

☞ 「저장 및 공유」를 한 후에 확인하면 어느 정도 적용된 것을 확인할 수 있습니다.

설명을 위해 본 영상을 8배속으로 변경해 보겠습니다. 편집 메뉴에서 8배속 아이콘을 클릭하거나, 바로 아래에 있는 속도 선택 바에서 선택 가능합니다.

8배속을 클릭하였습니다. 클릭하는 순간 아래 화면과 같은 안내문이 나타납니다.

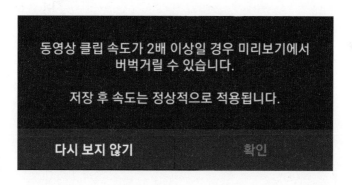

실제로 8배속을 적용하면 동영상 길이가 속도가 빨라지는만큼 줄어들게 됩니다. 즉, 속도가 증가하면 동영상을 빨리 실행시켜야 하므로 동영상 길이가 짧아지는 것입니다.

그리고 「음정 유지」 기능이 있어서 속도가 빨라지거나 느려짐에 따른 음정의 변화를 어느 정도는 해결해 주는 것입니다. 설명을 위해 「음정 유지」 기능을 활성화하여 속도 증가에 따른 음정 변화를 최소화하도록 해 보겠습니다.
실제로 적용해보니까 완벽하게 구현되지는 않습니다.

04 「속도」 편집 메뉴 오른쪽 상단에 있는 확인(ⓥ)을 클릭하면 속도 조
절이 완료됩니다.

CHAPTER 04

기타
유용한
기능들

레이어 계층구조 정렬하기

동영상에 레이어가 많이 생성된 경우 레이어 계층 구조를 정렬하는 방법에 대하여 설명드리겠습니다.

1. 레이어 계층구조 정렬은 왜 필요한가요?

타임라인에 사진 클립이나 동영상 클립을 「미디어」 메뉴를 클릭하여 「미디어 브라우저」에서 찾아서 삽입한 이후에 이것을 바탕으로 하여 계층구조를 이루면서 사진 또는 동영상 레이어, 효과 레이어, 스티커 레이어, 텍스트나 손글씨 레이어, 음악 레이어나 효과음 레이어, 각종 녹음 음원 레이어 등 수없이 많은 레이어가 생성됩니다.

그래서 스마트폰용 동영상 편집 앱으로 작업을 하다 보면 레이어 층의 순서를 바꿀 필요가 있는 경우가 생깁니다.

KineMaster 앱의 홈 화면에 있는 「설정」 메뉴에서 「정보」 메뉴 안에 있는 「기기 성능 정보」를 클릭하면 자신이 소지하고 있는 스마트폰으로는 동영상 레이어를 720p(픽셀) 해상도의 경우 몇 개, 1080p 해상도의 경우 몇 개, 2160p 해상도의 경우 몇 개까지 만들 수 있다는 예제를 나타내주고 있습니다.

해상도가 높은 동영상을 만들수록 레이어 개수는 감소하게 되는 것입니다. 필자의 스마트폰은 1080p 해상도의 경우 8개까지 동영상 레이어를 만들 수 있다고 보여주고 있습니다.

레이어를 꾸욱 누르면 편집 작업 영역의 맨 왼쪽 툴(Tool)패널에 레이어를

「복사」하고, 위치를 「맨 앞으로 가져오기」, 「앞으로 가져오기」, 「뒤로 보내기」, 「맨 뒤로 보내기」할 수 있는 점 세 개로 이루어진 아이콘이 생깁니다. 이 메뉴를 이용하여 레이어의 계층 구조를 정렬할 수 있습니다.

여러 레이어가 겹쳐져 있는 경우, 이 메뉴를 이용하여 원하는 레이어를 선택하고, 옵션을 이용하여 자유롭게 레이어 계층 구조를 정렬하시기 바랍니다.

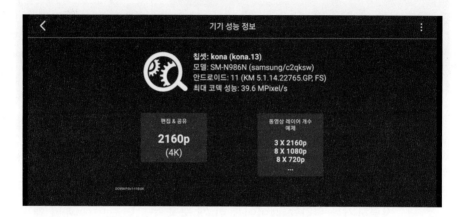

2. 레이어 계층구조 정렬하기

01 타임라인에 사진 클립을 한 개 삽입하고, 다양한 레이어를 영상에 삽입하였습니다.

02 툴(Tool) 패널에 있는「펼치기」메뉴로 레이어의 계층구조를 먼저 보여드리겠습니다.

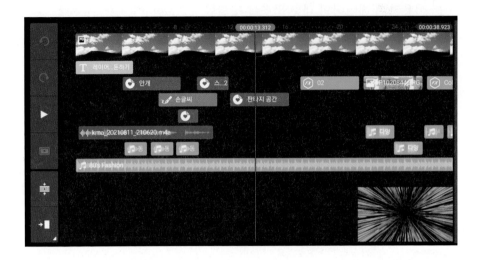

03 정렬하기를 원하는 레이어를 한 개 꾸욱 누르면 툴(Tool) 패널 맨 위쪽에 점 세 개가 있는 아이콘이 나타납니다. 설명을 위해 스티커 레이어인「안개」를 클릭하고, 툴(Tool) 패널 맨 위쪽에 있는 점 세 개 아이콘을 누르면 아래 화면처럼 레이어 관리를 위한 메뉴가 나타납니다.

04 레이어 계층구조 정렬하기를 설명하기 위해서 「맨 앞으로 가져오기」, 「앞으로 가져오기」, 「뒤로 보내기」, 「맨 뒤로 보내기」를 어떻게 사용하는 것인지 보여드리겠습니다. 「컬러풀 배너 모음」 스티커가 손글씨 레이어를 가려서 손글씨 레이어가 제대로 보이지 않습니다.

05 「컬러풀 배너 모음」 스티커가 손글씨 레이어를 가려서 손글씨 레이어가 제대로 보이지 않는 것을 해결하기 위해서 먼저 「컬러풀 배너 모음」 레이어를 꾸욱 누르면, 미리보기 화면에 「컬러풀 배너 모음」이 선택되어 흰색 사각형 점선으로 깜박입니다.

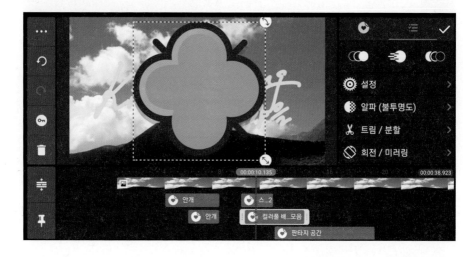

06 툴(Tool) 패널 맨 위에 있는 점 세 개 아이콘을 클릭하면, 레이어 계층구조를 정렬할 수 있는 메뉴들이 나타나는데, 여기서 「뒤로 보내기」를 클릭할 수도 있고, 만약에 레이어가 몇 개 겹쳐있을 경우 「맨 뒤로 보내기」를 클릭하여 맨 뒤로 보낼 수도 있습니다.

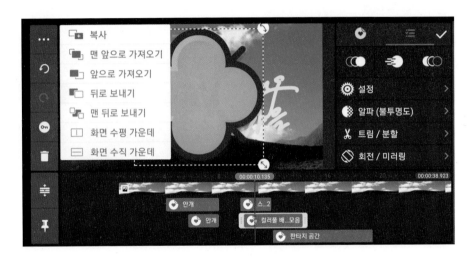

07 여기서는 「뒤로 보내기」를 클릭하겠습니다.

08 아래 화면에서 보시는 바와 같이 손글씨 레이어가 앞으로 나오고, 「컬러풀 배너 모음」 레이어가 뒤로 보내져서 보기좋게 레이어가 정렬되었습니다.

09 레이어 계층 정렬을 마쳤으므로 편집 메뉴 오른쪽 상단에 있는 확인(♡)을 누르면 작업이 완료됩니다.

「레이어 관리」 메뉴

① 복사 : 레이어를 1개 복사하여 레이어로 추가하는 기능으로 몇 개든지 복사하여 레이어로 추가할 수 있습니다. 설명을 위해 앞에서 보여드린 예제에서는 「안개」 레이어를 2개 더 복사하여 총 3개의 「안개」 레이어를 삽입하였습니다. 동일한 레이어를 반복할 경우 각 레이어의 길이를 조절해 주어야 효과를 멋지게 구현할 수 있습니다. 복사는 동일한 레이어를 여러 번 반복하여 적용하려고 할 경우 사용하면 매우 편리한 기능입니다.

② 맨 앞으로 가져오기

③ 앞으로 가져오기

④ 맨 뒤로 보내기

⑤ 뒤로 보내기

이 4개의 기능은 타임라인에서 복사하여 앞 혹은 뒤로 보내기를 하는 기능이 아닙니다. 이 기능들은 다음과 같은 상황에서 사용하는 것입니다.

만약 레이어가 여러 개 겹쳐있을 경우, 예를 들면, 텍스트 레이어와 스티커가 겹쳐져 있을 경우인데, 스티커 밑에 텍스트 레이어가 있을 경우, 작성한 텍스트 내용이 잘 보이지 않을 경우가 발생할 수 있습니다.

이러한 경우 「맨 앞으로 가져오기」 기능을 이용하면 텍스트가 잘 보이도록 해당 텍스트를 스티커 위로 가져오는 기능입니다.

⑥ 화면 수평 가운데 : 텍스트 레이어나 손글씨 레이어 등 모든 레이어를 화면 수평 가운데로 정렬하는 기능입니다. 미리보기 화면에서 해당 레이어를 누르면 빨간색의 수평선이 나타납니다.

⑦ 화면 수직 가운데 : 텍스트 레이어나 손글씨 레이어 등 모든 레이어를 화면 수직 가운데로 정렬하는 기능입니다. 미리보기 화면에서 해당 레이어를 누르면 빨간색의 수직선이 나타납니다.

회전 / 미러링

사진 클립에 회전과 미러링을 하는 방법에 대하여 설명드리겠습니다.

1. 회전

01 사진 클립을 타임라인에 삽입합니다.

02 사진 클립을 꾸욱 누르면 편집 화면이 나타납니다. 「회전/미러링」
아이콘을 클릭합니다.

03 「회전」 메뉴는 시계 방향과 반시계 방향으로 적용할 수 있습니다.
설명을 위해 시계 방향으로 회전을 하겠습니다. 한 번만 회전하겠
습니다. 아래 화면처럼 바뀌었습니다.

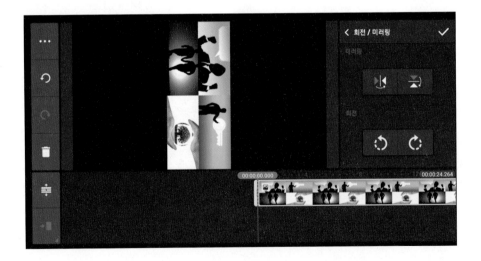

2. 미러링

01 사진 클립을 타임라인에 삽입합니다.

02 사진 클립을 꾸욱 누르면 편집 화면이 나타납니다. 「회전/미러링」 아이콘을 클릭합니다.

03 「미러링」 메뉴는 좌우 방향과 상하 방향으로 적용할 수 있습니다. 설명을 위해 좌우 방향으로 미러링을 하겠습니다. 한 번만 미러링을 하겠습니다. 아래 화면처럼 바뀌었습니다.

필터

영상에서 필터를 적용하는 방법에 대하여 설명드리겠습니다. 필터는 사진이나 동영상 모두 적용할 수 있습니다.

1. 필터의 개념

필터(Filter)란 이미지를 구성하는 픽셀을 재배치해서 새로운 형태의 이미지를 만드는 기능을 말합니다. 이러한 필터 기능은 이미지를 선명하게 하거나 흐리게 하는 것부터 노이즈, 조명 등의 효과까지 다양한 필터가 존재합니다.

디지털 카메라 사진이나 스마트폰 사진을 쉽게 보정하고 편집할 수 있는 사진편집 프로그램인 포토스케이프 X(PhotoScape X)에서 사용하는 필터는 흐림, 모자이크#1 ~ #4, 크리스탈, 간유리, 흐트림, 신문사진 등의 기능을 제공하고 있습니다.

NCH Software사의 PhotoPad에서 사용하는 필터는 종류별로 다음과 같은 특징을 가지고 있습니다.

필터의 종류	특징
그레이스케일	흑백으로 변환
세피아	빛바랜 세피아 사진 시뮬레이션
네거티브	모든 색상 반전
빈티지	사진에 빈티지 느낌 주기
컬러 부스트	더 선명한 색상

필터의 종류	특징
햇무리	밝은 황색 틴트와 비네트 추가
레드우드	적갈색과 황색의 그림자 추가
일렉트릭	약간의 청색의 부스트로 생기 추가
아쿠아	청색과 황색 틴트 추가
오키드 라이트	중앙에 밝은 주황색과 보라색 비네트
앰버	보라색과 주황색 사용
야간	어둡고 흐릿한 청색 사용
Neg2Pos	스캔한 네거티브 색상을 포지티브 이미지로 변환

　　동영상 편집 프로그램들 중에서 Windows Movie Maker에서 제공하는 필터는 총 55개 종류가 있습니다. 이러한 필터를 통해 동영상을 보다 멋있게 꾸밀 수 있도록 하고 있습니다. 아래 화면은 Windows Movie Maker에서 제공하는 필터의 종류를 보여주고 있습니다.

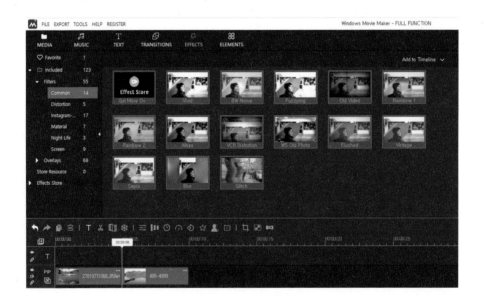

2. 필터 적용하기

01 사진을 타임라인에 삽입합니다.

02 타임라인에 있는 사진 클립을 꾸욱 누르면 편집 메뉴가 나타납니다. 「필터」 메뉴를 클릭합니다.

03 「필터」를 클릭하면 다양한 필터 에셋이 나타납니다. 설명을 위해
「선명한」 에셋에서 V03번 필터를 선택하겠습니다.

04 필터 적용을 마치고 「필터」 메뉴의 오른쪽 상단 확인(Ⓥ) 버튼을 클
릭하면 필터 적용이 완료됩니다.

05 만약에 동영상 중 일부분이 아니고, 전체 동영상의 색감을 조정하고자 할 때는 「전체 적용하기」 메뉴를 클릭하면 됩니다. 즉, 모든 사진 클립이나 동영상 클립에 동일하게 적용이 되는 것입니다. 예를 들어 보겠습니다.

ⓐ 동영상을 타임라인에 삽입합니다.

ⓑ 동영상 클립을 꾸욱 누르면 편집 메뉴가 나타나는데, 「필터」를 클릭합니다.

ⓒ 「따뜻한」에셋의 W01번 필터를 선택하고, 「전체 적용하기」 메뉴를 클릭
   합니다.

ⓓ '모든 비디오와 이미지에 적용되었습니다.'라는 문구가 나타났다가 사
   라집니다.

ⓔ「전체 적용하기」가 끝났으므로「필터」메뉴의 오른쪽 상단 확인(ⓥ) 버튼
을 클릭하면 필터 적용이 완료됩니다.

ⓕ 앞 부분에 있는 동영상에도「전체 적용하기」가 잘 됐는지 확인해 본 화
면입니다.

「필터」는 이미지를 선명하게 하거나 흐리게 하는 것부터 노이즈, 조명 등의 효과까지 다양한 필터가 존재한다고 설명드린 바 있는데, KineMaster 앱에서의 「필터」 기능은 매우 제한적입니다. 따라서 다른 기능을 복합적으로 적용하는 것을 권장 드립니다.

앞부분 「2. 필터 적용하기」에서 사용한 사진을 가지고 편집 메뉴에서 「조정」 메뉴를 가지고 사진 이미지를 개선해 본 화면입니다.

04 조정

사진이나 동영상에서 조정 메뉴를 활용하는 방법에 대하여 설명드리겠습니다.

1. 조정

01 사진을 타임라인에 삽입합니다. 이 장면은 국내 팬플룻 제조사 중 가장 유명한 Adonis社 장광식 사장님께서 필자가 주문한 캐나다산 단풍나무로 2개월에 걸쳐 수작업으로 정성을 들여 만들어주신 AGS-24(Adonis Gold Special-24) 알토/테너 팬플룻을 직접 시연해주시는 장면입니다. 청아하고 아름다운 소리가 울려나오도록 Adonis社에서 제작한 국내산 제1호 단풍나무 팬플룻입니다.

02 타임라인에 있는 사진 클립을 꾸욱 누르면 편집 메뉴가 나타납니다. 「조정」 메뉴를 클릭합니다.

03 「조정」 메뉴에는 밝기, 대비, 채도, 활기, 온도, 하이라이트, 그림자, 게인, 감마, 리프트, 색조를 조절할 수 있는 조절 바(Bar)가 있으며, 「전체 적용하기」는 동영상 전체에 적용이 되도록 하는 메뉴입니다.

미세 조정을 하는 것이라고 보시면 되겠습니다. 아래 화면은 「조정」을 적용하는 모습입니다.

04 조정 작업을 마치고 「조정」메뉴의 오른쪽 상단에 있는 확인(ⓥ) 버튼을 클릭하면 조정이 완료됩니다. 아래 화면은 조정이 완료된 모습인데, 편집 작업 영역에서 재생 버튼을 길게 눌러서 사진을 전체 화면으로 크게 본 모습입니다.

비네트 효과

영상에서 비네트 효과를 활용하는 방법에 대하여 설명드리겠습니다. 비네트는 동영상의 중심부는 밝고, 주변 쪽으로 나아갈수록 어두워지도록 하는 효과를 말합니다. 사진이나 동영상 모두 적용이 가능합니다.

1. 비네트 효과에 대한 이해

비네트(Vignette) 효과란 화면 중앙부에서 가장자리 부분으로 원형이나 타원형 모양으로 물결처럼 부드럽게 퍼져나가도록 하는 효과를 말합니다. 이것은 주로 분위기 있는 장면을 연출하거나 강조 효과를 내기 위해 사용합니다. 따라서 중심부 사진을 돋보이게 해주는 기능이라고 이해하시면 됩니다.

비네트 효과는 개인 인물이 여러 사람이 있는 것보다는 대상이 한 사람이고, 그 피사체의 위치가 가운데 있는 사진일 경우 비네트 효과가 극대화될 수 있습니다.

비네트 개념을 설명드리기 위해 작은 아들 김선진의 얼굴 사진을 가지고 비네트 적용 전과 적용 후의 모습을 보여드리겠습니다. 아래 화면을 보시면 왼쪽은 비네트 적용 전 모습이고, 오른쪽은 비네트를 적용한 후의 모습입니다. 자세히 보면 비네트를 적용한 오른쪽 화면이 훨씬 분위기가 있고, 얼굴이 돋보이는 것을 알 수 있습니다.

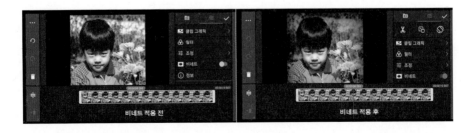

2. 비네트 효과 적용

01 비네트를 적용할 사진을 한 장 불러오겠습니다. 필자의 아들 김선우 사진인데 비네트를 적용하기에 적절한 사진입니다. 겨울철 해가 지는 시간에 서해안 콘도미니엄 앞에서 필자가 촬영한 사진입니다.

02 사진 클립을 꾸욱 누르면 편집 메뉴가 나타납니다. 「비네트」 메뉴를 클릭하여 활성화시킵니다.

03 「비네트」메뉴를 클릭하면 비네트 메뉴 우측에 하얀색 동그라미가 빨간색 동그라미로 변경됩니다. 그리고 더 이상 조절하는 것이 없습니다. 편집 메뉴 오른쪽 상단의 확인(⊙) 버튼을 클릭하면 「비네트」적용이 완료됩니다.

04 두 사람이 있을 경우에도 비네트 효과를 적용하는 것이 좋다는 것을 큰아들 부부(김선우, 김민영) 사진으로 비네트 효과를 적용하여 보여드리겠습니다.

앞에서 비네트 효과는 개인 인물이 여러 사람이 있는 것보다는 대상이 한 사람이고, 그 피사체의 위치가 가운데 있는 사진일 경우 비네트 효과가 극대화될 수 있다고 설명드렸는데, 아래 화면처럼 두 사람 이상이 있을 경우에도 비네트 효과는 적용된다는 것을 기억하시기 바랍니다.

06 화면 분할

사진이나 동영상에서 화면 분할하는 방법에 대하여 설명드리겠습니다.

1. 화면 분할 적용

01 화면 분할을 적용하는 방법을 설명드리기 위해 타임라인에 사진 클립을 1개 삽입하겠습니다.

사진 클립에 「홈 카페」 스티커 레이어가 몇 개 보이는 것은 필자와 아내를 집으로 초대해 주신 사돈 어르신과 사부인께서 진수성찬을 차려놓으셨는데, 그중에서 일부분을 스티커를 이용하여 멋지게 꾸며본 모습입니다.

02 편집 메뉴의 「레이어」 메뉴를 통해 사진 클립을 다시 1개 삽입하겠습니다.

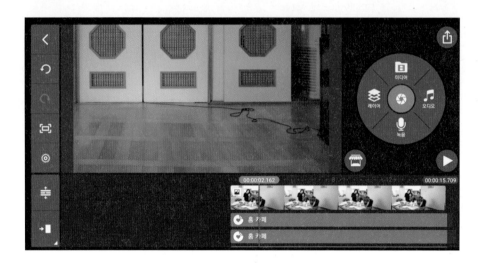

03 레이어로 삽입된 사진 클립을 꾸욱 누르면 편집 메뉴가 나타납니다. 「화면 분할」 메뉴를 클릭합니다.

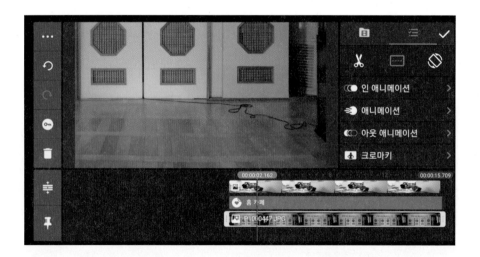

04 「화면 분할」 메뉴를 클릭하면 아래 화면과 같은 메뉴가 나타납니다. 여기서 레이어로 삽입한 사진 클립을 어디에 위치시킬 것인지

를 먼저 결정합니다.

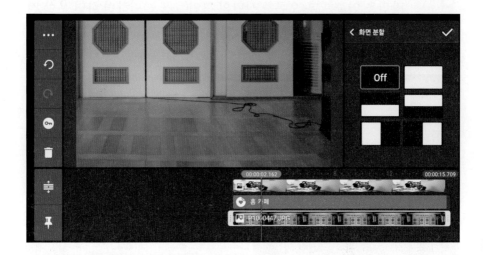

05 레이어 사진은 「화면 분할」 메뉴에 나타난 것처럼 5가지 위치 중에 하나를 선택할 수 있습니다.

그리고 「Off」를 클릭하면 최초 레이어를 삽입한 상태로 되돌아갑니다. 아래 화면과 같이 위치를 선택하면 미리보기 화면에 레이어로 삽입한 사진이 화면의 절반 정도 크기로 나타나면서 상단 중앙에 상하로 조절할 수 있는 양방향 직선 화살표가 나타납니다. 만약 레이어를 오른쪽이나 왼쪽으로 위치시키면 좌우로 조절할 수 있는 양방향 화살표가 나타납니다.

06 미리보기 화면상에서 위쪽이나 아래쪽으로 조절을 통해 조화로운 장면을 연출한 후 오른쪽 상단의 확인(ⓥ)을 클릭하면 화면 분할 적용이 완료됩니다.

07 크롭 기능

크롭 기능에 대하여 설명드리겠습니다. 사진이나 동영상 모두 적용이 가능합니다.

1. 크롭의 개념

1) 크롭(Crop)이란 「Daum사전」에 따르면 '컴퓨터 그래픽에서 가로와 세로의 비례를 바꾸거나 대상물을 돋보이게 하거나 윤곽을 개선하기 위하여 이미지의 바깥 부분을 제거하는 작업'이라고 정의하고 있습니다.

2) 동영상을 편집하면서 때로는 필요 없는 부분을 잘라내고, 클로즈업 할 부분은 크롭 기능을 사용하여 강조해 줄 수 있습니다.

3) 「갤럭시노트 20 Ultra」에도 동영상이나 사진 편집에 사용할 수 있는 크롭 기능이 업데이트되어 제공되고 있습니다.

4) PowerDirector나 Photoshop 프로그램 등에도 이미지를 자르는 크롭 기능이 모두 제공되고 있습니다.

2. 크롭 기능의 적용

01 크롭 기능 적용에 사용할 사진 1장을 「미디어」 메뉴를 이용하여 불러오겠습니다.

02 편집 메뉴에서 「레이어」 메뉴를 클릭한 후 「미디어」 메뉴에서 사진을 1장 타임라인에 삽입하겠습니다.

03 레이어로 삽입한 컵의 위치를 적당한 곳으로 이동시키겠습니다.

04 타임라인에 있는 레이어 클립을 꾸욱 누르면 편집 메뉴가 나타나는데, 「크롭」 메뉴를 클릭합니다.

05 「크롭」메뉴를 클릭하여 나타난 화면입니다.

06 레이어로 삽입된 사진을 깜박이는 흰색 사각형 4군데에 있는 조절 점을 이용하여 원하는 모양으로 조절합니다. 레이어에 있는 사진 에 손가락을 대고, 전후좌우로 움직이면서 원하는 모양으로 사진을 잘라낼 수 있습니다. 타임라인에 있는 레이어를 꾸욱 누르면 흰색의 사각형 조절박 스가 나오는데 그것으로 위치를 조절할 수 있고, 크롭 메뉴를 선택한 후에는 고정된 위치에서 손가락으로 화면을 조절하고, 잘라내는 것은 네 귀퉁이에 있는 원형의 십자선 조절점으로 잘라내면 됩니다.

07 「마스크」 메뉴를 클릭하고, 원하는 마스크 모양을 선택합니다. 원형 마스크를 선택하겠습니다. 마스크를 선택하면 흰색 원이 빨간색 원으로 바뀌면서 흰색으로 된 정사각형 모양의 마스크가 활성화됩니다.

08 원형 마스크 조절을 끝내고 「모양」 메뉴 오른쪽 상단의 확인(♡)을 클릭합니다.

이번에는 「페더」 메뉴를 가지고 크롭 기능으로 잘라진 사진 주위를 보기 좋게 만들어 줍니다. 페더는 '0'으로 설정하면 최초 상태이고, 페더를 '50'으로 설정하면 컵 주변의 마스크가 희미한 상태로 변합니다. 페더를 '25'로 설정하겠습니다.

09 「크롭」 메뉴 오른쪽 상단에 있는 확인(ⓥ)을 클릭하여 작업을 종료합니다.

08 클립 교체

이 기능은 새롭게 제공되는 매우 편리한 기능입니다. KineMaster 홈 화면에 있는「프로젝트 받기」로 전문가들이 만든 프로젝트를 받아서 본인만의 개성 있는 프로젝트로 만들고자 할 때 사용하면 됩니다.

1. 클립 교체의 개념

프로젝트에 삽입되어 있는 사진 클립이나 동영상 클립을 다른 사진 클립이나 동영상 클립으로 교체하는 방법입니다. 이때 기존의 해당 클립에 적용되었던 효과들도 그대로 유지됩니다. 사진 클립이나 동영상 클립 내에 있는 사진 클립이나 동영상 클립의 크기나 위치도 동일하게 유지할 수 있습니다.

2. 클립을 교체하는 방법

01 클립을 교체하고자 하는 프로젝트를 불러 옵니다. KineMaster 홈 화면에서「새로 만들기」를 클릭합니다.「새 프로젝트」화면이 나타나는데,「화면 비율」은 16:9,「사진 배치」는 화면 채우기,「사진 길이」는 4.5초,「장면 전환 길이」는 5초로 설정하겠습니다.

바로 아래에 있는「프로젝트 불러오기(.kine 파일)」을 클릭합니다.

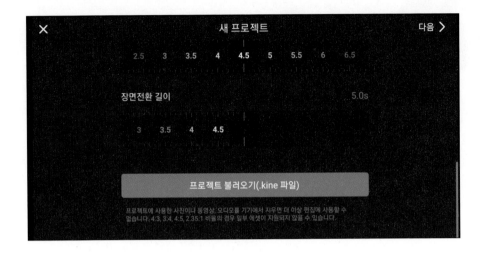

02 스마트폰에서 「Projects」 폴더 내에 보관되어 있는 .kine 파일을 보기 위해서 정렬 기준을 설정할 수 있습니다. 「수정된 날짜^{(최근 날짜}순)」순으로 설정하고 해당 파일을 클릭하겠습니다.

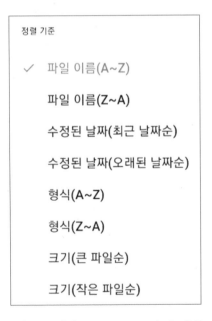

필자가 작성하여 스마트폰의 「KineMaster」 폴더 내 「Projects」 폴더에 저장해 둔 프로젝트 파일(.kine 파일)을 한 개 불러와서 클립을 교체하는 것을 예를 들어 설명 드리겠습니다.

03 아래 화면처럼 프로젝트 파일이 편집 화면 영역으로 바로 삽입된 상태로 나타납니다.

04 이제 교체하고자 하는 동영상 클립이나 사진 클립에 플레이 헤드를 위치시킨 후 꾸욱 눌러주면 오른쪽 상단에 동영상 클립 모양이 나타나는데 이것을 클릭합니다.

05 오른쪽 상단에 있는「동영상 클립」교체를 위한 필름 모양의 아이콘을 클릭하면 아래 화면과 같이 미디어 브라우저가 나타나는데, 여기에서 기존의 사진 클립 위치에 교체해서 새로 삽입할 사진 클립 또는 동영상 클립을 선택합니다.

06 새로운 사진 클립으로 교체해 보겠습니다. 원하는 사진을 클릭하면 전에 있었던 사진 클립은 순식간에 사라지고, 교체하려고 새로 클릭한 사진 클립이 그 위치에 삽입이 됩니다. 이 동영상은 앞에서「크롭」기능을 설명하기 위해 만든 것인데, 미리보기 화면 오른쪽 하단에 보시면 앞에서「크롭」기능을 적용했던 것이 그대로 적용되고 있는 것을 확인할 수 있습니다.

07 이제 편집 메뉴 오른쪽 상단에 있는 확인(✅)을 클릭하면 클립교체
가 완료됩니다.

09 타임 랩스

영상에서 타임 랩스를 적용하는 방법에 대하여 설명드리겠습니다.

1. 타임 랩스(Time Lapse)에 대한 이해

Lapse는 「Daum 사전」에 보면 '시간이 경과하다'라는 뜻이 있고, Time Lapse Film은 저속도로 촬영한 영화를 말합니다. 따라서 피사체를 저속으로 촬영한 다음에 정상 속도(Real Time)보다 빨리 돌려서 보여주는 특수영상 기법을 의미하는데, 시간 경과에 따른 피사체의 움직임을 압축해서 빠르게 보여주는 방식입니다.

GoPro Hero 9 Black은 2020년 9월에 출시된 최신 제품으로 액션캠들 중에서는 흔들림(손떨림) 보정 기능이 매우 뛰어난 장점이 있으며, 타임 랩스 촬영에도 최적화되어 있습니다.

달, 별, 구름, 야경, 관광객들의 이동하는 발걸음 등은 움직임이 대체적으로 느린 이미지들이지만, 동영상을 빨리 돌리면 그 움직임이 극적으로 나타나서 강한 인상이나 산뜻한 인상 등 멋진 장면을 연출할 수 있습니다.

Sony사의 액션캠 「마운트 X30」에도 타임 랩스 영상 녹화 모드가 별도로 있습니다. 삼성의 「갤럭시노트 20 Ultra」 제품 카메라에도 타임 랩스 기능이 장착되어 있는데, 타임 랩스라는 용어 대신에 「하이퍼랩스」라는 용어를 사용하고 있습니다.

「타임 랩스」 기능이 있는 GoPro Hero 9 Black

「타임 랩스」 기능이 있는 Sony사의 마운트 X30

갤럭시노트 20울트라 「하이퍼랩스」 (= 타임 랩스) 기능

아래 도표는 타임 랩스 간격 그룹과 적용 예를 보여주고 있습니다.[1]

타임 랩스 간격 그룹	예
0.5 ~ 2초	서핑, 바이크 등
2초	분주한 거리
5 ~ 10초	구름, 야외 장시간 전경
10초 ~ 1분	예술 프로젝트, 장기간 움직임
1분 ~ 1시간	오랜 시간 변화

---

1. 출처: https://blog.naver.com/sockjung/222356106868

2. 특정 구간만 타임 랩스 적용하기

01 동영상 클립 세 개를 타임라인에 삽입하겠습니다.

02 세 개의 동영상 클립 중에서 두 번째 삽입된 서울 강남 소재 뱅뱅 사거리 동영상을 빠르게 재생시키면서 타임 랩스가 어떤 것인지를 설명드리겠습니다. 그래서 두 번째 동영상 클립에 플레이 헤드를 위치시키고, 동영상 클립을 꾸욱 누르면 아래 화면과 같이 노란색 테두리가 생기면서 편집 메뉴가 나타납니다.

03 「속도」를 클릭합니다. 속도는 1배속(1X), 4배속(4X), 8배속(8X)을 선택할 수 있고, 속도 선택 바(Bar)를 이용하면 16배속까지 설정할 수 있습니다. 2배속 이상 선택을 하면 '2배속 이상 적용된 동영상은 미리보기에서 끊겨 보일 수 있습니다. 내보내기 후에는 배속이 정상적으로 적용됩니다.'라는 안내문구가 나타납니다. 아래 화면은 원래 속도인 1배속과 8배속을 설정했을 때 동영상 길이가 짧아지는 것을 비교해서 보여드리는 화면입니다. 배속이 늘어날수록 동영상 재생 속도가 빨라지게되므로 동영상 길이가 줄어들게 됩니다.

04 8배속을 적용하겠습니다. 「음소거」는 안하고, 「음정 유지」는 클릭하여 활성화시키겠습니다.

05 「속도」 메뉴 오른쪽 상단에 있는 확인(⊙) 버튼을 클릭하면 8배속으로 타임 랩스 적용이 완료됩니다.

아래 화면은 8배속으로 타임 랩스를 적용한 모습입니다. 동영상을 재생해보면 속도가 무척 빠르게 진행되고 있는 것을 확인할 수 있습니다.

06 편집 화면 영역에서 「저장 및 공유」 아이콘을 클릭한 후 「저장 및 공유」 화면에서 해상도는 FHD 1080p, 프레임 레이트는 30, 비트레이트는 높음(29.77 Mbps)을 선택한 후 「동영상으로 저장」 버튼을 클릭합니다. 아래 화면은 동영상으로 저장이 완료된 모습입니다.

07 「저장 및 공유」화면 오른쪽에 파일명(km_20210812_1080p)이 나타나 있으며, 아래 화면은 재생 버튼을 길게 눌러 전체 화면으로 재생해 본 모습입니다.

10 프로젝트 받기

프로젝트 받기는 KineMaster 버전 5.0 이상부터 지원되는 것으로 이것을 잘 활용하면 멋진 동영상을 쉽게 편집할 수 있습니다. 프로젝트 받기에 대하여 설명드리겠습니다.

1. 프로젝트 받기에 대한 이해

KineMaster 앱의 홈 화면에서 「프로젝트 받기」 버튼을 클릭하면 KineMaster 社의 영상 에디터와 디자이너들이 제작해서 업로드한 프로젝트들을 다운로드할 수 있습니다.

KineMaster 앱으로 만든 프로젝트가 어떻게 만들어졌는지를 배울 수도 있고, 다운로드받은 프로젝트를 내 입맛에 맞게 나만의 버전으로 커스터마이징(Customizing)할 수 있습니다. 즉, KineMaster社가 제공해 주는 프로젝트를 마치·내가 주문하고 제작한 것처럼 만들 수 있는 것을 말합니다.

저작권 문제 소지가 없으므로 다운로드한 KineMaster 프로젝트의 이미지나 동영상을 내가 원하는 이미지나 동영상으로 교체하여 마음껏 사용하셔도 되는 것입니다.

특히 원하는 스타일의 프로젝트가 없다면 community@kinemaster.com으로 메일 요청을 하면 적극 반영하여 새로운 프로젝트를 업데이트하겠다고 합니다. 어떻게 보면 고객으로부터 새로운 아이디어를 받아 고객들이 원하는 프로젝트를 만들고, 그것을 사용자들에게 공유하는 것이니 현재 상태로는 매우 좋은 서비스 정책이라고 생각합니다. 다운로드 받을 때는 프로젝트 길이와 화면 비율(16:9, 9:16, 1:1 등)을 반드시 확인하고 받는 것이 좋습니다. 본인이 영상 편집하고자 하는 교체 이미지 또는 동영상과 어울리게 되므로 이 점을 유념하시기 바랍니다.

2. 프로젝트 받기

01 KineMaster 앱 홈 화면에서 「프로젝트 받기」 버튼을 클릭합니다.

02 「프로젝트 받기」 메뉴는 ① 텍스트, ② 레트로, ③ 심플, ④ 뮤직 비디오, ⑤ 인트로, ⑥ 비트, ⑦ 브이로그, ⑧ 예능 등 총 8개의 카테고리로 구성되어 있습니다. 새로 편집하려고 하는 프로젝트는 이미 촬영한 이미지와 동영상이 모두 16:9 화면 비율이므로 16:9 화면 비율로 제작된 프로젝트 중에서 한 개를 선택하면 되겠습니다.

03 「브이로그」 카테고리에 있는 「빈티지 무드」를 클릭하면 아래 화면과 같이 동영상이 반복해서 재생됩니다. 어떤 프로젝트인지 파악할 필요가 있는데, 동영상의 런타임, 화면 비율, 용량이 나타나 있고, 전체적인 컨셉을 2~3회 보시면서 파악하시면 되겠습니다. 이 프로젝트를 선택하도록 하겠습니다. 〈다운로드〉 버튼을 클릭합니다.

04 다운로드가 시작되면서 '다운로드 받은 프로젝트는 내 프로젝트에서 확인할 수 있습니다.'라는 안내 문구가 나타났다 사라집니다. 오른쪽 하단에 있는 〈다운로드〉 버튼이 회색으로 바뀌고 〈다운로드됨〉이라고 글자가 바뀝니다. 화면 오른쪽 상단의 ×표시를 누릅니다.

05 화면 오른쪽 상단의 ×표시를 누르면 KineMaster 앱 홈 화면으로 이동이 되고, 「내 프로젝트」에 '빈티지 무드'가 저장된 것이 보입니다.

06 「내 프로젝트」에 있는 '빈티지 무드' 프로젝트를 꾸욱 눌러서 먼저 이름을 변경하겠습니다. '행복한 우리집'이라는 새로운 프로젝트 이름을 입력했습니다. 「확인」을 클릭하여 이름 변경을 마칩니다.

07 「내 프로젝트」에 '행복한 우리집'이라고 하는 프로젝트가 나타났습니다. 이제 나만의 프로젝트를 만들기 위해 '행복한 우리집' 프로젝트를 클릭하면 '프로젝트를 미리보기 하려면 프로젝트에 필요한 모든 에셋을 다운로드하세요.'라는 문구가 나타납니다. 「확인」을 클릭합니다.

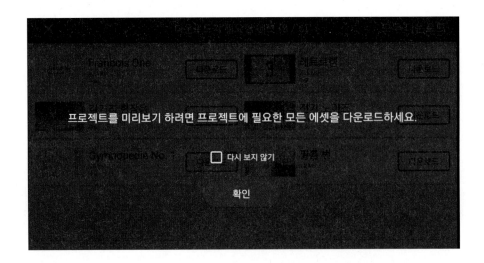

08 이 프로젝트에 포함된 에셋으로 다운로드가 필요한 에셋이 모두 6개라고 나옵니다. 오른쪽 상단에 있는 「모두 다운로드」버튼을 클릭합니다.

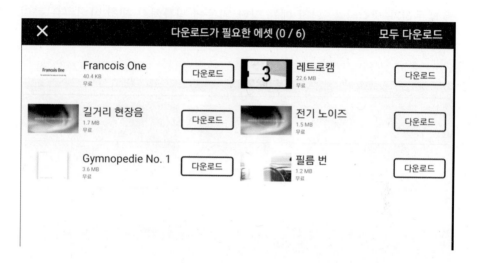

09 다운로드가 진행된 후에 바로 「편집 작업 영역」의 타임라인에 프로젝트가 나타납니다. 여기서 본인이 교체하고 싶은 이미지나 동영상을 교체하면 거기에 레이어로 삽입되어 있는 각종 효과나 스티커 등 미리 만들어진 프로젝트의 효과들이 그대로 따라와서 새로 바꿀 이미지나 동영상에 적용이 됩니다.

10 이제 화면에 나오는 여자 얼굴 동영상을 필자의 사진과 동영상으로 교체하여 보겠습니다. 아래 화면은 기존의 프로젝트에 있는 교체 대상 동영상입니다. 교체를 위해 해당 동영상을 클릭하면 동영상 레이어에 노란색 테두리가 생깁니다. 편집 메뉴 상단 왼쪽에 필름처럼 생긴 아이콘을 클릭합니다.

11 그러면 「미디어 브라우저」가 열립니다. 이곳에서 교체할 사진이나 동영상 클립을 선택하여 클릭하면 타임라인에 있는 노란색 테두리로 감싸여있던 동영상 클립이 새로 교체하기 위해 삽입하는 사진 클립 또는 동영상 클립으로 교체됩니다. 첫 번째 동영상 클립을 사진 클립으로 교체합니다.

12 두 번째 동영상 클립을 사진 클립으로 교체합니다.

13 세 번째 동영상 클립을 동영상 클립으로 교체합니다.

14 교체 작업을 마치고 오른쪽 상단의 「확인(◉)」버튼을 클릭하면 교체
가 완료됩니다. 프로젝트를 받아서 새로운 컨셉으로 완성한 프로젝
트 '행복한 우리집' 화면입니다.

11 클립 그래픽

클립 그래픽의 다양한 활용법에 대하여 설명드리겠습니다.

1. 클립 그래픽의 활용

클립 그래픽은 「동영상에 제목 삽입하기」 파트에서 설명드린 바 있으며, 「클립 그래픽 에셋」에서 제목 입력 부분이 있는 것과 없는 것 분석표를 제시하여 드렸습니다. 필자가 클립 그래픽 에셋 전체를 대상으로 분석하여 제시한 클립 그래픽 「분석표」를 보시고, 각 주제에 맞는 동영상을 쉽게 만드는 방법에 대하여 설명드리겠습니다.

1) 「분석표」를 펼쳐 놓습니다.

2) 영상 편집의 주제에 맞는 「클립 그래픽 에셋」 이름을 확인합니다.

　　예) 여행 스케이(서브 에셋 8개)

　　　　프로모션 - 이벤트 프로모션 (서브 에셋 8개), 프로모션 비디오(서브 에셋 8개),

　　　　프로모션(서브 에셋 8개)

　　　　오늘의 기록(서브 에셋 8개)

3) 동영상 편집을 위해 타임라인에 사진 클립이나 동영상 클립을 삽입합니다.

4) 사진 클립이나 동영상 클립을 꾸욱 눌러서 나타나는 편집 메뉴에서 「클립 그래픽」
   을 클릭합니다.

5) 위 2)번에서 확인한 주제에 맞는 클립 그래픽 에셋을 선택합니다.

6) 영상 편집을 진행합니다.

2. 클립 그래픽 활용(예)

그러면 프로모션을 주제로 하여 「클립 그래픽」 에셋을 활용하여 프로젝트를 작성하는 예를 한 가지 보여드리겠습니다.

프로젝트 제작 컨셉은 KG(케이객자)의 First Single Album 홍보를 위한 동영상을 제작하는 것으로 하겠습니다.

01 타임라인에 앨범 홍보를 위한 사진 클립을 삽입합니다.

02 타임라인에 있는 사진 클립을 꾸욱 눌러서 나타나는 편집 메뉴 중에서 「클립 그래픽」을 클릭합니다.

03 「클립 그래픽」의 서브 에셋 중에서 「프로모션」 에셋을 클릭하고, 「Leaflet」 에셋을 클릭합니다.

04 메인 화면의 색상과 텍스트 색상을 선택하고, 5개의 타이틀을 입력하면 되겠습니다. 프로모션 컨셉에 맞는 적당한 타이틀을 입력하도록 하겠습니다.

먼저 메인 화면의 색상은 짙은 초록색으로 선택하겠습니다. 텍스트 색상은 강렬한 느낌이 들도록 빨간색으로 선택하겠습니다. 타이틀을 5개 입력하겠습니다.

05 이와 같이 주제에 맞는 클립 그래픽을 선택하여 프로젝트를 작성하면 되겠습니다. 그러면 클립 그래픽을 사용하여 전체 프로젝트를 편집해 보도록 하겠습니다. 처음 화면부터 마지막 화면까지 클립 그래픽을 사용한 내용은 아래와 같습니다. 위 예제 설명에서는 프로모션(Leaflet)을 중심으로 설명드렸으며, 프로젝트의 맨 처음 도입부분은 모던 필름슬라이드 07번 에셋을 사용하여 편집하였습니다.

① 모던 필름슬라이드(07번)   ② 프로모션 (Leaflet)

③ 화이트 포트 프레임(05번)   ④ 로맨틱 카드(01번)

⑤ 시네마틱 포토필름(02번)   ⑥ 노래방(Lyric 2-1)

⑦ 3D 맵핑　　　　　　　⑧ 원본 사진 클립

⑨ 예능자막 모음(Speech Bubble)　⑩ 빈티지 스냅(03번)

　아래 화면들은 위와 같은 클립 그래픽들을 사용하여 완성한 프로젝트의 일부 모습입니다. 이와 같이 클립 그래픽의 활용도는 매우 넓습니다. 따라서 「클립 그래픽」을 사용하여 여러분이 원하는 주제에 맞는 동영상을 쉽게 만드실 수 있습니다.

PART 06

편집한 프로젝트 저장 및 공유하기와 불러오기

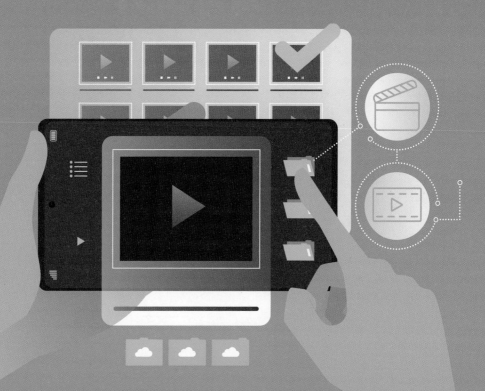

CHAPTER 01

편집한
프로젝트 및 동영상
저장하기

「저장 및 공유」메뉴에서 해상도, 프레임 레이트, 비트레이트 설정 방법

프로젝트 편집이 끝나면 프로젝트 파일(.kine 파일)로 저장을 하고, 또 동영상(mp4)으로 저장하여 공유하거나 또는 필요한 용도로 사용하게 됩니다.
여기서는 「저장 및 공유」메뉴에서 해상도, 프레임 레이트, 비트레이트를 설정하는 방법을 설명드리겠습니다.

1. 해상도 (Resolution)

해상도는 동영상을 표시하는 데 사용하는 화면의 가로, 세로의 크기를 말하는데, 다른 말로 하면 동영상에 나타나는 사진이나 영상, 글씨 등이 정교하게 잘 보이는 정도를 나타내는 용어입니다.

해상도를 표시하는 단위인 픽셀(Pixel)은 1인치(2.53cm)당 프레임을 구성하는 영상의 화소입니다. 화소는 가로와 세로의 주사선이 만나는 점들이 모여 있는 것으로 FHD(Full HD)는 1,920×1,080 해상도이며, 207만 3,600 화소이고, 4k UHD는 3,840×2,160 해상도이며, 829만 4,400 화소입니다.

이러한 해상도는 숫자가 높을수록 동영상이 더욱 선명하게 잘 보이는 것입니다.

만약 16:9 화면 비율의 유튜브에 동영상을 업로드할 경우 최소 720p 이상을 권장합니다. 유튜브에서 동영상 화면의 설정에 들어가 보면 「화질」은 1080p까지 구현되도록 하고 있습니다. 따라서 여러분께서 만약 유튜브에 업로드할 동영상을 제작하신다면 해상도를 1080p로 설정하시면 최적화가 되는 것입니다.

2. 프레임 레이트(Frame Rate)

프레임은 한 장의 이미지를 구현하는 화면으로 프레임 → 초 → 분 → 시간으로 생각하시면 이해하기 쉽습니다.

프레임 레이트는 1초당 몇 개의 프레임(한 장의 그림)을 보여줄 것인가를 나타내는 비율을 말합니다. 단위는 fps(frame per second)이며, 영화 필름은 24fps(1초에 24장의 그림을 보여주는 것)이고, NTSC 방식 TV(미국, 캐나다, 한국, 일본) 규격은 30fps이며, PAL 방식 TV(유럽, 중국, 북한) 규격은 25fps입니다. 프레임 레이트 값이 높을수록 동영상의 움직임은 부드럽게 되는 것입니다.

3. 비트레이트(Bitrate)

비트레이트란 1초 분량의 동영상에 얼마의 비트(bit) 수를 포함시켜 넣는가를 의미합니다. 통상 초당 데이터 전송률이라고 말합니다.

비트레이트가 높으면 높을수록 해당 동영상은 더 많은 영상 정보(비트)를 가지게 되는 것이므로 화질은 더 좋아지게 됩니다. 그러나 비트레이트 수를 많이 집어넣게 될 경우 비트의 수가 그만큼 커지게 되기 때문에 동영상의 용량도 커지게 됩니다.

KineMaster 앱에서 「저장 및 공유」를 할 때 해상도와 화질에 따라 비트레이트 값은 달라지게 됩니다. 아래 KineMaster 앱의 「저장 및 공유」 화면을 보시면 앞에서 설명드린 내용을 쉽게 이해하실 수 있을 것입니다.

프로젝트 저장하기 (.kine 파일)

종전에는 「내보내기 및 공유」라는 메뉴였으나, KineMaster 5.1 버전부터는 「저장 및 공유」로 메뉴 명칭이 변경되었습니다. 왜 그렇게 되었는지에 대한 배경 설명과 저장하기에 대하여 설명드리겠습니다.

1. 프로젝트 파일(.kine 파일)과 mp4 파일 저장에 대한 이해

프로젝트 저장은 크게 2가지로 구분하여 이해하시면 됩니다. 첫째는 프로젝트 파일(.kine 파일)로 저장하기(내보내기) 하는 것이고, 둘째는 mp4 파일 형식으로 동영상 형태로 저장하는 것입니다.

이것을 좀 더 쉽게 설명드리기 위해 Power Point를 예로 들어보면, 첫째, 프로젝트 파일은 PPT 원본 파일과 같은 것입니다. 따라서 이것은 얼마든지 고칠 수가 있는 소스파일인 것입니다. 저작권 문제로 인해 대부분 PPT 원본은 공유하지 않고, 그 대신 PDF 파일로 변환하여 공유하고 있습니다.

KineMaster社가 「프로젝트 받기」를 통해 과감하게 프로젝트 구성 내용을 소스 자체를 공개하는 것은 매우 과감한 정책이라고 볼 수 있습니다. 누구든지 「프로젝트 받기」를 통해 좋은 동영상을 만들 수 있기 때문입니다.

둘째, 프로젝트를 통해 만든 동영상을 mp4 파일 형식으로 저장한다는 것은 PPT 파일을 Power Point 쇼, MPEG-4, Windows Media 비디오, PDF 파일 등으로 저장하는 것과 같은 것입니다. 이것은 소스파일이 아니기 때문에 부분 수정을 하기가 어려운 것입니다. (전혀 불가능한 것은 아님)

KineMaster社는 사용자의 프라이버시를 존중하며, 높은 수준의 보안을 제공하기 위하여 노력하고 있습니다. 모바일 보안 업데이트를 최신 상태로 유지하기 위하여 KineMaster 5.1 버전부터는 범위 지정 저장 기능을 지원하고 있습니다.

안드로이드 11 버전의 보안 향상 기능으로 인하여 모든 어플리케이션에 대한 범위 지정 공간이 필요하게 된 것입니다.

좀더 명확하게 설명드리자면, 안드로이드 정책으로 인해 KineMaster 앱 삭제 또는 재설치 시 기존에 만든 프로젝트가 전부 삭제됩니다.

따라서 정성들여 편집한 프로젝트를 안전하게 관리하기 위해서는 「프로젝트 내보내기」를 진행해 주어야 하는 것입니다.

2. 프로젝트 저장하기(내보내기)

프로젝트를 안전하게 관리하기 위하여 편집한 프로젝트를 저장하는 방법을 설명드리겠습니다. 방법을 다음과 같습니다.

01 KineMaster 앱을 실행합니다.

02 홈 화면에 있는 「내 프로젝트」 목록에서 필자가 만든 프로젝트인 〈저장하기(프로젝트 내보내기)〉 파일을 「프로젝트 내보내기(.kine파일)」 메뉴를 통해 저장해 보도록 하겠습니다.

홈 화면에 있는 「내 프로젝트」 목록에서 〈저장하기(프로젝트 내보내기)〉 파일을 꾸욱 눌러주면 화면과 같은 여러 가지 메뉴가 나타납니다.

03 「프로젝트 내보내기(.kine파일)」메뉴를 꾸욱 눌러줍니다. 그러면 아래와 같은 화면이 나타나는데 스마트폰에 있는 여러 가지 폴더 중에서 KineMaster 폴더를 클릭한 후 KineMaster에 있는 폴더 중에서 Projects 폴더를 클릭합니다.

그러면 'KineMaster에서 Projects의 파일에 액세스하도록… 이를 통해 KineMaster에서 Projects에 저장된 현재 및 향후 콘텐츠에 액세스 할 수 있습니다.'라는 안내 문구가 나옵니다. 여기서 「허용」을 클릭합니다.

04 「허용」을 클릭하면 내보내기가 진행되고, 이어서 「프로젝트 내보내기 성공」이라고 나오면서 'Storage / Projects로 프로젝트 내보내기를 완료했습니다.'라는 안내문이 나타납니다.

05 「확인」을 클릭하면 홈 화면으로 복귀합니다.

03 동영상 저장하기 (mp4 파일)

프로젝트는 크게 2가지로 이해하시면 됩니다. 하나는 프로젝트 파일을 .kine 파일로 저장하기(내보내기)하는 것입니다. kine 파일은 프로젝트 구성 내용을 구체적으로 보여주는 프로젝트 소스파일입니다. 다른 하나는 프로젝트 파일을 mp4 파일 형식의 동영상으로 저장하는 것입니다. 이것은 동영상 자체입니다.

1. 동영상 파일 저장하기

프로젝트 편집을 통해 만든 동영상은 프로젝트 파일(.kine 파일)로는 KineMaster 앱을 사용하지 않는 사람들과는 공유할 수가 없습니다. 왜냐하면 이것은 KineMaster 앱이 있어야만 열어볼 수 있고, 편집 및 수정을 할 수가 있는 소스파일이기 때문입니다.

그래서 편집 작업을 마친 프로젝트는 「저장 및 공유」 메뉴를 통해 mp4 파일 형식으로 동영상을 저장하게 되는 것입니다. 이렇게 저장된 동영상은 KineMaster 앱 사용 여부와 관계없이 누구와도 공유가 가능합니다.

2. 동영상 저장하기

01 KineMaster 앱을 실행합니다.

02 홈 화면에 있는 「내 프로젝트」목록에서 저장하기를 원하는 프로젝트를 클릭하면 편집 작업 영역으로 들어갑니다. 편집 메뉴 오른쪽 상단에 있는 「저장 및 공유」아이콘을 클릭합니다.

03 「저장 및 공유」화면에서 해상도, 프레임 레이트, 비트레이트를 설정하고, 「동영상으로 저장」을 클릭합니다.

04 저장하기가 종료되면 아래 화면 오른쪽 상단에 동영상 이름과 함께 저장한 것이 나타납니다.

맨 왼쪽 아이콘은 재생 버튼으로 동영상을 재생해 볼 수 있는 버튼이고, 가운데 아이콘은 공유하기 버튼이고, 맨 오른쪽 아이콘은 삭제하기 버튼입니다.

저장 폴더

KineMaster 앱에서 필요로 하는 모든 파일들은 스마트폰의 「KineMaster」 폴더에 카테고리를 정하여 배치하고, 안전하게 관리할 수 있도록 조치하고 있습니다.

1. KineMaster 폴더 구성

스마트폰에서 「내 파일」을 열어보면 KineMaster 앱이 설치된 경우에는 「디바이스 저장공간」에 「KineMaster」라고 하는 폴더가 자동적으로 생성되어 있는 것을 확인할 수 있습니다.

또 어떤 스마트폰은 「내장 메모리」라고 하는 곳(=디바이스 저장공간)에 카테고리별 폴더가 생성되어 있습니다.

내 파일 Q ⋮	⌂ ▸ 내장 메모리	⌂ ▸ 내장 메모리 ▸ KineMaster
카테고리	KakaoTalk 5월 13일 오후 4:18 ··· 1개	⥮ 이름 ↑
🖼️ ▶️ 🎵 📄 이미지 동영상 오디오 문서	KakaoTalkDownload 8월 10일 오후 8:54 ··· 148개	Audio 6월 21일 오후 8:57 ··· 25개
⬇️ APK 🗂️ ⭐ 다운로드 설치 파일 압축 파일 즐겨찾기	KineMaster 6월 29일 오전 11:19 ··· 8개	Capture 6월 23일 오후 9:33 ··· 11개
🖥️ **내장 메모리** 158 GB / 256 GB	melon 8월 8일 오후 9:39 ··· 2개	Download 5월 13일 오후 3:46 ··· 1개
💾 **SD 카드** 13.92 GB / 59.59 GB	meVideoplayer 5월 13일 오후 7:21 ··· 1개	Export 6월 23일 오후 9:55 ··· 21개
☁️ **삼성 클라우드 드라이브** 로그인 안 됨	monitor 5월 28일 오후 6:01 ··· 0개	Photo 6월 29일 오전 10:11 ··· 44개
☁️ **OneDrive** 로그인 안 됨	Movies 7월 19일 오후 1:31 ··· 6개	Projects 8월 13일 오후 12:04 ··· 47개
🔷 **Google 드라이브** 9.09 GB 사용 가능	Music 7월 20일 오후 8:10 ··· 4개	Reversed 6월 29일 오후 11:18 ··· 3개
📡 **네트워크 저장공간**	Notifications 2020년 7월 30일 오후 8:07 ··· 0개	Videos 6월 29일 오후 10:03 ··· 14개

1) Audio

KineMaster의 「녹음」 기능을 이용하여 녹음한 파일이 저장되는 폴더입니다. 녹음된 파일은 「KineMaster_Audio_2021-08-21 20.57.19」와 같은 파일 형식으로 저장됩니다.

2) Capture

KineMaster 앱에서 편집 작업 영역의 왼쪽에 있는 툴(Tool)패널에서 「캡처 후 저장」한 파일들이 저장되는 폴더입니다.

3) Download

폴더 안에는 Google Drive 폴더가 있으며, 폴더 내에는 khj22088@gmail.com 등 본인이 미디어 브라우저에 있는 「클라우드」 서비스를 이용한 경우에 자동적으로 생성되는 폴더이며, Google Drive 폴더에 저장된 파일이 있습니다.

4) Export

KineMaster로 작성한 동영상이 저장되는 폴더입니다.

5) Photo

KineMaster 앱에 있는 카메라로 촬영한 사진이 저장되는 폴더입니다.

6) Projects

KineMaster에서 「내 프로젝트」를 꾸욱 눌러서 「프로젝트 내보내기(.kine 파일)」로 내보내기를 한 파일이 저장되는 폴더입니다. 앞에서 설명드린 「20210721-6.kine」 파일이 저장되어 있는 것을 확인할 수 있습니다. 프로젝트 파일은 *.kine 형식으로 저장됩니다.

7) Reversed

리버스(Reverse) 효과 적용을 위해 사용된 원본 동영상과 Reverse가 적용된 동영상이 저장되는 폴더입니다.

8) Videos

KineMaster 앱에 있는 캠코더로 촬영한 동영상이 저장되는 폴더입니다.

CHAPTER 02

편집한
동영상
공유하기

공유에 대한 개념 및 공유 매체의 종류

공유에 대한 개념과 공유 매체의 종류에 대하여 설명드리겠습니다.

1. 공유에 대한 개념

민법 제262조(물건의 공유)에 보면, ① 물건이 지분에 의하여 수인의 소유로 된 때에는 공유로 한다. ② 공유자의 지분은 균등한 것으로 추정한다고 규정하고 있습니다.

즉, 공유라는 것은 여러 사람이 1개의 물건 위에 1개의 소유권을 분량적으로 분할하여 소유하는 것을 의미합니다. 2인 이상의 사람이 동일한 물건을 공동으로 소유하는 형태를 공동소유라고 하지만 그중에서도 가장 일반적인 것이 공유인 것입니다.

최근 SNS가 활발하게 활용됨에 따라 SNS 공유 이벤트들을 많이 진행하고 있는 것을 알 수 있습니다. 예를 들면, '문화관광 웹진 공유 이벤트'는 문화관광 웹진을 SNS에 공유하고, 문화관광 웹진 SNS 공유 게시판에서 이벤트에 응모하면 경품으로 스타벅스 시그니처 핫 초콜릿을 20명에게 선물로 준다는 것입니다.

지인이나 가족, 친지들에게 보내는 동영상은 결국 그 동영상을 받는 사람과 공유가 되는 것입니다. 그러나 공유와 저작권의 문제는 별개의 문제이기 때문에 지인이나 가족, 친지가 여러분이 공유시켜 준 동영상을 상업적으로 이용하거나 할 때는 여러분의 승낙을 받는 것이 필요한 것입니다.

2. 공유 매체의 종류

KineMaster 앱은 개인이 소지하고 있는 스마트폰에 설치된 다양한 종류의 공유 매체를 이용하여 공유할 수 있도록 하고 있습니다.

저장이 완료되면 「km_20210802_1080p」처럼 프로젝트 이름이 나타납니다. 공유 아이콘을 클릭하면 아래 화면처럼 「공유하기」라는 문구와 함께 여러분이 소지하고 있는 스마트폰에 설치되어 있는 각종 공유 매체가 나타납니다. 손가락으로 아래 방향으로 드래그하면 수많은 공유 매체가 나타납니다.

02 공유하기

공유하기를 SNS 매체 중 한 종류인 Naver Band를 가지고 설명드리겠습니다.

1. Naver Band에 공유하기

설명을 위해 「저장 및 공유」 메뉴에서 「동영상으로 저장」을 한 후 만들어진 「km-20210802-1080p」 동영상을 가지고 Naver Band에 공유하는 방법을 설명드리겠습니다.

01 「공유하기 아이콘」(아래 화면에서 가운데 아이콘)을 클릭합니다.

02 BAND 아이콘을 클릭하면, 「공유 대상 선택」 화면이 나타납니다. 「동영상 제작 및 편집」 밴드를 클릭하고 오른쪽 상단에 있는 「확인」을 클릭합니다.

03 그러면「동영상 제작 및 편집」밴드 화면으로 진입하는데, 오른쪽 상단에 있는「완료」를 클릭합니다. 바로「저장 및 공유」화면이 나타나고, 공유를 위해 내보내기가 진행됩니다. 정지화면으로 그대로 있다가 '성공했습니다.'라는 문구가 잠깐 동안 나타났다가 사라집니다.

04 이제「동영상 제작 및 편집」밴드에 들어가 보면 아래 화면과 같이 공유된 영상이 나타나며, 재생을 해 보면 정상적으로 동영상이 재생되는 것을 확인할 수 있습니다.

CHAPTER 03

편집한
프로젝트
불러오기

.kine 파일 불러오기

홈 화면에 있는 「내 프로젝트」 중에서 「프로젝트 내보내기(.kine 파일)」 메뉴를 통해 내보낸 .kine 파일을 불러오는 방법을 설명드리겠습니다.

1. 저장해 둔 프로젝트를 불러오는 방법

01 KineMaster 앱을 실행합니다. 홈 화면에서 「새로 만들기」를 길게 탭(꾸욱 누름)합니다.

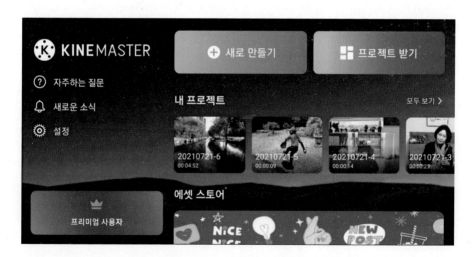

02 「새 프로젝트」 메뉴가 나오는데, 맨 아래쪽으로 스크롤하여 「프로젝트 불러오기(.kine 파일)」를 클릭합니다.

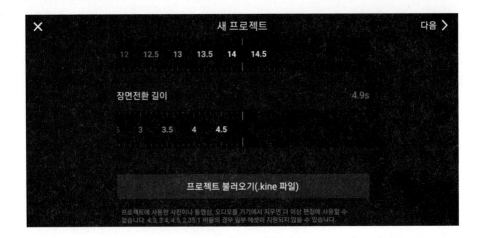

03 Projects라고 하는 폴더 안에 저장해 둔 .kine 파일이 있을 것입니다. 필자의 스마트폰에는 2개의 .kine 파일이 들어 있는 상태입니다. 여기서 「20210721-6. kine」 파일을 불러오도록 해 보겠습니다. 해당 파일을 클릭하겠습니다.

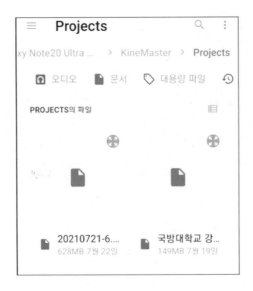

04 아래 화면과 같이 「20210721-6.kine」 파일이 불러오기가 진행되고 있습니다.

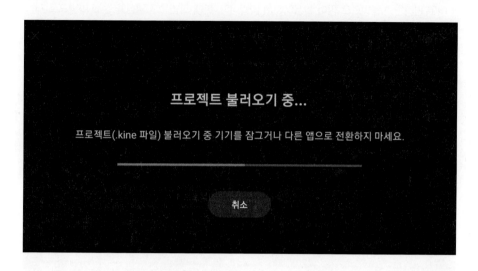

05 「20210721-6.kine」 파일이 불러오기가 끝나면 자동적으로 Kine Master 앱의 편집 작업 영역이 나타나고, 불러온 동영상이 재생 버튼을 누르면 재생이 됩니다.

전체 화면으로 동영상이나 사진을 재생할 수 있습니다.

편집 작업 영역에서 재생 버튼을 길게 누르면 동영상이나 사진이 전체 화면으로 재생됩니다. 매우 편리한 기능이므로 많이 활용하시기 바랍니다. 아래 화면은 동영상을 전체 화면으로 재생한 모습입니다.

KineMaster 앱에서 제공하는 「프로젝트 받기」 활용방법

홈 화면에 있는 「프로젝트 받기」 메뉴에서 전문가들의 프로젝트를 받아서 나만의 버전으로 편집하는 방법을 설명드리겠습니다. 사실 스마트폰용 동영상 편집 앱 중에서 이처럼 구독자들에게 적극적으로 활용법을 지원하는 회사는 찾아보기 힘듭니다.

1. 「프로젝트 받기」에 대한 이해

KineMaster 홈 화면에 있는 「프로젝트 받기」 버튼을 누르면 Kinemaster社의 영상 에디터와 디자이너들이 제작한 키네마스터 프로젝트를 다운로드할 수 있습니다.

다운로드한 KineMaster 프로젝트의 동영상 및 이미지를 여러분이 원하는 미디어(동영상 또는 사진)로 교체할 수 있습니다.

그러므로 Kinemaster社에서 제공하는 프로젝트가 어떻게 만들어졌는지를 구체적으로 알 수 있고, 그것을 통하여 배우고, 여러분만의 버전으로 커스터마이징할 수 있습니다.

이것은 마치 PPT 원본을 구해서 그것을 자기가 원하는 미디어(글씨, 도표, 동영상, 사진 등)로 교체하여 자신이 만든 것처럼 할 수 있는 것과 동일한 개념입니다.

사실 저작권 문제로 인하여 PPT는 대개 PDF 파일로 변환하여 제공하는 것이 일반적이지만, 사실은 PDF 파일도 해체하는 프로그램이 있기 때문에 창과 방패의 싸움은 끝이 없는 것 같습니다.

Kinemaster社에서 야심차게 구독자들에게 자사의 영상 에디터와 디자이너들이 제작한 키네마스터 프로젝트를 다운로드할 수 있게 지원하는 것은 파격에 가까운 정책이라고 봅니다.

따라서 이러한 정책이 변경되기 전에 구독자들께서는 현재 업로드되어 있는「프로젝트」를 모두 다운로드 받아서 학습에 활용하실 것을 추천드립니다.

더군다나 원하는 스타일의 프로젝트가 없다면 KineMaster社의 community @kinemaster.com으로 메일 요청을 보내주시면, 적극 반영하여 새로운 프로젝트를 업데이트해 준다고하니까 많이 활용하시기 바랍니다.

2.「프로젝트 받기」에 업로드되어 있는 프로젝트 분석 및 활용법

1)「텍스트」카테고리 프로젝트 분석

① 내용

텍스트 프로젝트는 스타일리시 텍스트, 스파크, 리퀴드 타이틀, 블랙 앤 화이트 타이틀, 시네마틱 3D 타이틀, 스플래시 애니메이션 타이틀, LED 전광판 테스트(중국어 버전), LED 전광판 테스트(영어 버전), 파이어 타이틀 인트로, 폭발 텍스트 인트로, 구독 인트로, 타이포 광고, 그라데이션 타이포, 키네워즈 등이 업로드되어 있습니다. 물론 앞으로도 새로운 텍스트 프로젝트가 계속 업로드될 것입니다.

텍스트(T)를 이용한 프로젝트는 도입 부분(Intro), 3D 타이틀, LED 전광판 테스트(각국 언어 버전), 스파크, 리퀴드 타이틀, 블랙 앤 화이트 타이틀, 시네마틱 3D 타이틀, 스플래시 애니메이션 타이틀 등의 스타일로 제작되어 있습니다.

보시는 화면은 텍스트 프로젝트에 업로드된 *.kine 파일입니다.

② 다운로드 및 「편집하기」로 프로젝트 열어보기

「프로젝트 받기」에서 *.kine 파일을 다운로드하면 홈 화면의 「내 프로젝트」
에 다운로드한 프로젝트 파일들이 모두 나타납니다.

ⓐ「내 프로젝트」에서 열고자 하는 파일을 클릭합니다. 설명을 위해 맨 앞에 있는 「스파크」 프로젝트를 클릭하겠습니다. 클릭하면 아래와 같이 '프로젝트를 미리보기 하려면 프로젝트에 필요한 모든 에셋을 다운로드하세요.'라는 안내문구가 나타납니다. 그러니까 여러분들이 다운로드 받는 프로젝트들에는 여러 가지 에셋이 포함되어 있는데, 해당 프로젝트에 포함된 에셋을 다운로드 받아야 프로젝트를 제대로 미리보기 화면에서 볼 수 있다는 말입니다. 「다시 보지않기」를 체크하면 다음부터는 안내문구가 나타나지 않게 됩니다.

ⓑ「확인」을 클릭하면 다운로드가 필요한 에셋이 1개 있다고 나타납니다. 「다운로드」 버튼을 클릭합니다.

이때 다운로드가 필요한 에셋이 2개 이상일 때는 오른쪽 상단에 있는 「모두 다운로드」를 클릭하면 동시에 다운로드가 진행됩니다.

ⓒ 다운로드가 필요한 에셋을 모두 다운로드한 후에는 오른쪽 상단에 있는 「편집하기」 버튼을 클릭합니다.

ⓓ「편집하기」를 클릭하면 아래 화면과 같이 편집 작업 영역에 프로젝트가 바로 열립니다. 이것을 재생 버튼을 클릭하여 실행해보고, 레이어들을 눌러서 어떤 레이어를 사용했는지도 살펴보면서 배우고, 그 다음으로 여러분이 원하는 컨셉으로 프로젝트를 커스터마이징하면 이 프로젝트 는 이제부터 여러분이 만든 프로젝트가 되는 것입니다.

2) 활용 방법

① 프로젝트 분석

프로젝트 분석 요령은 먼저 프로젝트 제작 컨셉을 파악해 보는 것입니다. 그리고 나서 레이어를 집중적으로 분석해 보면 해당 프로젝트가 어떻게 제 작되었는지를 알 수 있습니다.

툴(Tool) 패널에서 펼치기 아이콘을 눌러서 레이어들을 수직으로 정렬시키 고, 레이어들을 최대한 길게 옆으로 펼쳐보면 레이어 안에 영문자나 한글로 해당 레이어들의 명칭을 확인할 수 있습니다. 그리고 레이어 맨 왼쪽에 보면 해당 레이어가 텍스트(T)인지, 효과(FX)인지, 스티커인지, 손글씨인지. 음악 인지, 효과음인지 등을 바로 알 수 있습니다.

요약하면, 레이어 수직 정렬, 레이어를 수평으로 최대한 벌려서 레이어 안에 있는 영문자나 한글로 해당 레이어의 종류 파악, 그리고 레이어의 범주(카테고리 : 미디어(사진, 동영상), 효과, 스티커, 텍스트, 손글씨, 음악(효과음, 녹음 음원 등)를 파악하는 것이 분석의 핵심입니다.

이러한 프로젝트 분석 요령을 적용하여 텍스트 프로젝트인 「스파크」를 분석해 보겠습니다.

이 텍스트 프로젝트는 스파크(Spark)가 일어나는 로고(Logo)라는 컨셉을 가지고 제작된 것입니다.

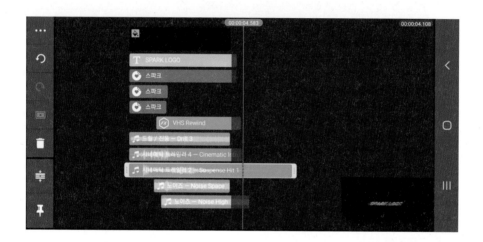

레이어를 분석해보면, 텍스트(SPARK LPGO), 스티커(스파크: 3회 반복), 효과(FX : VHS Rewind), 효과음(드릴/진동 - Drill 3), 효과음(시네매틱 트레일러 4 - Cinematic Intro 1), 효과음(시네매틱 트레일러 2 - Suspense Hit 1), 효과음(노이즈 - Noise Space), 효과음(노이즈-Noise High)으로 구성되어 있습니다.

② 나만의 프로젝트 만들기

스파크(Spark)가 일어나는 로고(Logo)라는 컨셉을 그대로 유지하면서, 로고 명칭을 'SPARK LOGO'에서 'KOREA 2021 WINTER FESTIVAL'로 교체하고, 스파크 반복 효과를 5회로 증가시키는 것으로 하겠습니다. 효과(FX)는 「VHS

Rewind」에서 「VHS Tracking」으로 교체하고, 효과음은 「시네매틱 인트로 1」
의 「Cinematic Intros-1-1, 1-2, 1-3」 3개를 사용하고, 효과음은 「천둥(Thunder 5)」
을 사용하여 만들어 보도록 하겠습니다.

01 타임라인에 있는 「SPARK LOGO」 레이어를 꾸욱 누르면 미리보기
화면에 있는 'SPARK LOGO'라는 글자에 점선의 사각형 박스가 나타
납니다. 글자 수정은 오른쪽 편집 메뉴 중에서 맨 위, 맨 왼쪽에 있는 「자판
모양」의 아이콘을 클릭하면 현재 글자가 입력된 것이 보이고 있습니다.

02 'SPARK LOGO'라는 글자의 맨 뒷 글자에 빨간색 커서가 깜빡이고
있는데, 커서에 손가락을 갖다 대면 한글과 영문을 입력할 수 있는
자판이 나타납니다. 여기서 새로 입력할 'KOREA 2021 WINTER FESTIVAL'
을 입력하겠습니다.

03 「확인」을 누르면 미리보기 화면에 새로 입력한 'KOREA 2021 WINTER FESTIVAL' 글자가 나타납니다.

여기서 글씨체와 폰트를 바꾸고 싶으면 오른쪽 편집 메뉴에 있는 「Aa」메뉴를 클릭하고 원하는 글씨체로 바꿀 수 있습니다. 현재의 글씨체는 디스플레이체의 「FACON」 폰트인데, 설명을 위해 글씨체는 디스플레이체를 그대로 두고 MONOTON REGULAR로 바꾸고, 글씨 색깔도 녹색으로 바꿔보겠습니다.

이처럼 텍스트를 활용한 프로젝트에서는 글씨체와 폰트의 종류, 색깔, 크기 등을 바꾸면 색다른 느낌의 프로젝트로 변신할 수 있겠습니다. 아래 화면은 로고 글자와 글씨체, 폰트 종류 및 크기를 바꾼 모습입니다.

04 나만의 프로젝트를 완성한 모습을 레이어로 보여드리고 있습니다.

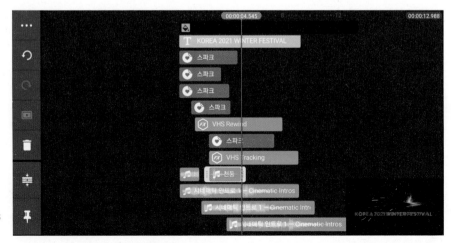

05 모든 편집 작업을 마쳤으므로 편집 메뉴 맨 오른쪽 상단에 있는 확인(◎)을 눌러서 프로젝트 작업을 마치고 재생 버튼을 클릭해보면 KineMaster에서 받은 텍스트 프로젝트 SPARK보다 훨씬 사실적이고 역동적인 나만의 프로젝트가 제작된 것을 확인할 수 있습니다.

아래 화면은 완성된 KOREA 2021 WINTER FESTIVAL 프로젝트의 모습입니다.

이 화면은 편집 작업 영역에서 보이는 모습입니다.

이 화면은 편집 작업 영역에서 재생 버튼을 길게 눌러서 전체 화면으로 보이는 모습입니다.

CHAPTER 04

편집한 영상을
자신이 사용하는
SNS 종류별로 업로드하기

YouTube에 동영상 파일 업로드

YouTube에 동영상 파일을 업로드하는 방법을 설명드리겠습니다.

1. 유튜브에 동영상 파일을 업로드하기 위한 준비 사항

1) 유튜브를 시작하기 위해서는 먼저 「구글 계정」을 만들어야 합니다.

구글 계정은 구글의 온라인 서비스에 접근 인증과 허가를 제공하는 사용자 계정입니다. 구글 계정을 만들면 Gmail을 사용하여 이메일 보내기와 구글 드라이브 등을 이용할 수 있으며, YouTube에서 동영상도 보고, 자신의 영상을 업로드할 수 있습니다.

2) 구글 계정으로 유튜브에 로그인한 후 프로필 이미지를 클릭하여 나오는 메뉴들 중에서 「채널 만들기」를 클릭한 후 〈크리에이터 활동 시작하기〉 화면에서 「시작하기」 버튼을 클릭합니다.

채널을 만드는 화면이 나오는데, 〈내 이름 사용〉과 〈맞춤 이름 사용〉의 두 가지 중 원하는 방식을 선택하여 채널을 만듭니다.

3) 유튜브 화면에서 프로필 이미지를 클릭한 후 나타나는 「내 채널」을 클릭합니다.

「채널맞춤 설정」을 클릭한 후 메뉴 중 「브랜딩」을 클릭하여 〈프로필 사진〉

옆에 있는 업로드를 클릭하여 유튜브 채널에 사용할 사진을 선택하고「열기」를 클릭하면〈프로필 사진 맞춤설정〉에 올린 사진이 나타나는데 이곳에서 조절점을 사용하여 프로필 사진을 적절히 맞춘 후「완료」를 클릭하고 나서「채널맞춤 설정」화면에서「게시」를 클릭하면 프로필 사진 업로드가 완료됩니다.

4) 마지막으로 채널 아트를 만듭니다. 채널 아트란 유튜브의 본인 채널 상단에 나타나는 배너 이미지를 말합니다. 유튜브에 있는 개인 홈페이지라고 생각하시면 이해하기 쉽습니다.

2. 유튜브에 파일 업로드

1)「저장 및 공유」가 끝난 상태에서 오른쪽 상단의 프로젝트 이름 옆에 세 개의 아이콘 중에서 가운데 위치한 공유하기 아이콘을 클릭합니다.

2) 유튜브를 클릭합니다.

3) 필자가 운영하고 있는 유튜브 채널인 「악기연주 & 지식나눔스튜디오」
로 바로 연결이 됩니다.

① 「제목 만들기」 부분에 동영상 제목을 입력합니다. 설명을 위해 '저장 및 공유 시범
   영상'이라고 입력하겠습니다.
② 「설명 추가」 부분에 '이 영상은 KineMaster 앱 사용법 설명을 위한 시범 영상입니
   다.'라고 입력하겠습니다.
③ 공개 상태 설정 : 「공개」, 「일부 공개」, 「비공개」 중에서 「비공개」로 하겠습니다.
④ 「아동용 아님」
⑤ 재생목록에 추가 : 재생목록 중 「James J.Kim의 지식나눔스튜디오」 목록에 추가하
   겠습니다.

4) 「업로드」를 클릭하면 업로드가 진행되며, 다음 화면 맨 오른쪽 화면은
유튜브 채널에 최종 업로드된 모습입니다.

02 Instagram에 동영상 파일 업로드

Instagram에 동영상 파일을 업로드하는 방법을 설명드리겠습니다.

1. Instagram에 동영상 파일을 업로드하기 위한 준비 사항

1) Instagram에 업로드할 동영상은 화면 비율을 9:16(세로형)으로 설정해야 화면이 잘려나가지 않습니다. 스마트폰 사진기에서 비율을 9:16으로 설정하고 동영상이나 사진을 촬영하시기 바랍니다.

2) Instagram은 스마트폰에 설정된 구글 계정의 아이디를 자동으로 불러옵니다.

3) 동영상 길이는 60초 미만, 세로형 동영상으로 편집합니다.

2. Instagram에 동영상 파일 업로드

1) 동영상을 세로형으로 촬영한 후 KineMaster에서 편집 후 내보내기를 합니다.

동영상 길이가 60초 이상이면 '동영상을 60초 미만으로 조정하세요'라는 안내문구가 나타납니다. 따라서 내보내기 하기 전에 동영상 길이를 체크한 후 60초 미만으로 편집하는 것이 중요합니다.

2) 공유하기에 있는 Instagram 아이콘을 클릭합니다. 바로 Instagram 본인의 채널로 연결이 되고 「새 게시물」에 업로드되어 재생이 되는 모습이 보입니다. 오른쪽 상단에 있는 청색의 화살표(→)를 누릅니다.

3) 오른쪽 상단에 있는 청색의 화살표(→)를 누른 다음에 이 화면에서 「필터」, 「다듬기」를 할 수 있으며, 「커버 사진」을 별도로 올릴 수도 있습니다.

4) Instagram의 동영상 편집 메뉴

ⓐ **필터**

필터는 Normal(최초 원본 상태), Clarendon, Gingham, Moon, Lark, Reyes, Juno, Slumber, Crema, Ludwig, Aden, Perpetua, Amaro, Mayfair, Rise, Hudson, Hefe, Valencia, X-Pro Ⅱ, Sierra, Willow, Lo-Fi, Inkwell, Nashville가 있습니다.

ⓑ **다듬기**

다듬기는 60초 미만일 경우 사용하지 않아도 됩니다. 사각형으로 된 청색의 다듬기 박스를 왼쪽이나 오른쪽으로 움직여서 다듬을 수 있습니다.

ⓒ **커버 사진**

커버사진은 동영상 클립 중 임의로 여러 가지 커버 사진을 캡처해서 만들어 놓았는데, 이중에서 한 개를 선택하는 방식입니다.

03 Facebook에 동영상 파일 업로드

Facebook에 동영상 파일을 업로드하는 방법을 설명드리겠습니다.

1. Facebook에 동영상 파일을 업로드하기 위한 준비 사항

1) Facebook에 업로드할 동영상은 1GB 미만, 길이 20분 미만의 동영상을 올리면 됩니다.

2) Instagram과 동일하게 Facebook도 게시물을 공유 및 소통할 수 있습니다. 저작권 문제가 없을 경우는 자유롭게 영상을 올려도 되는 것입니다.

3) Facebook도 스마트폰에 설정된 구글 계정의 아이디를 자동으로 불러옵니다.

4) 별도로 저장한 후 페이스북에 업로드할 경우는 상단에 있는 「사진」을 클릭하면 자신의 스마트폰 「갤러리」가 열리면서 사진과 동영상이 나타나고, 원하는 사진이나 동영상을 클릭하면 업로드됩니다.

2. Facebook에 동영상 파일 업로드

1) KineMaster 앱에서 편집한 프로젝트를 Facebook에 업로드하는 것을 설명드리겠습니다. 「공유하기」아이콘을 클릭하여 나타나는 공유할 대상 중 Facebook을 클릭합니다. 아래 화면처럼 Facebook에서는 뉴스피드에 공유하도록 되어 있습니다. '이 동영상에 대하여 이야기해 주세요'라고 하는 부분에 동영상에 대한 설명을 입력합니다.

필자는 연습용이므로 '이 영상은 KineMaster 앱으로 제작한 연습용 동영상입니다.'라고 입력하겠습니다.

설명을 입력한 후 오른쪽 상단에 있는 「게시」를 클릭합니다.

2) 「게시」를 클릭하면 게시물이 업로드되는 것이 스마트폰에 나타납니다. '완료 중'이라는 문구가 나온 후 잠시 후 업로드된 모습입니다.

3) 업로드가 완료되어 재생되는 모습입니다.

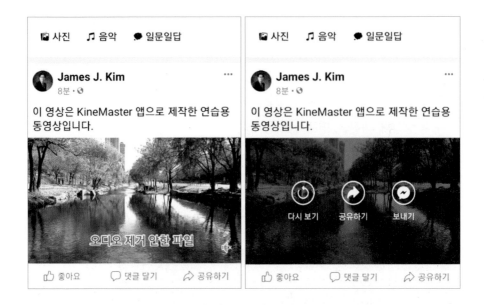

구독자님께 네 잎 크로바의 행운과 행복에너지를 함께 전해드립니다.
- 2021년 9월 26일 양재천 숲속에서 채취 -

2020년도
국방대학교(Korea National Defense University)
우수강사로 선발된 필자

제 14 호

감 사 장

하이브리드 경영전략연구원
대표 김 효 중

국가와 군 발전을 위해 평소
보여주신 관심과 성원에 감사드리며,
특히 해박한 전문지식과 경험을
바탕으로 국방대학교 직무교육원
교육간 탁월한 강의를 통해 공직자의
직무능력 향상에 크게 기여하여
'우수강사'로 선정되었으므로 이에
감사장을 드립니다.

2021년 1월 28일

국방대학교총장
육군소장 김 종

김효중 강사님, 안녕하십니까!

신축년 새해 가내 두루 건강하시고 복 많이 받으십시오. 지난 한 해
코로나 19 상황에도 불구하고, 국방 인재의 역량 강화를 위해 헌신해
주신 강사님의 노고에 깊은 감사를 드립니다. 강사님의 열정적인 지원으로
내실 있는 교육을 진행할 수 있었습니다.

특히, 300여 명 강사의 치열한 경쟁을 뚫고 2020년 우수강사로 선발
되신 것을 진심으로 축하드립니다. 우수강사는 매년 강의능력 그리고 교
육생의 평가를 반영하여 엄정하게 선정하고 있습니다.

강사님의 노고를 위로하고 담화를 나눌 수 있는 오찬을 계획하였으나
코로나 19 상황이 여의치 못하여 부득이하게 행사를 취소한 것에 대하여
양해를 구합니다.

올해에는 직무교육원이 국방인재개발원으로 확대·발전하려는 도약의
해입니다. 국방대 가족으로서 국방 인재를 육성하는 현장에서 함께 수고
해 주실 것을 당부드립니다.

늘 건강하시고 만사형통하시길 기원합니다.

2021. 1. 26

국방대학교 총장 육군 소장 김 종 철

유차영 한국유행가연구원장

　오색단풍이 자꾸 말을 걸어오고, 간들거리는 갈바람이 저만치서 손을 내미는 계절에 반가운 소식을 접하고 가슴팍이 콩닥거렸다. 오랜 세월 존경하는 마음으로 가슴속에 품고 지낸 김효중 선배님의 《키네마스터》 도서 출간에 무한존경의 감탄사를 보내드린다. 긴 세월 스스로를 뜨겁게 달구고 차갑게 식히기를 반복하면서, 새로운 지향점을 향하여 쉼 없이, 바지런하게, 총총총 씨줄 날줄을 얽은 결과이니, Self 영상편집 시대에 한줄기 밝은 빛이 되리라.

　저자는 목숨을 담보로 하는 인식표(認識票), 은빛 목걸이를 목에 걸고서 청춘으로부터 장년에 이르는 긴 세월 동안 위국헌신 군인본분(爲國獻身 軍人本分)의 삶을 살아낸 분이다. 소명·사명·헌신의 영혼을 불사른 명예로운 과정이었다. 늘 마음 한켠에 오롯한 전우(戰友)로 도사리고 있던 저자가 오늘 더욱 자랑스럽게 여겨진다. 찬란한 빛을 머금은 2021년 가을 산 능선에 청일점(靑一點)으로 찬연하다.

성공에 이르는 길은 지향하는 방향에 달려 있고, 성공으로 들어가는 문의 열쇠는 디테일(detail)이다. 블루오션이 방향이라면, 블루로드(Blue Road)는 열쇠라고 할 수 있다. 《키네마스터》는 이미 블루로드다. 100명이 같이 걸어가는 방향이 아니라, 그 속에서 홀로 나아가는 길이다. 초급·중급·고급에 이르는 단계별 해설은 낯선 곳에서 얻은 섬세한 관광안내지도와 같다.

올해는 소의 해다. 신축년(辛丑年), 하얀 소의 해. 우보천리 우생마사(牛步千里 牛生馬死)라고 했다. 서두르지 말고, 천천히 쉬지 않고 걸음을 내디디면 성공에 이른다는 말이다. 책 표지에 얽은 저자의 이력에 주목해 보시라. 얼마나 많은 발걸음을 쉬지 않고 떼어 놓았는가. 거듭 감탄사를 보내드린다. 추천사가 아닌 감탄사를~. 김효중 님의 인생, 가을이 환하다.

2021년 가을 한국유행가연구원장

활초 유 차 영 근상

서일호 TV조선 부장(언론학 박사)

김효중 교수님의 '키네마스터' 출간을 진심으로 축하드립니다.

'키네마스터'는 1인 미디어 시대에 꼭 맞는 스마트폰 동영상 편집 앱 사용설명서입니다.

바야흐로 지금은 1인 미디어 시대입니다. 1인 미디어의 등장은 기존 매스미디어만 방송을 할 수 있다는 통념을 깼습니다. 따라서 누구나 스마트폰과 같은 첨단 디지털 기기로 쉽게 고해상도 영상을 찍어, 짧은 시간에 별다른 비용과 기술 없이 방송 콘텐츠를 제작하고 송출할 수 있습니다. 1인 미디어 시대에는 콘텐츠 기획, 제작, 유통 등 모든 분야를 개인이 담당하기에 누구나 스타가 되고 크리에이터가 될 수 있습니다.

이 같은 1인 미디어는 정보의 공유와 확산이 빨라 파급력이 크고, 쌍방향 실시간 교류를 가능하게 해줍니다. 개인이 모바일과 인터넷이라는 디지털 기술을 이용해 주체적으로 생산자와 소비자 즉 프로슈머 역할을 할 수 있습니다.

1인 미디어는 기존 방송보다 정보를 쉽게 전파하고 공유할 수 있으며 제작 비용도 훨씬 저렴합니다. 또한 다양한 커뮤니티와 커뮤니케이션 네트워크 구축이 가능합니다.

1인 미디어 시대에 유능한 크리에이터가 되기 위해서는 먼저 기획력과 취재 능력, 구성 능력을 갖춰야 합니다. 어떤 콘텐츠를 1인 미디어라는 플랫폼에 담느냐 하는 것이 중요하기 때문입니다.

그 다음으로는 동영상 촬영과 편집 기술을 익혀야 합니다. '키네마스터'는 1인 크리에이터를 위한 유용한 동영상 편집 앱입니다. 스마트폰으로 영상을 촬영하고 '키네마스터'로 고품질 편집을 하게 된다면 훌륭한 1인 크리에이터가 될 수 있을 것입니다.

유능한 크리에이터가 되기 위한 스마트폰 동영상 편집 앱 사용설명서 '키네마스터'를 출간하신 김효중 교수님께 다시 한번 축하와 감사의 말씀을 전합니다.

남녀노소 가릴 것 없이
쉽게 배울 수 있는 스마트폰 전용
동영상 편집 앱 「키네마스터」!

권선복
(도서출판 행복에너지 대표이사)

이 책을 쓴 김효중 작가님은 육군사관학교를 졸업하고, 포병 소위로 임관하여 전·후방 각지에서 주요 지휘관 및 참모업무를 수행하였고, 국방대학교 합동참모대학 교수를 역임한 후 육군 대령으로 전역하였습니다.

제3야전군사령부 인사차장으로 근무 시에는 우리나라 국가안전보장에 이바지한 공로로 보국훈장 삼일장을 수상하였습니다.

주경야독의 정신으로 일과 중에는 부대 근무에 충실하고, 일과 이후 퇴근해서는 학문연구에 정진하여 경기대학교 서비스경영전문대학원에서 경영학 박사 학위를 취득하였으며, 모교인 경기대학교 서비스경영전문대학원과 경상학부에서 겸임교수와 초빙교수를 역임하였고, 국민대학교 정치대학원에서 겸임교수를 역임하였습니다.

현재는 경기대학교 원격교육원에서 통계학분야인 「시장조사론」 과목

626

으로 후학을 양성중에 있으며, 국방대학교 최고경영자과정, 미래설계과정, 국방관리자과정에서 「동영상 제작」, 「SNS 활용법」, 「소통역량 향상기법」 등을 강의하고 있으며, 2020년도 국방대학교 우수강사로 선발된 바 있습니다. 또한 국가공인 경영지도사로서 ㈜ 국제그린컴퍼니 해외사업부에서 마케팅분야 수석컨설턴트로 활동하고 있습니다.

한편, 2011년에 전역을 하고 그 해 11월 1일부터 색소폰을 배우기 시작하였고, 2019년에는 세종사이버대학교 디자인.융합예술학부 실용음악학과를 우수한 성적으로 졸업하면서 총장 특별상을 수상한 바 있는 음악에 조예가 깊은 뮤지션이기도 합니다.

재학 중 「세종스마트밴드(9인조)」를 결성하였고, 밴드 리더를 3년 간 역임한 바 있으며, 졸업연주회 시 알토색소폰 독주와 「세종스마트밴드」의 합주 3곡을 준비하여 공연을 성공리에 마친 바 있습니다. 색소폰 연주뿐만 아니라 건반, 클라리넷, 팬플룻을 연주하는 아마추어 연주자이기도 합니다.

작가님은 YouTube에서 「악기연주 & 지식나눔스튜디오」 채널 운영자로 활동하고 있으며, 사보 프로그램인 MuseScore로 악보 작성하는 방법, KineMaster 앱으로 동영상 편집하기 등 유용한 지식들을 구독자들과 나누는 일도 하고 있습니다.

대부분 나이가 들어 은퇴하고 나면 신기술을 익히기 힘들다고 생각하시는 분들이 많은데, 작가님은 오히려 동영상 편집이라고 하는 신기술에 대한 책까지 집필하셨습니다. 집필 과정을 함께 진행하면서 보니까 그

열정과 활기 넘침이 대단하시고, 학문의 경계를 넘나들며 다양한 영역에서 활동하시는 면면을 볼 때 참으로 놀라운 분이라는 것을 알게 되었습니다.

바야흐로 스마트폰으로 가능한 일이 점점 늘어나는 시대입니다. 내 손 안의 간편한 스마트폰 하나로 다양한 작업을 할 수 있고, SNS 매체를 통해 사람들과 소통할 수 있습니다. 스마트폰으로 동영상을 편집, 제작하는 일도 복잡하지 않고 손쉽게 따라 하고 배울 수 있습니다. 획기적인 동영상 편집 앱 키네마스터의 사용법을 자세히 다룬 본서를 통해 남녀노소 누구나 멋지고 황홀한 신세계를 경험해 보시기 바랍니다.

책에서는 동영상 편집의 초보자가 읽어도 그 내용을 이해할 수 있을 정도로 아주 꼼꼼하고 쉽게 설명하여 놓았습니다. 배우는데 전혀 어려울 것이 없습니다. 그냥 차근차근 따라서 해보시면서 재미도 느끼고, 자신만의 멋진 동영상 콘텐츠를 만들어 보세요.

코로나 때문에 무엇을 공부하려고 해도 사람들이 많이 모이는 학원에 가기가 어려운 상황입니다. 결국 집에서 인터넷 강의를 들으며 홀로 해결할 수밖에 없는데, 이런 친절한 책이 있다면 한결 동영상 편집을 배우는데 쉽지 않을까요?

배움에는 나이가 없고, 후학들에게 물려주는 것이 무엇이 될지도 정해진 바가 없습니다. 꾸준히 새로운 것에 도전하는 자세는 당사자뿐만 아니라 주위의 사람들에게도 영감을 제공합니다. 특히나 젊은이들에게 씩

씩한 삶의 자세를 전달할 수 있습니다.

군대에 가면 젊은 날의 18~21개월(육군 18개월, 해군 20개월, 공군 21개월)을 송두리째 빼앗긴다고 생각하는 사람들을 종종 보게 됩니다. 이것은 정말 안타까운 일입니다. 그 기간을 보람있게 보낼 수 있다면 군대에서의 시간은 매우 소중한 경험이 될 수 있습니다. 우리 대한민국의 국토를 수호하고, 국민의 생명과 재산을 보호해주는 자랑스러운 젊은이들이 군대에서 틈나는 대로 자기 계발에 힘쓰고 있는 것은 정말로 다행스러운 일입니다.

어렵고 힘든 병영생활을 하는 가운데서도 이 책을 통해 동영상 편집 기술 하나만이라도 똑바로 학습해 둔다면, 언젠가는 여러분에게 좋은 기회가 찾아올 것이라고 확신합니다.

아무쪼록 작가님의 열정으로 만들어진 본서를 통해 많은 이들이 새로운 기술을 접하는 행복을 느끼고, 멋진 동영상 콘텐츠를 제작함으로 인해 더욱 풍성한 삶을 누릴 수 있기 바랍니다.

행복에너지 팡팡팡! 터지는 하루하루를 보내시길 바라며 청명한 가을, 독서의 계절을 맞이하여 소중한 책을 발간하며 독자여러분 모두 축복받으시기를 기원하겠습니다. 감사합니다.

'행복에너지'의 해피 대한민국 프로젝트!
〈모교 책 보내기 운동〉

대한민국의 뿌리, 대한민국의 미래 **청소년·청년**들에게 **책**을 보내주세요.

많은 학교의 도서관이 가난해지고 있습니다. 그만큼 많은 학생들의 마음 또한 가난해지고 있습니다. 학교 도서관에는 색이 바래고 찢어진 책들이 나뒹굽니다. 더럽고 먼지만 앉은 책을 과연 누가 읽고 싶어 할까요?
게임과 스마트폰에 중독된 초·중고생들. 입시의 문턱 앞에서 문제집에만 매달리는 고등학생들. 험난한 취업 준비에 책 읽을 시간조차 없는 대학생들. 아무런 꿈도 없이 정해진 길을 따라서만 가는 젊은이들이 과연 대한민국을 이끌 수 있을까요?

한 권의 책은 한 사람의 인생을 바꾸는 힘을 가지고 있습니다. 한 사람의 인생이 바뀌면 한 나라의 국운이 바뀝니다. **저희 행복에너지에서는 베스트셀러와 각종 기관에서 우수도서로 선정된 도서를 중심으로 〈모교 책 보내기 운동〉을 펼치고 있습니다.** 대한민국의 미래, 젊은 이들에게 좋은 책을 보내주십시오. 독자 여러분의 자랑스러운 모교에 보내진 한 권의 책은 더 크게 성장할 대한민국의 발판이 될 것입니다.

도서출판 행복에너지를 성원해주시는 독자 여러분의 많은 관심과 참여 부탁드리겠습니다.

도서출판 **행복에너지** 임직원 일동

함께 보면 좋은 책들

25cm의 나눔

어머나운동본부 지음 | 값 20,000원

이 책은 머리카락 기부를 통해 20세 이하의 아동 · 청소년 암 환자를 위한 가발을 제공하는 사회활동을 계속하고 있는 어머나운동본부가 그동안 펼쳐온 발자취를 기록한 결과물이다. 작은 불빛들이 하나둘 모여 어두운 세상을 밝히듯 하나 된 베푸는 마음들과 암환우들을 향한 치유와 회복, 그리고 응원의 메시지를 담고 있으며, 나눔을 통한 우리 사회의 선한 영향력을 다시금 생각해 보는 계기가 될 것이다.

100년 만에 부(富)의 기회가 왔다

김주상 지음 | 값 20,000원

이 책은 새로운 시대를 이끌어 가고 있는 4차 산업혁명과 블록체인, 가상화폐와 암호화폐에 대한 기본적이고 쉬운 이해를 돕고 있다. 수년간 가상화폐와 블록체인 시장을 주시해 온 저자는 이쪽 분야에 한번도 투자해 본 적이 없는 독자들을 위해 암호화폐, 블록체인, 채굴에 관한 내용을 그림, 도형, 핵심키워드로 정리하는 한편 블록체인과 가상화폐가 가져올 새로운 미래에 대한 통찰 역시 제공하고 있다.

하루 5분나를 바꾸는 긍정훈련

행복에너지

'긍정훈련'당신의 삶을
행복으로 인도할
최고의, 최후의'멘토'

'행복에너지
권선복 대표이사'가 전하는
행복과 긍정의 에너지,
그 삶의 이야기!

인터파크
자기계발 분야 주간
베스트 1위

권선복 지음 | 15,000원

권선복

도서출판 행복에너지 대표
지에스데이타(주) 대표이사
대통령직속 지역발전위원회
문화복지 전문위원
새마을문고 서울시 강서구 회장
전 팔팔컴퓨터 전산학원장
전 강서구의회(도시건설위원장)
아주대학교 공공정책대학원 졸업
충남 논산 출생

책 『하루 5분, 나를 바꾸는 긍정훈련 - 행복에너지』는 '긍정훈련' 과정을 통해 삶을 업그레이드하고 행복을 찾아 나설 것을 독자에게 독려한다.

긍정훈련 과정은 [예행연습] [워밍업] [실전] [강화] [숨고르기] [마무리] 등 총 6단계로 나뉘어 각 단계별 사례를 바탕으로 독자 스스로가 느끼고 배운 것을 직접 실천할 수 있게 하는 데 그 목적을 두고 있다.

그동안 우리가 숱하게 '긍정하는 방법'에 대해 배워왔으면서도 정작 삶에 적용시키지 못했던 것은, 머리로만 이해하고 실천으로는 옮기지 않았기 때문이다. 이제 삶을 행복하고 아름답게 가꿀 긍정과의 여정, 그 시작을 책과 함께해 보자.

『하루 5분, 나를 바꾸는 긍정훈련 - 행복에너지』